ロボットの脅威

人の仕事がなくなる日

マーティン・フォード
松本剛史=訳

日経ビジネス人文庫

DTP　マーリンクレイン

トリスタン、コリン、エレーン、シャオシャオに捧げる

目次

第10章 新たな経済パラダイムをめざして……355

編集部注：原著では本文に脚注形式で注が掲載されているが、日本語版では、これらの該当箇所をアルファベットで示し、巻末に「原著脚注」として一括掲載している。

序章

　一九六〇年代の一時期、ノーベル賞を受賞した経済学者ミルトン・フリードマンは、あるアジアの途上国政府の顧問を務めていた。あるとき大規模な公共事業プロジェクトの現場へ連れていかれたフリードマンは、シャベルを持った労働者が大勢いるにもかかわらず、ブルドーザーやトラクターなどの土木工事用の機械がほとんど見当たらないことに驚いた。政府の責任者に尋ねてみたところ、このプロジェクトは「就業推進プログラム」を意図したものなのだという説明が返ってきた。その際のフリードマンの返答はのちに有名になった。「それなら労働者たちに、シャベルでなくスプーンを配ったらどうですか?」。

　このフリードマンの発言には、機械が多くの職を破壊し、長期にわたる失業を生み出すのではないかという見方に対する経済学者の当惑がよく表れている——多くの場合、当惑どころか嘲りといってもいいだろう。歴史的に見るかぎり、そうした当惑にはれっきとした根拠がありそうだ。特に二〇世紀のアメリカでは、テクノロジーの進歩は一貫して、私たちの社会を繁栄に向けて牽引してきた。

たしかにその過程では、小さな頓挫はあったし、大きな混乱も何度か起こった。農業の機械化は何百万人もの職を奪い、失業した農業労働者の群が工場での職を求めて都市へ流入した。やがてオートメーション（自動化）とグローバリゼーションが、労働者を製造業部門から新たなサービス業へと押しやった。こうした移行の時期には、短期間の失業がしばしば問題となったが、構造的、あるいは恒久的なものになりはしなかった。新しい職が必ず生み出され、仕事を失った労働者は新たな勤め口を得た。

しかも、こうした新たな仕事は往々にして以前の仕事よりも条件がよく、高いスキルが求められ、賃金も高かった。第二次世界大戦後の二五年間ほどそれがよく当てはまった時期はない。アメリカ経済のこの「黄金期」を特徴づけるのは、急速なテクノロジーの発展とアメリカ人労働者の福利が完璧にマッチして見えたことだ。製造用の機械が進歩するにつれ、そうした機械を操る労働者たちの生産性も同様に上がった。そのおかげで彼らの価値は高まり、より高額の賃金を要求できるようになった。戦後の時期を通じ、テクノロジーの進歩は生産性の向上と軌を一にして、平均的な労働者の懐をたっぷり潤してきた。そしてその労働者たちが今度は、右肩上がりの所得を消費に回すことで、自分たちの作り出している製品やサービスへの需要をさらに刺激していった。

この好循環が原動力となってアメリカ経済はどんどん前進し、経済学の専門家たちも黄金時代を謳歌した。ポール・サミュエルソンらの巨人たちが経済学を、強固な数学的基礎を備えた科学に仕立て直そうとしていたのもこの時期だ。経済学は次第に、複雑な数量的、統計的な技術にほぼ完全に支配されるようになり、エコノミストは複雑な数学モデルを構築しはじめた。こうしたモデルはいまでもこの分野の知的な基礎を成している。戦後、エコノミストたちが研究を進めるときに、繁栄している経済を見回して、それが通常の状態なのだと思い込むのは自然なことだっただろう――経済はそのように動くものだ、今後も常にそのとおりに機能するのだと。

ジャレド・ダイアモンドは、二〇〇五年の著作*Collapse: How Societies Choose to Fail or Succeed*（邦題『文明崩壊――滅亡と存続の命運を分けるもの』）で、オーストラリアの農業の話をしている。一九世紀にヨーロッパから初めて植民者がやってきた頃、オーストラリアは比較的湿潤で、緑の土地が広がっていた。一九五〇年代アメリカのエコノミストたちのように、オーストラリアの植民者たちもそれが通常の状態だと、いま見ている状態がいつまでもずっと続くものと思い込んだ。そしてこの肥沃そうな土地に多くの投資を行い、農場や牧場の開拓に取り組んだ。

ところが一〇～二〇年のうちに、厳しい現実が襲ってきた。この土地の気候は実際のところ、当初考えていたよりはるかに乾燥していることがわかってきたのだ。彼らがやってきたのは、ただ幸運にも（あるいは不運だったかもしれない）「ゴルディロックスの時期」、つまりすべてがたまたま農業にすばらしく適している時期だったのである。現在でもオーストラリアには、砂漠の真ん中に放置された農場といった、こうした不運な初期の投資の名残が見られる。

アメリカ経済のゴルディロックスの時期も同様に終わったと信じるべきもっともな理由がある。生産性の向上と賃金の上昇の共生関係が、一九七〇年代に入ると崩れはじめた。一九七三年から二〇一三年にかけて、一般の製造業や非管理職の労働者の所得は（インフレを調整したあとの数値で）一三パーセントも減少した。しかし同じ時期、生産性は一〇七パーセントも上昇し、住宅や教育、医療といった高額の商品やサービスも高騰している。[1]

二〇一〇年一月二日付ワシントン・ポスト紙は、二一世紀の最初の一〇年が終わった結果、その間に新しい仕事は生み出されなかったと報告した。まったくのゼロだ。[2] こんなことは、大恐慌以降のどの一〇年間にも皆無だった。実際に戦後の時代を一〇年単位で分けた場合、労働者の勤め口の数が二〇パーセント以上増加しなかった時期はない。スタグフレーションやエネルギー危機といった言葉で語られる一九七〇年代ですら二七パーセント増えているのだ。[3] 二〇〇〇年代の失われた一〇年がいかに驚くべきものだったかは、この時期のアメリカの労働人口の増加に追いつくために、アメリカ経済が一年あたり一〇〇万の雇用を作り出す必要があったことを考えてみればわかる。要するに、この二一世紀最初の一〇年間に生み出されるはずの一〇〇〇万の仕事が失われ——二度と作り出されなかったということだ。

それ以降、所得格差が突然、一九二九年以降なかったほどのレベルにまで広がった。生産性の上昇分は、一九五〇年代には労働者たちを潤していたのが、いまはほぼすべて事業主や投資家の懐に入っていることが明らかになっている。国民所得全体に労働者が占める割合は、資本家が占める割合とは逆に急激に低下し、さらに下がりつつある。ゴルディロックス経済の時期は終焉を迎え、アメリカ経済は新時代に入ろうとしているのだ。

その時代は、労働者と機械の関係が根本的に変化する時代として定義されるだろう。機械とは、労働者の生産性を上げるための道具である——これはテクノロジーをめぐる最も基本的な前提のひとつだ。しかし新時代の変化はいずれ、この前提に疑いを突きつけるだろう。むしろ機械が労働者そのものへと変わろうとし、労働者の能力と資本との境界はかつてなかったほどぼやけつつある。

こうした進歩はもちろん、コンピュータテクノロジーの絶えざる急激な発展に後押しされている。いまではほとんどの人がムーアの法則——コンピュータの性能は一八～二四ヵ月でおよそ二倍になる——を確立されたものとして知っているが、この異常な幾何級数的進歩がもたらす意味を誰もが十分に理解しているわけではない。

あなたが自動車に乗って、ゆっくり走り出すとしよう。最初の一分を時速五マイルで走り、それから時速一〇マイルに上げて次の一分を走り、また速度を二倍にして一分走る、ということを繰り返す。このとき本当に注目すべきなのは、ただ速度が倍増することではなく、このプロセスがしばらく続いたあとでどれだけの距離を移動しているかだ。最初の一分は、およそ四四〇フィート進むことになる。三分目を時速二〇マイルで走ると、移動する距離は一七六〇フィート。五分目を時速八〇マイルで走れば、そのときの距離はゆうに一マイルを超える。六分目を走り切るためには、さらに速い自動車に加えてサーキットも必要になるだろう。

そこで、こう考えてみてほしい。速度が二七回にわたって倍増した場合、どれだけの速さで進むことになるのか——そしてその最後の一分間にどれだけの距離を進むことになるのか。じつはこの数字は、一九五八年に集積回路（IC）が発明されてからコンピュータの性能が何回にわたって倍増してきたかをおおよそ示すものだ。現在進行中の革命は、ただ加速そのもののために起こっているのではなく、その加速が非常に長いあいだ続いているために、今後特定のある年に期待される進歩の度合いが想像を絶するほどのものになりうるという点にある。

ところで、自動車の速度がどうなるかという問いの答えは、およそ時速六億七一〇〇万マイルだ。そして最後の二八分目のあいだに進む距離は、一一〇〇万マイル強。それだけの速度があれば、五分かそこらで火星まで行ける。一言でいうなら、それがITテクノロジーの現在の立ち位置だということだ。一九五〇年代の末、最初の原始的なＩＣがよちよち歩きを始めた頃からすると隔世の感がある。

二五年以上もソフトウェア開発に携わった者として、私はコンピュータの性能のすさまじい進歩を、最前列の席から眺めてきた。ソフトウェアのデザインや、プログラマーの生産性を上げるためのツールの恐ろしいほどの進歩も間近で見てきた。そして小企業のオーナーとして、テクノロジーが自分の企業経営のあり方をいかに変容させたかも見てきた――なかでも特筆するべきは、かつてはどんな企業の運営にも不可欠だったルーティンな作業の多くをこなす従業員を雇う必要が激減したことだ。

二〇〇八年に世界的な金融危機が始まったとき、私はコンピュータの性能が絶えず倍増するということの意味を真剣に考えはじめた――そしてそのことが、今後数年から数十年の労働市場および経済全体をどのように変えていく可能性があるかということも。その考察の成果が、二〇〇九年に出版された私の処女作、*The Lights in the Tunnel: Automation, Accelerating Technology and the Economy of the Future*（邦題『テクノロジーが雇用の75%を奪う』）だった。

この本のなかで私は、加速度的に発展するテクノロジーの重要性について書きながら、実際に事態がどれだけ速く進むかをまだ過小評価していた。たとえば、自動車メーカーが交通事故を防ぐための衝突回避システムに取り組んでいることに触れ、「いずれこうしたシステムは、車が自動的に運転できるテクノロジーへと進化していくかもしれない」と書いた。ところが、この「いずれ」は、ほとんど間を置かずにやってきた。本の出版から一年のうちにグーグルが、公道での完全自動運転が可能な車を発表したのだ。それ以後、ネバダ、カリフォルニア、フロリダの三州が、自動運転車の公道での走行を制限付きで許可する法律を可決している。

人工知能（AI）の分野の進歩ぶりについても書いた。ある一時期には、IBMのコンピュータ〈ディープ・ブルー〉の話や、一九九七年にその〈ディープ・ブルー〉がチェスの世界チャンピオン、ガルリ・カスパロフを破ったことが、おそらく実用に供される人工知能の最も印象的な実例だっただろう。しかしその後、IBMが〈ディープ・ブルー〉の後継機として〈ワトソン〉を導入し、私はまたしても不意を打たれた。〈ワトソン〉が取り組んだのは、またいっそう難しい課題だった——テレビのクイズ番組『ジェパディ！』だ。チェスはルールのしっかり定まったゲームで、いかにもコンピュータが得意だと予想できそうなものである。『ジェパディ！』はまったく違う。ほぼ無尽蔵といえる知識の総体を活用し、冗談やしゃれも含めた言語を解析するという複雑な能力が必要になってくるのだ。〈ワトソン〉が『ジェパディ！』で成功を収めたことは、ただすばらしいというだけでなく、実用面でも大きな意味を持っている。そして実際にIBMは、〈ワトソン〉が医療やカスタマーサービスといった分野で重要な役割を果たせるように態勢を整えているのだ。

私たちはほぼまちがいなく、今後の数年、数十年間に起こる進歩に目を見張らされることになるだろう。そうした驚きは、ただ技術的な進歩の性質だけにとどまらない。加速する進歩が労働市場や経済全体に及ぼす影響は、テクノロジーと経済との絡み合いについて従来の考え方の多くを無効にするだろう。

広く信じられていたある前提に疑いが突き付けられるのはまちがいない。自動化は主として、あまり教育がなく低スキルの労働者にとって脅威となるという前提は、そうした労働者の仕事は決まったルーティンの繰り返しになる傾向が強いという事実からくるものだ。しかしこの考え方に慣れすぎてしまう前に、最前線がいかに速く動いているかを考えてみてほしい。過去の一時期には、「ルーティン」とはおそらく組み立てラインに立つという意味だっただろう。しかしいまの現実はまったく違う。低スキルの仕事が影響を受けつづけることはまちがいないが、大卒のホワイトカラーのかなり多くの仕事も、ソフトウェアの自動化や予測アルゴリズムの精度の急速な進歩の結果、どんどん照準に入ってきているのだ。

テクノロジーに脅かされる可能性がきわめて高い仕事を表すのに、「ルーティン」はもう必ずしもふさわしい言葉ではないのだろう。より正確な言葉は「予測可能性」かもしれない。あなたが過去にやってきたことすべての詳細な記録を別の誰かが研究することで、あなたの仕事をこなせるようになるのではないか？　学生が試験準備のためにトレーニングペーパーをやるように、あなたがすでにやり遂げた課題を誰かが繰り返すことで、さらにその作業に熟達できるのでは？　もしそうだとしたら、いつかアルゴリズムが学習して、あなたの仕事の多くを、あるいはすべてをこなせるようになるかもしれない。その可能性が高くなるのは、「ビッグデータ」現象が広がりつづけているためだ。多くの組織が自分たちの運営のほぼあらゆる面に関して膨大な量のデータを集めていて、きわめて多くの職務や作業がそのなかに包含されることになる——そしていずれは賢い《スマート》機械学習のアルゴリズムが現れ、人間の前任者が残した記録を徹底的に研究することで、自ら学習する日がやって来るだろう。

結論としていえるのは、教育やスキルをさらに身につけることは、将来に起こる雇用の自動化からの効果的な盾には必ずしもならないということだ。一例として、放射線科医を考えてみよう。放射線科医とは医学画像の解釈を専門とする医師だが、大変な量の訓練が必要で、高校を出てから最低でも一三年はかかるのが普通だ。しかしいま、コンピュータが画像の分析能力を急速に高めつつある。いずれそう遠くない将来、画像診断の仕事がほぼ機械に独占される時が来ると想像するのはごくたやすい。

概していえば、コンピュータはスキルを獲得することがきわめて得意になりつつある。大量の訓練データが使えるときには、特にその傾向が顕著だ。とりわけ初歩的な職務では、今後その影響が大きくなるだろうし、現実にすでに起きていると思われる証拠もある。大卒者の初年度の給与は過去一〇年間下降しており、新卒者の五〇パーセントがとりたてて大学の学位を必要とはしない仕事に就かざるをえなくなっている。これから本書のなかで説明していくが、実際のところ、多くの高スキルの専門職――弁護士、ジャーナリスト、科学者、薬剤師など――はすでに、進歩する情報テクノロジーにかなり侵食されている。それだけではない。ほとんどの仕事はある程度までルーティンかつ予想可能なものであり、本当の意味でクリエイティブな仕事や、現実とはかけ離れた革新的な着想である「ブルースカイ」思考に携わって生計を立てている人間は、ごく少数なのだ。

こうしたルーティンかつ予測可能な仕事を機械が引き受けるようになれば、労働者はそれに適応しようとして、かつてなかった難題に直面する。以前の自動化テクノロジーは比較的専門化されていて、雇用部門を一度にひとつずつ破壊するだけにとどまる傾向があった。だが現在の状況はまったく違っている。情報テクノロジーは掛け値なしの汎用テクノロジーとなり、その影響は隅々にまで及んでいく。新しいテクノロジーが多くのビジネスモデルに取り入れられるにつれ、いまあるほぼすべての産業で人間の労働力の必要度は減っていくだろう――しかもその移行はきわめて早く起こるかもしれないのだ。その一方で、新たに現れてくる産業は、最初から強力に省力化を推し進めるテクノロジーをほぼ常に内部に組み込んでいる。たとえばグーグルやフェイスブックといった企業はすばらしく有名になり、巨大な市場価値を実現しながらも、その規模や影響力と比較して従業員の数は非常に少ない。将来生み出される新しい産業すべてについてもそれと同様のシナリオが繰り返されると予想できる理由は十二分にある。

こうした状況からいえるのは、私たちは経済と社会の両方に大きなストレスがかかるような移行期へ向かいつつあるということだ。新しく労働力に加わろうとする労働者や学生に送られてきた従来のアドバイスは、多くが効力を失うだろう。悲しいかな、すべてを適切に行える――少なくとも、高い教育を受けてスキルを身につけたという意味で――多くの人たちですら、この新たな経済に放り込まれれば、確固たる拠り所を得られなくなる公算が大きいのだ。

長期にわたる失業や不完全雇用は、個人の生活や社会組織にまで壊滅的な影響を及ぼしかねないものだが、またそれ以上に重要な経済的コストにもなるだろう。生産性、賃金の上昇、個人消費の増加のあいだに成り立っていた絶妙なフィードバックループが崩れるということだ。このポジティブなフィードバック効果は、すでに大きく減少しつつある。たとえば私たちの直面する格差は、収入のみならず消費においても急激に拡大している。いまでは全世帯の上位五パーセントが支出全体の四〇パーセント近くを占めているが、高所得層への集中が進むこの傾向は今後も続いていくだろう。雇用が購買力を消費者の手に行き渡らせるための最も重要なメカニズムであることに変わりはない。しかしそのメカニズムが損なわれれば、わが国のマスマーケット経済の成長の原動力である健全な消費者の数が足りなくなるという現実に直面することになる。

これから本書で明らかにしていくように、情報テクノロジーの進歩は私たちを、経済全体の労働集約性が下がりだすティッピングポイント（一大転換点）へと押しやっていくだろう。しかしこの移行は必ずしも、画一的な形や予測可能な形で展開するとはかぎらない。とりわけ、高等教育と医療という二つの部門は、経済の広範な領域ですでに顕著になっているような破壊的変化にも頑として抵抗してきた。だが皮肉なことに、こうした部門がテクノロジーによる変化を拒むと、医療費や教育費がさらに増大し、ネガティブな影響が他の領域で拡大することにもなりかねない。

もちろんテクノロジーは、ただそれだけで未来を形づくるわけではない。たとえば人口の高齢化や気候変動、資源の枯渇といった他の大きな社会的、環境的な問題とも絡み合っていくはずだ。今後やがてベビーブーム世代が退職するにつれ、労働者不足が生じるという予測がしばしば聞かれるが、それも自動化の影響によってうまく埋め合わされるか、さらに上回る効果があるだろう。急激なイノベーションは通常、私たちが環境に及ぼすストレスを最小限に抑えるか、あるいは逆転させる力を秘めた対抗勢力として作り出される。だが、これから見ていくように、こうした前提の多くは不確かな土台の上に成り立っている。実際の話ははるかに複雑だ。それどころか、以下のような恐ろしい現実がある。もしもテクノロジーの進歩に秘められた意味を認識し適応できなければ、私たちの前途には「パーフェクトストーム」が待ち受けているかもしれない。つまり格差が拡大し、テクノロジーによる失業が増えるのとほぼ同時に、気候変動も顕在化し、それがなんらかの形で互いに増幅し補強し合うという事態だ。

シリコンバレーでは「破壊的《ディスラプティブ》テクノロジー」なる言葉が日常的に飛びかっている。テクノロジーがさまざまな業界全体を破壊し、特定の経済部門と労働市場をひっくり返す力を秘めていることを疑う者はいない。私が本書で問いかけたいのはさらに大きな問題だ。加速するテクノロジーの進歩はやがて私たちのシステム全体を崩壊させ、根本的な再編成を行わなくては繁栄を続けられないという事態にまで行き着くのだろうか?

第1章 自動化の波

倉庫で働く働き手が、何段にも積まれた箱の山へと近づいていく。箱は形、大きさ、色がまちまちで、いくらか危なっかしい積み方をしてある。

この箱を動かすという仕事を任された働き手の脳の内部を、想像のなかで少しのぞいてみてほしい。そして解決を要する問題の複雑さを考えてみよう。

箱の多くはよくある茶色のもので、互いにきっちり押しつけられているため、縁がどこにあるのかが見えにくくなっている。ひとつの箱がどこで終わり、次の箱がどこから始まるのか？　またこれとは別に、箱同士に隙間があったり、きちんと揃っていない場合もある。山の頂上の小さな箱が、大きめの二つの箱のあいだの空間に傾いて乗せられていたりするのだ。大部分の箱はシンプルな茶色か白のボール紙製だが、会社のロゴが描かれているものもあれば、店舗の棚に飾るための色鮮やかな箱も混じっている。

人間の脳はもちろん、こうした複雑な視覚情報もすべて、ほぼ瞬時に理解することができる。働き手はそれぞれの箱の寸法や向きを易々と見てとり、山のいちばん上にある箱から始めなくてはならないことや、どういう順番で動かせば山全体が不安定にならないかを本能的に察知しているようだ。

この種の視覚的な難問を解くためにこそ、人間の脳は進化してきた。だから人間の働き手がうまく箱を動かせたとしても、全然大したことはない――ただしその働き手がロボットだった場合、話はまったく別だ。より正確にいえば、それは蛇に似た形のロボットアームで、頭の部分が吸引式のグリッパーになっている。このロボットが理解する速さは、人間よりも遅い。まず箱をじっと見て、視線をわずかに調整し、少し考え、それからぐっと前に伸びると、山の上から箱を掴む[a]。しかしこの遅れはほぼすべて、この一見単純な作業を行うために必要な計算が恐ろしいほど複雑なことから生じている。情報テクノロジーの歴史が教えてくれるところに従えば、このロボットの速度はごく近いうちにぐんと上がりはじめるだろう。

インダストリアル・パーセプション社は、ロボットの設計・開発を行うシリコンバレーのスタートアップ企業だ。実際に同社のエンジニアたちは、ロボットが箱一個を一秒で動かせるようになると考えている[1]。比較のためにいっておけば、人間の労働者は最速で箱一個につきおよそ六秒だ。それにいうまでもないが、ロボットは連続して働くことができる。疲れたり腰が痛くなるようなことはないし、労災を申請したりもしない。

インダストリアル・パーセプション社のロボットの非凡さは、その能力が視覚、空間認識、器用さを核としたものだということにある。いいかえるなら、機械による自動制御の最後の限界すら超えて、いまだに人間の労働者に任されている残り少ない、比較的ルーティンな手仕事を競い合おうとしているのだ。

工場用のロボットはもちろん、昨日や今日できたものではない。いまや自動車から半導体まで、製造業のほぼあらゆる部門で欠かせない存在だ。電気自動車メーカーのテスラがカリフォルニア州フリーモントに新しく造った工場では、きわめて柔軟性に富んだ一六〇機の産業用ロボットを用いて、週あたり四〇〇台の自動車を組み立てている。新しい車のシャシーが組み立てラインのある位置にやってくると、何台ものロボットが上から下りてきて、協調して作業をする。それぞれのロボットアームに付いたツールは、機械によって自動的に取り替えられ、さまざまな作業を行えるようになっている。

たとえば、同じロボットがシートを取り付けたかと思うと、自らツールを取り替え、接着剤を付けたりフロントガラスをはめ込んだりするのだ。[2] 国際ロボット連盟によると、世界全体の産業用ロボットの出荷量は二〇〇〇年から二〇一二年にかけて六〇パーセント以上増加し、二〇一二年の総売り上げはおよそ二八〇億ドルに達した。これまでのところ最も成長の速い市場は中国で、ロボット設置件数は二〇〇五年から二〇一二年にかけて一年あたり約二五パーセント増となっている(3)。

産業用ロボットは、速度、正確さ、力の強さの組み合わせでは無敵だが、その他の点では概ね、目隠しをしたまま振り付けどおりにきっちり演技する役者のようなものだ。基本的には、正確なタイミングと位置調整に頼っている。ロボットがマシンビジョンの能力を持っている場合も少しはあるが、それでも通常は適切な照明のある条件下で、しかも二次元的にしか見ることができない。たとえば、平坦な表面上にある部品を選び出すことはできても、その視野のなかの深度を知覚できないために、ある限度以上に予想のつきにくい環境への耐性は低くなってしまう。その結果、工場でのルーティンな仕事の多くは人間が引き受けることになる。こうした仕事は、機械と機械の隙間を埋めるようなものであったり、製造過程の最終ポイントであることがきわめて多い。たとえば、箱のなかの部品を選んで次の機械に渡す、工場に出入りするトラックへの製品の積み下ろしをする、などだ。

インダストリアル・パーセプション社のロボットは三次元を見きわめる能力を備えているが、それを可能にしているテクノロジーは、技術上の異種交配が予想外の分野にどういった形で急激なイノベーションを引き起こすかの実例を示してくれる。こうした〝ロボットの眼〟の源をたどれば、任天堂が家庭用ゲーム機のWiiを発表した二〇〇六年一一月に行き着くだろう。この任天堂のゲーム機には、まったく新しいタイプのコントローラーが付属していた。アクセロメーターという低価格の装置が組み込まれたワイヤレスのワンド(魔法の杖のようなリモコン）だ。アクセロメーターは動きを三次元で検知し、ゲーム機に読み取れるデータの流れとして送り込むことができる。これによりビデオゲームは、体の動きやジェスチャーを通じてコントロールできるようになったのだ。その結果、ゲーム体験は劇的な変化を遂げた。任天堂のイノベーションは、モニターやジョイスティックから離れようとしないオタクの子どもというステレオタイプのスタイルを打ち砕き、活動的な体験としてのゲームの新たな地平を切り拓いたのである。

任天堂に対抗するべく、他のビデオゲーム業界大手も反応した。プレイステーションを擁するソニーは、基本的には任天堂のデザインを模倣しつつ、独自の「動き検出ワンド」を導入した。その一方でマイクロソフトは、任天堂を一気に追い越すべく、完全な新機軸を打ち出した。ゲーム機Ｘｂｏｘ３６０に付属する〈キネクト〉は、コントローラーとしてのワンドの必要性を完全に消し去るものだった。そのためにマイクロソフトはウェブカメラに似たある装置を開発した。これには、プライムセンスというイスラエルの小さな会社が生み出した画像テクノロジーをベースにした三次元のマシンビジョンテクノロジーが組み込まれている。〈キネクト〉は、いってみれば光の速度を用いるソナーを使うことで、三次元的にものを見ることができる。部屋のなかの人や物体に赤外線ビームを当て、反射した光が赤外線センサーに届くまでに要する時間を計ることで、互いの距離を計算するのだ。これによってプレーヤーはただ、〈キネクト〉のカメラの視界内でジェスチャーをしたり動いたりするだけで、

Xboxのゲーム機と交信できるようになった。

だが〈キネクト〉が本当に革命的だったのは、その価格である。複雑なマシンビジョンテクノロジーは、以前なら数万ドルか数十万ドルのコストがかかり、装置もかさばるものだったろう。ところがいまでは、コンパクトかつ軽量なものが小売価格一五〇ドルで手に入るようになった。ロボティクス(ロボット工学)研究者たちはすぐに、〈キネクト〉テクノロジーが自分たちの分野に革新をもたらす可能性に気づいた。この製品が発表されてから数週のうちに、各大学のエンジニアチームや市井のDIYイノベーターたちが〈キネクト〉をいじり回し、いまや三次元の視覚を得たロボットの動画をユーチューブに投稿しはじめた。[4] インダストリアル・パーセプション社も同様に、〈キネクト〉を実現させたテクノロジーを自社の視覚システムの基礎にすることを決め、その結果、手頃な値段の機械が生まれた。しかもその機械は周囲の環境を知覚して相互に作用しながら、現実世界の特徴である不確定性に対処するという点で、ほぼ人間並みの能力へと急速に近づきつつある。

多芸なロボット労働者

インダストリアル・パーセプション社のロボットは、積み上げられた箱を最大限効率的に動かすことに特化した、きわめて専門性の高い機械だ。ボストンに本社を置くリシンク・ロボティクス社はそれとはまた違った道を進み、さまざまな繰り返し作業を行うよう簡単に訓練できる軽量の人間型製造用ロボット〈バクスター〉を開発した。リシンク社の創業者ロドニー・ブルックは、マサチューセッツ工科大学（ＭＩＴ）に籍を置く世界屈指のロボティクス研究者で、アイロボット（ｉＲｏｂｏｔ）の共同創業者でもある。自動掃除機ルンバのほか、イラクとアフガニスタンで爆弾の不発処理に使われた軍事用ロボットも作っている会社だ。〈バクスター〉は基本的には、人間のごく近くで安全に動作できるよう設計された小型の産業用ロボットだが、その価格はアメリカの製造業就業者の年間賃金よりもかなり低い。

産業用ロボットは一般に、複雑かつ高価なプログラミングを要するものだが、対照的に〈バクスター〉は、必要とされる動きのとおりにアームを動かすだけで訓練することができる。ただある施設で複数のロボットを使う場合は、一台の〈バクスター〉を訓練してから、ＵＳＢ機器を差し込むだけでその訓練の内容を別のロボットに伝えることもできる。〈バクスター〉はちょっとした組み立て作業やベルトコンベアー間での部品の移動、製品を出荷するための包装、金属の加工に使用される機械の監視など、さまざまな作業に対応可能だ。出来上がった製品を配送用の箱に詰めるときは特に才能を発揮する。玩具メーカーのケネックスは、ペンシルベニア州ハットフィールドに工場を持っているが、〈バクスター〉が製品をきっちり箱詰めしてくれるおかげで、会社全体で使う箱が二〇～四〇パーセント少なく済むようになった。(5) リシンク社のロボットも、左右の手首に付いたカメラを駆使する二次元のマシンビジョンテクノロジーを持ち、部品をピックアップすることもできるし、基本的な品質管理の検査までやってのける。

ロボティクスの爆発的な発展がやってくる

〈バクスター〉とインダストリアル・パーセプションの箱移動用ロボットは、機械としてはきわめて対照的だが、その基礎となるソフトウェアプラットフォームは同じものだ。ROS（ロボットオペレーティングシステム）は、もともとスタンフォード大学の人工知能研究所で構想されたあと、ウィローガレージ社という主に大学の研究者が用いるプログラミング可能なロボットの設計・製造を行っている小さな会社で、本格的なロボティクスのプラットフォームとして開発された。ROSはマイクロソフト・ウィンドウズやマックOS、グーグルのアンドロイドのようなオペレーティングシステムに似ているが、ロボットのプログラミングおよび制御を容易にすることに特化して作られたものだ。ROSは無料のオープンソース、つまりソフトウェア開発者が自由に修正したり強化したりできるものであるため、ロボティクスの開発を行う上で標準的なソフトウェアプラットフォームとなりつつある。

コンピュータの歴史をひもといてみれば、ある標準的なオペレーティングシステムが、安価で使いやすいプログラミングツールとともに使えるようになると、そのアプリケーションソフトが爆発的に増加することがはっきりわかる。このことはパーソナルコンピュータのソフトウェアにも、最近ではアイフォーンやアイパッド、アンドロイドなどのアプリケーションにも当てはまる。いまやこうしたプラットフォームにはアプリケーションソフトが溢れんばかりにあり、すでに形になっていないアイデアを思いつくのが難しいほどだ。

ロボティクスの分野もおそらく、同じような道をたどることになるにちがいない。私たちはおそらく確実に、爆発的なイノベーションの波の最前線に立っている。やがてその波から、ほぼあらゆる商業的、工業的な職務をこなせるロボットや消費者市場向けのロボットが生まれてくるだろう。そしてこの爆発的発展の原動力は、標準化されたソフトウェアおよびハードウェアのビルディングブロック（基礎となる要素）が使えるようになることだろう。それによって、新しいデザインを一からやり直さずに組み立てることが比較的容易になる。〈キネクト〉がマシンビジョンを手頃な価格にしたように、他のハードウェアの部品――ロボットアームのようなもの――も、ロボットが大量に生産されはじめるにつれ、そのコストは押し下げられるだろう。二〇一三年の時点で、ROS上で機能するソフトウェアコンポーネントはすでに何千とあったし、開発プラットフォームは価格が安いため、ほぼ誰でも新たなロボティクスのアプリケーション製作に取りかかることができるようになった。たとえばウィローガレージ社は〈タートルボット〉という、部品のすべて揃った移動ロボット組み立てキットを売り出しているが、これには〈キネクト〉を使ったマシンビジョンが含まれていて、価格は一二〇〇ドルだ。インフレを考慮に入れても、一九九〇年代初めの低価格のパーソナルコンピュータおよびモニターと比べてはるかに安い。当時はマイクロソフトがウィンドウズのソフトウェアを爆発的に生み出しはじめた最初の時期だった。

二〇一三年一〇月、私はカリフォルニア州サンタクララで開かれた「ロボビジネス」の会議と展示会を訪れたが、ロボティクス産業がすでに来るべき爆発的発展に向けて力を入れはじめていることがありありと見てとれた。大小さまざまな企業が出展し、精密製造や大病院の各科間の医療用品輸送、農業用や鉱業用重機の自動操作などのために設計されたロボットを紹介していた。家の周りや店舗で、五〇ポンドの荷物を持って動き回れるパーソナルロボットの〈バジー〉。技術的創造性の支援から自閉症や学習障害を持った子どものサポートまで、あらゆる用途に特化した各種教育用ロボット。リシンク・ロボティクス社のブースでは、ハロウィーンのために訓練された〈バクスター〉が、キャンディの小さな箱をいくつも摑んでカボチャ型の「トリック・オア・トリート」のバケツに落とし込んでいた。ロボット製作のための各種モーターやセンサー、視覚システム、電気コントローラー、ソフトウェアといった部品を売っている会社もあった。シリコンバレーのスタートアップ企業グラビット社は、制御された静電気を用いるだけでロボットがほぼ何でも摑み上げ、運び、置くことができるようになる電気吸着式のグリッパーを展示していた。さらにはロボット関連業務専門の部門を持つ世界的な法律事務所も出展していて、ロボットが人間に取って代わるか人間のすぐ近くで働くかするときの労働、雇用、安全規則などの複雑な条件をクリアしたい雇用主をいつでも手助けしようという構えだった。

この展示会で特に目を引いたもののひとつは、会場の廊下で見られた——そこには人間の出席者たちと、スータブル・テクノロジーズ社提供の遠隔操作可能な何台ものリモートプレゼンス・ロボットが交じり合っていた。ロボットにはフラットスクリーンひとつと可動式の台座に載ったカメラが付いている。このロボットのおかげで、参加者は遠く離れていても、展示会の各ブースを訪れたり実演を見たり、質問をしたり、他の参加者とふつうに交流したりできる。スータブル・テクノロジーズ社はこの展示会にリモートプレゼンスをほんのわずかな料金で提供し、そのおかげで外部の参加者たちがサンフランシスコ・ベイ地域へ向かうための何千ドルという旅行費用が節約できた。ほどなくして、それぞれ自分のスクリーンに人間の顔を映し出したロボットたちはすっかりその場に溶け込み、ブースのあいだを動き回ったり他の出席者と会話をしたりしていた。

製造業の雇用と工場のリショアリング

二〇一三年九月のニューヨーク・タイムズ紙に、ステファニー・クリフォードがサウスカロライナ州ガフニーにある織物工場、パークデイル・ミルズを取り上げた記事が掲載された。

パークデイルの工場には一四〇人の従業員がいる。一九八〇年に現在と同程度の生産性を上げるには、二〇〇〇人以上の工場労働者が必要だっただろう。パークデイルの工場の内部では、「ごくまれに、人間がオートメーションを停止させたりもする。その理由は主に、人間の手でやったほうが安上がりな作業がまだなくもないからだ――たとえば、半分が出来上がった撚り糸を別の機械までフォークリフトで運ぶといった作業のように」[6]。そして完成した撚り糸は、天井に取り付けられた通路を伝って自動的に梱包用の機械、輸送用の機械へと運ばれていく。

とはいえ、こうした工場にある一四〇程度の職も、ここ数十年にわたる製造業の雇用の減少傾向が少なくとも部分的に逆転していることの表れなのだ。アメリカの織物産業は一九九〇年代に壊滅し、生産拠点は中国、インド、メキシコを主とする低賃金の国へと移された。ところがこの数年間はそうした生産に劇的な反動が見られる。二〇〇九年から一二年にかけて、アメリカの織物および衣料品の輸出は三七パーセント増加し、総額二三〇億ドルに達した[7]。この転換は、自動化テクノロジーが大きく効率化し、賃金の低い国外の労働者に太刀打ちできるようになったことから生じたものだ。

アメリカをはじめとする先進国の製造業部門の内部では、こうした先端的な省力化イノベーションの導入が雇用に複雑な影響を及ぼしつつある。パークデイルのような工場でたくさんの製造業の職が直接生み出されることはないが、サプライヤーや周辺の分野、たとえば原材料や完成品を輸送するトラックの運転といった分野では、確実に雇用を増やす方向に働いている。〈バクスター〉のようなロボットがルーティンな作業を行う労働者の仕事を減らしているのは確かだが、その一方でアメリカの製造業が低賃金の国家と張り合えるようにしてもいるのだ。実際に、いまは「リショアリング」の傾向が目立って進んでいる。その原動力となっているのは、新しいテクノロジーの能力の高さと、国外工場における人件費の上昇だ。とりわけ中国では、二〇〇五年から二〇一〇年のあいだに、平均的な工場労働者の賃金が年間で二〇パーセント近く上がった。二〇一二年四月、ボストン・コンサルティング・グループがアメリカの製造業について調査した結果では、売上高が一〇〇億ドルを超える企業の半数近くが、工場をアメリカ国内に戻すことを積極的に進めているか検討していることがわかった(8)。

工場のリショアリングは輸送コストを劇的に減らす上に、他にも多くの恩恵ももたらす。工場を消費市場と製品デザインの拠点のどちらにも近い位置に置けば、製造のリードタイムが短くでき、顧客の要望にもはるかに対応しやすくなる。自動化がさらに柔軟かつ高度なものになるにつれ、メーカーの姿勢もカスタマイズ可能な製品を提供する方向へと傾いていくだろう——たとえば、顧客が自分独自のデザインをしたり、見つけにくいサイズの衣料を使い勝手のよいオンラインインターフェースを通じて発注したりできるかもしれない。そして国内で自動化による製品が作られることで、数日以内に完成品が顧客の手に渡るようになるだろう。

だが、リショアリングを語る上で、きわめて重要な警告がひとつある。現在リショアリングの結果として作り出されている比較的少数の新しい工場での雇用ですら、長続きするとは必ずしもいえないということだ。ロボットの能力と熟練度がさらに高まり、3Dプリンティングといった新たなテクノロジーが広く普及するようになるにつれ、多くの工場がいずれ完全な自動化へ近づく公算は大きい。アメリカにおける製造業の雇用は現在、雇用全体の一〇パーセントをかなり下回っている。その結果、製造用ロボットとリショアリングが労働市場全体に及ぼす可能性は、かなり瑣末なものになると思われる。

ただし、中国のように雇用が製造部門に著しく集中している途上国では、話はまったく違っているだろう。実際にテクノロジーの進歩は、すでに中国の工場での雇用に劇的な影響を及ぼしている。一九九五年から二〇〇二年にかけて、中国は製造業の労働人口の一五パーセント、すなわち一六〇〇万の雇用を失った(9)。この傾向はさらに加速するという強力な証拠がある。フォックスコンはアップル社製品の部品製造を請け負っている主要メーカーだが、同社は二〇一二年に、自社工場へ最終的に一〇〇万台のロボットを導入する計画を発表した。台湾の企業デルタ・エレクトロニクスはACアダプターのメーカーだが、最近は戦略をシフトし、安価な精密エレクトロニクス機器の組み立て用ロボットに力を注いでいる。アーム一本の組み立て用ロボットをおよそ一万ドルで提供したいと考えているのだ――これはリシンク社の〈バクスター〉の半分にも満たない価格である。ABBグループやクーカAGといったヨーロッパの産業用ロボットメーカーも同様に、中国の市場に高額の投資を行い、年間数千台のロボットを生産できる工場を建設中だ[10]。

自動化の進展を促す要因には、中国の大企業が支払う利息が政府の政策によって人為的に低く抑えられているという事情もあるだろう。融資はしばしばロールオーバーされ、元本が償還されることはめったにない。だからこそ、人件費が低いときでも資本財投資はきわめて魅力的であり、それが現在、中国のGDPの半分近くを投資が占める主な理由のひとつとなっている[11]。多くのアナリストの考えによれば、中国の至る所に不良投資が多く見られるのは、この人為的に低く抑えられた資本コストのためである。特に有名なのは、店や人の姿の消えた「ゴーストシティー」の存在だろう。そして同様に、低い資本コストは大企業が高価な自動化への投資を行う強力なインセンティブを生み出すため、必ずしもビジネス的に意味がない場合でも、そうした例が見られる。

中国の電機産業がロボットによる組み立てへ移行する上で、特に大きな難問があるとすれば、急速な製品ライフサイクルの変化についていけるだけの柔軟性を持ったロボットを設計することだろう。たとえばフォックスコンは、従業員が現場の寮で寝泊まりできる大規模な施設を維持している。きわめて積極的な生産計画に順応するためには、何千人もの従業員が夜中にいっせいに起床し、ただちに働けるようにしなくてはならない。その結果、生産の急増や製品デザインの変更には驚くべき対応力を発揮できるが、その分従業員にはたいへんな重圧がかかってもくる――二〇一〇年にフォックスコンの施設で自殺が頻発したことがその表れだ。もちろんロボットは連続して働く能力が高く、より柔軟性を増したことで新しい作業のための訓練も施しやすくなっているため、たとえ人間の労働力の賃金が低い場合でも、それに代わる魅力的な選択肢になりうるだろう。

途上国において工場の自動化が進むという傾向は、決して中国に限られたものではない。たとえば衣料品および靴の生産は、製造業のなかでも依然として特に労働集約性の高い部門だが、その工場は中国からベトナムやインドネシアといったさらに低賃金の国々へと移転している。二〇一三年六月にスポーツシューズメーカーのナイキは、インドネシアにおける賃金の上昇が四半期の財務実績に影を落としていると発表した。同社のCFO（最高財務責任者）によれば、この問題の長期的な解決策は「エンジニアリングによる生産の省力化」になるだろうとのことだった。[12] 自動化の進展は、第三世界の縫製工場などでよく見られる労働搾取的な環境への批判をかわすための方策になるとも予想されている。

サービス部門――雇用はどこに

アメリカをはじめとする経済先進国では、大規模な断絶的破壊《ディスラプション》はサービス部門で起こると見られる——それはつまり、労働者の大多数が雇用されている部門で生じるということだ。この傾向はすでに、ＡＴＭやセルフサービスのレジなどに表れているが、これから一〇年間にはサービス部門の新たな自動化が爆発的に起こり、何百万という比較的低賃金の職がリスクにさらされる可能性が高い。

サンフランシスコのスタートアップ企業モメンタム・マシンズ社は、高品質ハンバーガー製造の完全自動化に着手した。ファストフードの従業員が凍ったパテをグリルに載せているのに対し、モメンタム・マシンズの機械は生の挽き肉からバーガーをこしらえ、それから注文に応じて焼き上げる——適度の焦げ目をつけながら、肉汁を内に閉じ込めることまでやってのけるのだ。この機械は一時間あたり三六〇個のハンバーガーを作るだけでなく、バンズをトーストしてスライスし、トマトや玉ねぎ、ピクルスなどの食材を重ねたりもする。しかもすべて注文を受けてからだ。そして出来上がったバーガーは、ベルトコンベアーでつぎつぎ運ばれていく。ロボットが雇用に及ぼすかもしれない影響については、ほとんどのロボット会社が細心の注意を払って前向きな話をしようとするが、モメンタム・マシンズの共同創業者アレキサンダー・ヴァルダコスタスは、自社の目標について率直にこう発言している。「わが社の装置は、従業員がより効率的に働けるようにするものではない。人の手を完全に不要にするものなのだ」(13)b。同社の概算によると、ファストフードの店はハンバーガーを調理する従業員に平均で年間一三万五〇〇〇ドルの給料を支払っていて、アメリカ経済全体ではバーガー調理の人件費は年間九〇億ドルに及ぶ。(14) モメンタム・マシンズでは、同社の機械は一年足らずで採算が取れると考えていて、レストランの店舗のみならずコンビニエンスストアや移動販売車、さらには自動販売機までもターゲットにしようと画策している。人件費を削減し、厨房で必要になるスペースを減らすことで、店はより高級な食材の調達に費用をかけられ、ファストフード価格で高級レストラン並みのハンバーガーを出せるようになるという。

こうしたバーガーの話はなかなか魅力的だが、かなりのコストがかかることは避けられないだろう。マクドナルドだけでも、世界中に三万四〇〇〇の店舗があり、一八〇〇万人の従業員を雇用している。(15) 歴史的に見ても、ファストフード店の仕事は低賃金で福利厚生もほとんどなく、従業員の入れ替え率も高いために、どこでも比較的見つかりやすい。そしてファストフード店の仕事は、高いスキルを要しないその他の小売業の仕事とともに、他にほとんど行き場所のない労働者にとって、民間部門における一種のセーフティネットとなっている。こうした職は従来から、他に就ける仕事がないときの最後の収入源だったのだ。二〇一三年一二月、米国労働統計局は「食品調整および提供に従事する者」——レストランにいるフルサービスの給仕人を除くカテゴリー——は、二〇二二年までの一〇年間に、求人数の観点から見て最上位の雇用部門のひとつになるだろうと予測した。新たにおよそ五〇万の職が作り出されるのに加え、この業界からやめていく従業員を補うために一〇〇万の求人が生まれるというのだ。[16]

しかし大不況の余波を受けて、かつてファストフード業界の雇用に当てはまっていたルールは急速に変化しつつある。二〇一一年にマクドナルドが、一日で新たに五万人の従業員を雇うという構想を打ち出して話題を呼んだが、このときには一〇〇万件を超える応募があった——この割合を見るかぎり、「マックジョブ」にありつくのは、統計的にはハーバード大学に入るよりも見込み薄ということになる。ファストフード店の仕事は、以前は学校に通うかたわらパートタイムでの収入を求める若者たちで占められていたが、現在この業界では、主な収入をこの仕事に頼っている年長の労働者のほうがはるかに多い。ファストフード店の従業員の九〇パーセント近くが二〇歳以上で、平均年齢は三七歳だ。[17] こうした年長の従業員たちは、家族を養わなくてはならない身の上にある——しかし時給の中央値がわずか八・六九ドルでは、それはまず不可能といっていい。

この業界の低賃金と、福利厚生がほとんどないという状況はずっと激しい批判を浴びてきた。二〇一三年一〇月、マクドナルドの金融支援相談係に電話したある従業員が、フードスタンプ（政府発行の食品割引券）とメディケイド（低所得者用の公的医療扶助制度）の申請をするようにいわれる事件があり、その後、同社は徹底的に批判されることになった。[18] 実際に、カリフォルニア大学バークレー校の労働研究センターによる分析では、ファストフード店従業員の家族の半数以上がなんらかの公的扶助プログラムに登録していて、その結果アメリカの納税者の負担は年間七〇億ドル近くに及んでいることがわかった[19]。

ニューヨークの複数のファストフード店で起こった抗議行動と偶発的なストライキは、二〇一三年秋にはアメリカの五〇都市以上に飛び火した。レストラン・ホテル業界と親密なつながりを持つ保守系シンクタンクのエンプロイメント・ポリシーズ・インスティテュートは、ウォールストリート・ジャーナル紙の全面広告を利用し、「ロボットはまもなく最低賃金の引き上げを要求するファストフードの従業員に取って代わるかもしれない」と警告した。この広告が戦術的な脅しであったことは明らかだが、それでもモメンタム・マシンズ社の機械が示すように、ファストフード業界の自動化が進んでいくのはほぼ避けがたい現実だ。フォックスコンのような会社が中国でロボットを導入し、精密な電気製品の組み立てに利用していることを思えば、いずれ機械がファストフード業界全体に行き渡ってバーガーやタコス、ラテを出すようになると信じられない理由はまず見当たらない。

日本の回転寿司チェーン、くら寿司はすでに、自動化戦略の先駆けとして成功を収めている。二六二店に及ぶそのチェーン店では、ロボットが寿司作りの手助けをする一方、ベルトコンベアーがウェイターの代わりをする。また新鮮さを保つために、このシステムは個々の寿司の皿がどれだけのあいだ回っているかを追跡し、賞味期限に達したものを自動的に取り除きもする。客はタッチパネルで注文をし、食べ終わったら空の皿をテーブルの近くのスロットに積み上げる。するとシステムが自動的に代金を集計したあと、皿を洗って厨房まで運んでいく。くら寿司では店舗ごとに店長を雇う代わりに集中管理方式を用いており、遠くにいるマネジャーが各店の営業ぶりをあらゆる角度からモニターできる。自動化を基盤とするくら寿司のビジネスモデルは、寿司一皿わずか一〇〇円という、競合相手を大きく下回る価格で提供しているのだ[20]。

くら寿司で効果を上げている戦略の多くはきわめてイメージしやすいものだし、とりわけ調理の自動化とオフサイト・マネジメントはファストフード業界全体で取り入れられるようになってきた。すでにそうした方向へ大きく歩み出している企業もある。たとえばマクドナルドは二〇一一年、ヨーロッパの七〇〇〇の店舗で、タッチスクリーンによる注文システムを導入した[21]。こうした業界で、どこかの大手が自動化を進めることで大きな利益を上げはじめれば、他企業も否応なく追随せざるをえなくなる。自動化はまた、人件費の削減だけにとどまらないレベルでの競争力ももたらす。ロボットによる調理は、従業員が食品に触れることが少なくなるため、より衛生的だと見られるのではないだろうか。さらに簡便性や迅速性、受注の正確性が増し、顧客からの注文をカスタマイズする能力も増すだろう。ある店で顧客の好みが記録されれば、自動化によって、他の店でも絶えず同じ結果を出すことが容易になる。

こうした事情を踏まえれば、一般的なファストフードの店でも、いずれ従業員数を五〇パーセントか、あるいはもっと多く削減できると考えてもいいのではないかと私は思う。少なくともアメリカでは、ファストフード市場はすでに飽和状態にあるので、今後新しい店ができるにしろ、各店舗で必要とされる従業員の数がぐっと減るのを埋め合わせられるとはとうてい考えづらい。これはもちろん、労働統計局による求人状況の予測の多くが現実化しないということを意味するものだ。

ほかに低賃金のサービス職が大きく集中しているのは、一般小売部門だ。労働統計局のエコノミストたちは、現在の一〇年代が終わる二〇二〇年には、今後増える雇用の大半を「正看護師」に次いで「小売販売員」が占めると位置づけ、さらに七〇万以上の新しい雇用が作り出されると予測した(22)。しかしこの場合も、テクノロジーの進歩を受けて政府の見積もりが楽観的になっているという可能性も考えられる。ここではおそらく、小売部門での雇用の姿を形づくる三つの大きな力があると予想できるだろう。

ひとつめは、アマゾン、イーベイ、ネットフリックスなどのオンライン小売業者によって進められている、業界の断絶的破壊だ。オンライン業者の競争上の優位性は従来型の店舗を持たずに済むことにあり、それはサーキットシティ、ボーダーズ、ブロックバスターなどの大手小売チェーンが消えたことに如実に表れている。アマゾンとイーベイはともに、アメリカ国内の多くの都市で実験的に即日配達を実施しているが、その目的は地元の小売店がまだ維持している最後の大きな利点、つまり商品を買ったお客をすぐに満足させられるという強みを崩すことにある。

理屈の上では、オンライン小売業者による侵食は必ずしも雇用破壊につながるわけではない。多くの職が従来の小売環境から、オンライン会社が使用する倉庫や配送センターへ移るというだけだ。しかし現実には、職がいったん倉庫のほうへ移れば、自動化がはるかに容易になる。アマゾンは二〇一二年、倉庫専門のロボティクス企業キヴァ・システムズを買収した。キヴァのロボットは見たところ、巨大なアイスホッケーのパックにいささか似ているが、倉庫内をあちこち動き回って物を運ぶように設計されている。従業員が必要な品を探して廊下をうろうろする代わりに、ロボットが品物の入ったパレットや棚全体を持ち上げ、注文の品を箱詰めする従業員のところまで直接運んでいくのだ。このロボットは自動的に、床にバーコードで配置されたグリッドを使って動き回るもので、アマゾンに加え、トイザらス、ギャップ、ウォルグリーン、ステープルズなど、さまざまな大手小売業者が倉庫業務の自動化に使用している。[23]キヴァの買収から一年後、アマゾンは一四〇〇台のロボットを手にしたが、巨大な自社倉庫での作業にこの機械を組み込むプロセスはまだ始まったばかりだ。ウォールストリートのあるアナリストは、アマゾンはこのロボットの導入によって受注処理のコストを四〇パーセント節減できると推定している。[24]

アメリカ最大手のスーパーマーケットチェーンのクローガー社も、高度に自動化された配送センターを導入した。クローガーのシステムは、多くのベンダーの製品が一個ずつ大量に入ったパレットを受け取ったあと、中身をいったんバラバラに分け、各店舗へ配送するための雑多な製品の入った新しいパレットを作ることができる。また、パレットが店舗に到着したときに、在庫品を棚に最もうまく配置できるような順番で、さまざまなパレットを積み重ねるようにすることもできる。自動化倉庫システムは、パレットをトラックに積み降ろしする以外、人間が介在する必要性を完全に取り除いてしまうのだ。[25] こうした自動化システムが雇用に及ぼす明らかな影響は、組織労働者たちには受け入れがたいもので、全米トラック運転手組合はその導入をめぐり、クローガー社をはじめとする小売業者との衝突を繰り返している。キヴァのロボットとクローガーの自動化システムはともに、人間のための仕事をいくらか残してはいる。それは主として、顧客への最終的な発送のためにさまざまな品物を箱詰めするといった、視覚による確認や手先の器用さが必要になる分野だ。もちろんそれはまさしく、例のインダストリアル・パーセプション社の箱を動かすロボットが技術的な可能性を急速に押し広げている領域でもある。

状況を一変させる二つめの力は、完全自動化されたセルフサービスによる小売部門の爆発的な成長だろう——要するに、知的な自動販売機およびキオスク（レンタル販売機）のことだ。ある研究の算定によると、こうした市場で販売される製品やサービスの価値は、二〇一〇年には七四〇〇億ドルほどだったのが、二〇一五年には一兆一〇〇〇億ドルを超えるという。[26] すでに自動販売機はソーダやスナック、まずいインスタントコーヒーを売るだけのものから長足の進歩を遂げていて、いまやアップルのアイポッドやアイフォーンなどの家電製品を売るような精巧な機械が、さまざまな空港や高級ホテルで見られるようになった。自動販売機のトップメーカーAVT社は、ほぼあらゆる商品に対応したカスタムなセルフサービスソリューションを設計できると豪語している。自動販売機は小売業界にかかってくる最も重大な三つのコスト――不動産、労働、客や従業員による窃盗――を減らすことを可能にする。二四時間サービスの提供に加え、多くの機械にはビデオ画面が付いていて、興味津々の客に関連製品を買わせるべく、人間の店員とほとんど変わらない調子でターゲットを定めたピンポイントの広告を提供できる。また顧客のeメールアドレスの情報を取得し、領収書を送ることもできる。要するに、こうした自販機はオンライン注文の利点の多くを提供しながら、しかもその場で商品を渡せるという強みまであるのだ。

自動販売機およびレンタル販売機の急増は、従来的な小売業の仕事をたしかに奪っているが、その一方でまた、メンテナンス、商品の補充、修理といった仕事を作り出しもするだろう。だがこうした新しい仕事は、思ったより限られたものになる可能性が高い。最新世代の自動販売機はインターネットと直接つながって、売上データや診断データを絶えず送っている。また、その営業形態に付随する人件費を最小限に抑えるように設計されてもいる。

二〇一〇年にデヴィッド・ダニングは、シカゴ地域に一八九ヵ所あるレッドボックスの映画レンタル機のメンテナンスおよび商品補充を監督する地域のオペレーションスーパーバイザーを務めていた。[27] レッドボックスはアメリカとカナダに四万二〇〇〇ものレンタル機を擁し――概ねコンビニエンスストアやスーパーマーケットのなかにある――ビデオの貸し出し本数は一日平均で二〇〇万にのぼる(28)。ダニングはシカゴ地域のレンタル機すべてをたった七人のスタッフで切り回していた。機械へのＤＶＤの補充は自動化されている。それどころか、この仕事で最も労力を要する部分といえば、レンタル機に取り付けた半透明の映画広告を取り替えることぐらいだ――通常なら機械ひとつあたり二分とかからない。ダニング以下のスタッフは、だいたい新しい映画のＤＶＤが運ばれてくる倉庫にいるか、それ以外の時間は自動車や自宅にいる。そこからインターネット経由でレンタル機にアクセスし、管理することができるからだ。レンタル機は完全に遠隔操作でメンテナンス可能なように設計されている。たとえば、機械に何かがつかえたときにはすぐに報告が届き、技術者は手元のノートパソコンでログインを行う。そして機械をあれこれ動かし、現場に出向かずに問題を解決できる。新しい映画がリリースされるのは通常なら火曜日だが、実際はそれ以前にいつでも機械に補充しておいてかまわない――レンタル機が自動的に、正しい時刻にレンタルが開始されるようにしてくれる。そのおかげで技術者は、渋滞の時間を避けるようにしながら補充の予定を組むことができるのだ。

ダニングたちスタッフの仕事は、たしかに興味深く望ましいものだが、数の上では従来の小売チェーンが作り出す職とは比べ物にならないほど少ない。たとえば、いまはもう姿を消したブロックバスターは、かつてはシカゴ周辺だけで何十もの店舗を持ち、それぞれ独自に店員を雇っていた。[29] 最盛期の頃の店舗は全体で九〇〇〇、従業員は六万人を数えた。一店舗につきおよそ七人の割合――レッドボックスのダニングのチームの担当地域全体で雇われている数とほぼ同じだ。

小売部門における雇用を破壊しそうな三つめの大きな要因は、現実にある店舗が競争力を保とうとして、どんどんロボットや自動化が導入されていくことだ。製造用ロボットの物理的な敏捷性や視覚認識などの可能性を押し広げているイノベーションが、同じように小売業の自動化も推し進めている。自動化は倉庫から始まって、店舗内の在庫品の棚のようにまちまちで面倒な環境にまで及んでいく。現実にウォルマートは二〇〇五年からすでに、夜間に店内の通路を動き回りながら、自動的にバーコードを読み取って商品在庫の動きを追うロボットを使えるかどうかを調査していた。[30]

その一方で、セルフサービスのレジや店内の情報コーナーは確実に、さらに使い勝手がよくなると同時に、より一般的に目にするようになる。モバイル機器もセルフサービス用のツールとして重要度を増していくはずだ。将来の買い物客は、従来型の小売環境にいるときにも、買い物や支払いにも、補助や情報を得るにも、ますます携帯電話に頼るようになるだろう。モバイル機器による小売業の断絶的破壊はすでに進行している。たとえばウォルマートは、買い物客が携帯電話でバーコードを読み取り、計算を済ませて支払いまで行うという、長いレジ待ちの列を完全に解消できる実験的なプログラムをテストしているところだ。[31] レンタカーのスタートアップ企業シルバーカーは、店員とのやりとりゼロで車を予約して乗っていけるシステムを提供中である。[32] 客はただバーコードを読み取って車のロックを外し、ハンドルを握って出ていけばいい。アップルのSiriのような自然言語処理テクノロジーや、IBMの〈ワトソン〉といったさらに強力なシステムが進歩を続け、さらに手頃になっていけば、近いうちに買い物客が店員に聞くのとほとんど同じ要領で、自分のモバイル機器に手助けを求められるようになることも容易に想像できる。違いはもちろん、お客が店員を待ったり探してつかまえたりする必要がなくなることだ。このバーチャルなアシスタントは常時その場で利用できるし、応答が不正確であることが仮にあったとしても稀なはずだ。

多くの小売業者は自動化にあたって、従来からの小売環境にそうしたシステムを持ち込むことを選ぶだろうが、この際店を一から設計し直そうとする業者もいるかもしれない——つまりは店をスケールアップした自動販売機に変えるということだ。このタイプの店はおそらく、自動化された倉庫とそこに付属するショールームという形をとるのではないか。ショールームでは、客が製品のサンプルをじっくり検討し、その場で注文できる。すると注文の品が、直接客に手渡されるか、あるいはロボットによって輸送用車両に積み込まれる。小売産業が技術的にどういった方向を選ぶにしろ、最終的にロボットと機械が増え、人間の仕事が大幅に減るという結果は想像に難くない。

クラウドロボティクス

ロボット革命を推進する要因として、最も重要な役割を果たすと考えられるのが「クラウドロボティクス」――多くの情報を移転することで移動型ロボットを作動させ、コンピューティングのハブに変えることだ。クラウドロボティクスは、データ通信の速度が飛躍的な進歩を遂げたことで実現した。いまでは、高度なロボティクスに必要な計算の多くを巨大なデータセンターに肩代わりさせられる一方、個々のロボットがネットワーク上のリソースにアクセスできるようになっている。その結果、内蔵しなくてはならない計算能力やメモリが少なくて済むため、より安価なロボットを作ることが可能になるし、複数の機械のソフトウェアを瞬時にアップグレードすることもできる。ある一台のロボットが集中型マシンインテリジェンスを用いて環境に適応すると、次には新たに得たその知識がたちまち、同じシステムにアクセスしているどの機械にも利用できるようになるのだ――多数のロボット間で機械学習を調整することも容易になる。二〇一一年にグーグルは、クラウドロボティクスへの支援を表明し、ロボットがアンドロイド機器用にデザインされたサービスすべてを利用できるようなインターフェースを提供している。[d]

クラウドロボティクスの影響が最も顕著に表れるのは、巨大なデータベースに加えて強力な計算能力も必要とされる、視覚認識のような領域ではないだろうか。たとえば、さまざまな家事をこなせるロボットを作る上で関わってくる科学技術上の数々の問題を考えてみよう。散らかった部屋を片づけるという作業を課せられたロボットのメイドは、ほとんど際限のない数の物体を認識し、それをどう処理するかを判断しなくてはならない。しかもそうした物体は、どれもさまざまな格好で、てんでんばらばらの方向を向き、他の物体と重なり合っていたりもする。この問題を、本書の冒頭で取り上げたインダストリアル・パーセプション社の箱を動かすロボットが取り組んだ難題と比較してみよう。箱が無造作に積み上げられている場合、ロボットが個々の箱を見分けて把握できるというのはじつに目を見張る技量だが、それでも対象は箱に限られる。あらゆる形の物体があらゆる配置で置かれているのを認識して処理できるようになるまでには、まだまだ大きな隔たりがある。

こうした包括的な視覚認識をロボットに組み込み、なおかつ手頃な価格に保つというのは、気が遠くなるほどの難問だ。それでもクラウドロボティクスは少なくとも、やがて解決策に通じるであろう道筋をごくわずかだけ垣間見せてくれる。グーグルは二〇一〇年、カメラ付きモバイル機器向けのアプリ〈ゴーグル〉を導入し、それ以来このテクノロジーを大幅に改良してきた。このアプリを使ってランドマークとなる建物や本、芸術作品、市販製品などの写真を撮ると、システムがその写真に関連した情報を自動的に認識し、引き出してくれる。ロボットのオンボードシステムに、ほぼあらゆる物体を認識する能力を組み込むのは、おそろしく難しい上に費用もかかる。しかしいずれロボットが、ゴーグルで使われているものと同様の広大な中央集中画像データベースにアクセスすることで自分の周囲にある物体を認識する、といった未来を想像するのは決して難しくない。クラウドをベースとした画像ライブラリーは常にアップデートでき、そのシステムにアクセスするロボットは自らの視覚認識能力を即座にアップグレードできるのだ。

クラウドロボティクスが、今後さらに能力の高いロボットを開発するための重要な推進力になるのはまちがいない。しかし憂慮される重要な問題も、特にセキュリティーの分野で出てきている。アーノルド・シュワルツェネッガー主演の映画『ターミネーター』には、情報を支配する「スカイネット」というシステムが描かれているが、それとの不気味な相似はさておいても、ハッキングやサイバー攻撃を受けやすいといったより実際的、直接的な問題は否定できない。たとえば、自動化されたトラックや列車が、やがて集中管理の下で食料や重要な物資を運ぶようになったとしたら、そうしたシステムは大変な脆弱性を生み出しかねない。すでに、サイバー攻撃に対する産業用機械の脆弱性や、配電網などの重要なインフラの脆弱性には大きな懸念が寄せられている。こうした脆弱性は二〇一〇年、アメリカとイスラエル両国政府が共同で開発したコンピュータウイルス〈スタックスネット〉が、イランの核燃料施設で使用される遠心分離機を攻撃したことでも示された。もしもいつか、重要なインフラが中央集中型の人工知能に頼るようになれば、そうした懸念はまったく新しい次元にまで高まってくるだろう。

農業に携わるロボット

アメリカ経済を構成しているすべての雇用部門のなかでも、農業はすでに科学技術の進歩の直接的な結果として、きわめて劇的な変化を遂げてきた。もちろん、こうした新しいテクノロジーは、実際にはその多くが農業機械にまつわるもので、進んだ情報テクノロジーが現れるずっと以前から存在した。一九世紀末のアメリカでは、労働者のほぼ半数は農場で雇われていた。二〇〇〇年までにその割合は二パーセント以下にまで下がった。小麦、とうもろこし、綿などのように、植え付けから維持、収穫まですべて機械化できる穀物の場合、生産物一ブッシェルに必要な人間の労働は、いまや先進国では限りなくゼロに近い状態だ。家畜の飼育や管理も多くの面で機械化されている。たとえば、酪農場ではロボットによる搾乳システムが一般に使われているし、アメリカではニワトリも自動化された解体処理ができるように規格に合ったサイズに育てられる。

農業で他に労働集約性の高い分野といえば、繊細で高価な果物や野菜、観賞用の植物や花の収穫だろう。比較的ルーティンかつ手作業の多いこうした仕事が機械化を免れてきたのは、視覚認識や手先の器用さに拠るところが大きい。果物や野菜は傷つきやすく、多くの場合、色や柔らかさに応じて選別する必要がある。機械にとって、視覚認識は大変な難問だ。光の当たり方の条件はきわめて変わりやすいし、個々の果物はバラバラな方向を向いていることが多く、一部か全体が葉の陰に隠れていたりもする。

そうした残り少ない農業の仕事も、工場や倉庫でロボティクスの可能性を押し広げているのと同じイノベーションが取り入れられることで、ついに自動化に屈しつつある。カリフォルニア州サンディエゴに本社を置くビジョン・ロボティクス社は、蛸に似た形のオレンジ収穫用機械を開発中だ。このロボットは三次元のマシンビジョンを応用して、一本のオレンジの木の完全なコンピュータモデルを作成し、木に生った果実の位置情報をひとつひとつ記憶する。そしてその情報は機械に付属した八本のロボットアームに伝えられ、アームがすばやくオレンジの実を収穫していく(33)。ボストン地域のスタートアップ企業ハーベスト・オートメーションは、苗木畑や温室での作業を自動化するロボットの製作に力を入れている。同社の推定によると、観賞用植物を栽培するコストの三〇パーセント以上が手作業によって占められている。そして長期的に見てロボットは、現在の欧米で必要な手作業による農業労働を四〇パーセントまで肩代わりできるようになるという(34)。フランスではすでに実験用のロボットが、マシンビジョンの技術と、どの枝を切るべきかを判断するアルゴリズムを組み合わせて、ブドウの剪定を行っている(35)。日本では、実の色の微妙な変化に基づいて、熟したイチゴを採取する新しい機械ができている――スピードは八秒に一個程度だが、休みなく働くことができ、たいていの作業を夜間にこなしているという[36]。

先進的な農業用ロボットは、低賃金の移住労働者を従事させられない国ではとりわけ魅力的だ。たとえばオーストラリアと日本はともに島国で、労働人口が急速に高齢化しつつある。イスラエルも、安全保障の面を考慮するなら、労働人口の移動という点では事実上の島国だ。果物や野菜の多くはごく短期間に集中的に収穫しなくてはならないため、必要な時期に十分な労働力が確保できなければ壊滅的な結果になりかねない。

農業の自動化は、人間による労働の必要性を減らすだけにとどまらず、農業をより効率化し、またはるかに資源集約的でなくする大きな可能性を秘めている。コンピュータは農作物の出来を、人間の労働者には及びもつかないような精度で追跡し、管理することができる。オーストラリアのシドニー大学にあるフィールドロボティクスセンター（ACFR）は、先進的な農業用ロボットを使用することで、オーストラリアが爆発的に人口が増大するアジアへの主要な食料供給元になれるように努力している。オーストラリアは耕作可能な土地や真水が比較的少ない国だが、ACFRの構想するロボットは、絶えず畑を動き回って個々の植物の周りの土壌サンプルを採取し、しかるのちに適正な量の水や肥料を注入するものだ[37]。個々の草木に生っている特定の果実に対して肥料や農薬を正確に撒布できれば、そうした化学物質の使用を最高で八〇パーセントまで削減でき、川やその他の水系を汚染する有毒物質の流出量を劇的に減らすこともできる[38]。

ほとんどの途上国では、農業の非効率性が知られている。各家族が耕作する土地の面積は小さく、資本投資は最低限で、現代的なテクノロジーも利用できない。たとえ農業のための技術が労働集約的であったとしても、その耕作に本当に必要な人手以上の数の人間を養わざるをえない場合が多いのだ。今後数十年で世界人口が九〇億人に達するとしたら、耕作可能なあらゆる土地をさらに広くて効率的な農場に転換し、作物生産高をぐっと増やす必要がある。それには農業の先進技術が重大な役割を果たすことになるだろう。水が不足し、化学物質の使いすぎで生態系が壊れてしまっている国では、特にそれが当てはまる。しかし機械化が進むとなれば、農業で生計を立てられる人々がいまよりずっと減ることになる。過去の歴史を見れば、そうした余剰の働き手は都市へ流入したり、工場労働を求めて工業の中心地へ移り住んだりするのが常だった——だがこれまで見てきたように、今後はそうした工場自体が、加速する自動化テクノロジーによって作り変えられていくだろう。実際のところ、どれだけの途上国がこうした技術がもたらす断絶的破壊をうまく乗り切り、深刻な失業危機に陥らずにすむのか、容易に想像はつかない。

アメリカの移民政策は、著しく両極化の進んだ国内政治に左右されやすい分野だが、農業用ロボティクスはいずれ、その根底にある基本的前提の多くを崩壊させてもおかしくない。その影響はすでに、かつては多くの農場労働者を雇っていた地域で明らかになっている。たとえばカリフォルニア州では、トマトなどの繊細な作物の栽培から、丈夫な上に機械で収穫できるナッツ類へ切り替える農場が多くなった。カリフォルニア州の農業雇用は、二一世紀に入って最初の一〇年のうちに、自動化された農業技術と相性の良いアーモンドなどの作物の生産高は爆発的に増えているにもかかわらず、全体では約一一パーセントも下がっている[39]。

ロボティクスと先進的なセルフサービス・テクノロジーが経済のほぼあらゆる部門へ徐々に行き渡るにつれ、主として、中程度の教育と訓練が必要な低賃金の仕事が脅かされることになるだろう。だが、そうした仕事は現在、経済によって新たに作り出されている勤め口の大多数を占めている――また、アメリカ経済は人口増加に持ちこたえるためにも、年間およそ一〇〇万の雇用を生み出さなくてはならない。新たなテクノロジーの出現とともにそうした雇用の数が現実に減る可能性を度外視したとしても、勤め口が生まれるペースが落ちるだけで、長期的な雇用には悪影響が累積的に及んでいくだろう。

多くのエコノミストや政治家たちには、こうした事態を問題とみなそうとしない傾向があるのではないだろうか。大体においてルーティンな低賃金、低スキルの仕事は、少なくとも先進国では本質的に望ましくないものと見られがちだ。そしてこういった仕事にテクノロジーが及ぼす影響をエコノミストたちが論じるときには、「フリーになった」というフレーズがおそらく聞こえてくる――たとえば、低賃金の仕事を失った労働者は、より訓練を積んでよい仕事に就けるチャンスをつかむべくフリーになったのだ、などと。もちろんその前に、アメリカのような活発な経済では、その新たに「フリーになった」労働者を――当人たちが必要な訓練の機会をちゃんと得られさえすれば――すべて吸収できるだけの高賃金、高スキルの仕事が常に生み出されることが基本的な前提としてある。

しかしこの前提が拠って立つ地盤は、次第に危うくなりつつある。次の二つの章では、自動化がすでにアメリカの雇用と所得にどういった影響を及ぼしているかを見ながら、情報テクノロジーのどんな特性が断絶的破壊をもたらす特異な力として機能するのかを考える。また、そうした議論を出発点に、最も自動化されやすい職のタイプは何か、そして、解決策とみなされる高度な教育や訓練の実行可能性に関して、これまでの知見がつぎつぎに覆されている状況についても詳しく調べていこう。機械は高賃金、高スキルの仕事にも襲いかかろうとしているのだ。

第2章 今度は違う？

一九六八年三月三一日、日曜日の朝、マーティン・ルーサー・キング・ジュニア牧師はワシントン・ナショナル大聖堂の精巧な彫刻の施された大理石の説教壇に立っていた。教会としては世界最大級で、ロンドンのウェストミンスター寺院の二倍の広さのある建物の内部は、数千の人々で身廊や袖廊までぎっしり埋めつくされ、聖歌隊席から見下ろす人たちや戸口にはみ出している人たちまで見られた。さらに外の階段や近くの聖アルバヌス監督教会にも、少なく見ても一〇〇〇人が、スピーカーを通して流れる説教を聞こうと集まっていた。

これがキング牧師にとって最後の日曜日の説教となった。それからわずか五日後、この大聖堂は再び、打って変わって沈痛な面持ちの群衆であふれることになる——そのなかにはリンドン・ジョンソン大統領をはじめとする上級閣僚、連邦最高裁判所の判事たち、主要な連邦議会議員たちの顔もあった――キング牧師がテネシー州メンフィスで暗殺された翌日、葬儀に集まった人々だ。[1]

日曜日にキング牧師が行った説教は、「大いなる革命の時期を目覚めて生きること」と題するものだった。主な内容は予想できるとおり、公民権と人権についてだが、キング牧師はさらにずっと幅広い前線で起こる革命的な変化を念頭においていた。説教が始まってまもなく、キング牧師はこう語りかけた。

今日の世界で、大いなる革命が起こりつつあることは、否定すべくもありません。ある意味それは、三重の革命といえます。まず、オートメーションとサイバネーションの影響を受けた科学技術の革命。原子力兵器、核兵器の出現という兵器上の革命。そして全世界における爆発的な自由化という人権上の革命です。そう、我々は変化の時代に生きている。そしてその時代を通じて、こう叫ぶ声がいまも響き渡っているのです。「見よ、わたしは、すべてを新しくする。これまでのものはすでに過ぎ去った」。[2]

「三重の革命」というフレーズは、「三重革命に関する特別委員会」と自ら名乗る学者やジャーナリスト、科学技術者たちのグループによって書かれたレポートからきたものだ。このグループにはノーベル化学賞受賞者のリーナス・ポーリングや、のちにフリードリヒ・ハイエクとともに一九七四年のノーベル経済学者を受賞するグンナー・ミュルダールも名を連ねていた。レポートのなかで名指しされている革命の二つの原動力、すなわち核兵器と公民権運動は、一九六〇年代の歴史のストーリーに織り込まれていまも消えていない。しかし三つめの革命は、文書のかなり多くを占めるものだったが、概ね忘れ去られている。このレポートは「サイバネーション」（もしくはオートメーション）が進むことで経済はまもなく、「人間の手助けをほとんど要しない機械からなるシステムによって、無限の生産量を達成しうるだろう」と予測していた。[3] その結果、大量の失業と格差の拡大がもたらされ、やがて消費者が経済成長を後押ししつづけるのに必要な購買力を次第に失い、商品やサービスの需要が低下していく。それに対し「特別委員会」は、ラジカルな解決策を提言している――広範なオートメーション（自動化）が生み出す「潤沢経済」のおかげで、最低限所得保証が可能になる。これを最終的に実施することで、当時の貧困対策である「福祉的手段のつぎはぎに取って代わる」だろうというのだ。[a]

「三重革命」のレポートは一九六四年にメディアに公表され、ジョンソン大統領、労働長官、有力議員たちにも送付された。そこに添えられたカバーレターには、もしこのレポートで提案された解決策が実行されなければ、「国はいまだかつてない経済的、社会的混乱に陥るだろう」という不吉な警告の一文があった。翌日付のニューヨーク・タイムズ紙には、このレポートのことがカバーストーリーとして多くの引用付きで掲載された。他の多くの新聞や雑誌も記事や社説として取り上げ（概ね批判的だった）、なかにはレポートの全文を載せたものもあった(4)。

三重革命はおそらく、第二次世界大戦後の自動化がもたらす影響に寄せられる憂慮が頂点に達した表れだったのだろう。機械が労働者を押しのけ、大量失業の原因となるという不安は過去にも何度も引き起こされてきた――最も古くは一八一二年にイギリスで勃発したラッダイト運動にまでさかのぼる――が、一九五〇〜六〇年代は特に激しく、アメリカでもとりわけ傑出した知的な何人かの人々が憂慮の声をあげた。

一九四九年、ニューヨーク・タイムズ紙の要請を受けて、国際的に有名なマサチューセッツ工科大学（MIT）の数学者ノーバート・ウィーナーは、コンピュータと自動化の未来がどうなるかという自らのビジョンを記事に書いた(5)。ウィーナーは一一歳で大学に入り、わずか一七歳で博士課程を修了した神童だった。その後サイバネティクスの分野を確立、応用数学に多大な貢献を果たし、コンピュータ科学、ロボティクス、コンピュータ制御によるオートメーションの基礎を築いた。ウィーナーの記事は、ペンシルベニア大学で初めて本当の汎用電子計算機が作られてからわずか三年後に書かれたものだったが、そこで彼は「あることを明晰かつわかりやすい方法で行えるとしたら、同じことは機械によっても行える」と論じた。そしてそのことがやがて、「この上なく残酷な産業革命」をもたらすかもしれないと警告した。機械は、「ルーティンな工場の雇用者たちの経済的価値をおとしめ、金を出して雇うだけの値打ちをなくさせてしまう」だろう、と。

その三年後、ウィーナーの想像と非常によく似たディストピア的未来が、カート・ヴォネガットの処女小説 *Player Piano*（邦題『プレイヤー・ピアノ』）で具現化された。この小説に描かれる自動化された経済では、少数の技術エリートが管理する産業用機械がほぼすべての仕事をこなす一方で、大多数の人間は無意味な人生と希望のない未来に直面している。その後ヴォネガットは伝説的作家の地位を得るようになるが、この一九五二年に書いた自作小説の有効性を生涯信じていて、「日一日と時宜にかなったもの」になっていると数十年後に書いた。(6)

ジョンソン政権がこのレポートを受け取ってから四ヵ月後、大統領は「テクノロジー、オートメーション（自動化）、経済の進歩に関する連邦委員会」を創設する法案に署名した。(7)法案署名式のスピーチで、ジョンソンはこう語った。「我々が先を見すえ、来るべきものを理解し、未来への適切な計画を立てて賢明な道筋を定めれば、オートメーションは我々に繁栄をもたらす味方となるだろう」。だが、新設されたこの委員会はやがて――こうした委員会の宿命といっていい――急速に忘れられていき、後には本三冊分はあろうかというレポートだけが残された。(8)

戦後のこの時期に自動化への不安がさんざん取り沙汰されたのとは裏腹に、経済自体には皮肉なことに、そうした心配を裏づけるような要素はほとんど見られなかった。三重革命のレポートが一九六四年に公表されたとき、失業率はわずか五パーセント強で、一九六九年にはさらに三・五パーセントまで下がった。一九四八年から一九六九年にかけて四度の景気後退があったものの、その間も失業率が七パーセントに達することはなく、回復期に入ればたちまち下がった(9)。新しいテクノロジーの導入は生産性を大きく増大させたが、そうした成長のかなりの分け前は、賃金増という形で労働者に還元されていた。

一九七〇年代初めになると、焦点はOPEC（石油輸出国機構）の原油輸出禁止措置と、その後数年間続いたスタグフレーションへと移っていった。機械とコンピュータが失業を引き起こすという話は主流から遠く離れたところへ押しやられた。とりわけ経済学の専門家たちのあいだでは、この考え方は事実上のタブーになった。それでもこうした見方を持ちつづける者は、「ネオ・ラッダイト」の烙印を押されかねなかった。

三重革命のレポートによって予見された悲観的な状況が現実にならなかったことを考えれば、次のような当然の疑問が湧いてくる。レポートの著者たちは決定的に間違っていたのか？　それともただ、他の多くの先達のように、警鐘を早く鳴らしすぎただけなのか？

情報テクノロジーの初期のパイオニアのひとりであるノーバート・ウィーナーは、デジタルコンピュータはそれまでの機械技術とは根本的に違うと感じ取った。これは流れを変えるものだ、新しい時代の先触れとなり――ひいては社会構造そのものを引き裂く可能性のある機械だと。このウィーナーの見解が伝えられたのは、コンピュータがまだ部屋ひとつほどもあるばかげて大きなもので、焼けるように熱いラジオ用真空管が何万本も働いてやっと計算ができ、しかもほぼ毎日のように計算間違いが出ると予想されるような時代だった。[10] 幾何級数的な進歩によって、ウィーナーの見解がある程度正しかったとみなされる水準にデジタルテクノロジーが達する、まだ数十年前のことだ。

そうした数十年が遠く去ったいま、経済に及ぼすテクノロジーの影響を虚心坦懐に評価し直す機は熟した。省力化テクノロジーの影響にまつわる懸念が経済の話題の片隅に追いやられたとしても、アメリカ経済において戦後の繁栄に不可欠だった要因が次第に変わりはじめたことは、データが示すとおりだ。ほぼ完璧だった生産性の増大と所得の伸びとの相関関係が壊れてしまった。アメリカ国民の大部分の賃金は停滞し、実際に下がったという労働者も多い。所得格差は一九二九年の株式市場の大暴落前夜以来、前例のない水準にまで拡大し、「雇用なき回復」という新しいフレーズが頻繁に用いられるようになった。私たちはそうした経済的傾向を少なくとも全体で七つ挙げることができるが、それらをまとめてみると、進歩する情報テクノロジーがいかに社会を変容させているかが浮かび上がってくる。

恐ろしい七つのトレンド

[停滞する賃金]

一九七三年はアメリカ史上でも波乱に満ちた年だった。ニクソン政権はウォーターゲート事件に巻き込まれ、一〇月にはOPECが石油輸出禁止措置を実行し、怒れるドライバーたちが国中のガソリンスタンドの前に列をなした。しかしニクソンが転落の一途をたどっていくあいだにも、また別のストーリーが展開していた。このストーリーは世間にはまったく知られていない、だが、ウォーターゲートや石油危機もかすんでしまうほど重要なある出来事から始まった。この年、アメリカの労働者の標準的な給与額が頂点に達したのだ。二〇一三年時点のドルの価値で換算すれば、一九七三年の標準的な労働者——民間の製造部門にいる非管理職の労働者のことで、アメリカの全労働人口のゆうに半分以上を占めていた——一人が稼いでいた額が週七六七ドルに達した。翌年には実質平均賃金が急激に下がり、その後も完全に回復することはなかった。それから四〇年たったいま、同様の立場の労働者が稼いでいる額は週六六四ドル。およそ一三パーセントの下落だ。[11]

家計所得の中央値に目を向ければ、いくぶん話は穏当になる。一九四九年から一九七三年にかけて、中央値で見たアメリカの家計所得は二万五〇〇〇ドルから五万ドルへと、およそ二倍に増えた。この時期の家計所得の伸びは、一人あたりGDPの伸びとほぼ完全に一致している。それから三〇年後の家計所得中央値は六万一〇〇〇ドルで、二二パーセントの伸びにすぎない。しかもこの伸びは概ね、女性が労働人口の仲間入りをしたことによるものだ。収入が経済成長と軌を一にして増えるとすれば——一九七三年まではそれが普通だった——現在の家計所得は六万一〇〇〇ドルの五〇パーセント増である九万ドルをゆうに超えている

図2・1　生産に対する時間あたりの実質報酬の伸びと、非管理職の労働者vs生産性（1948～2011）

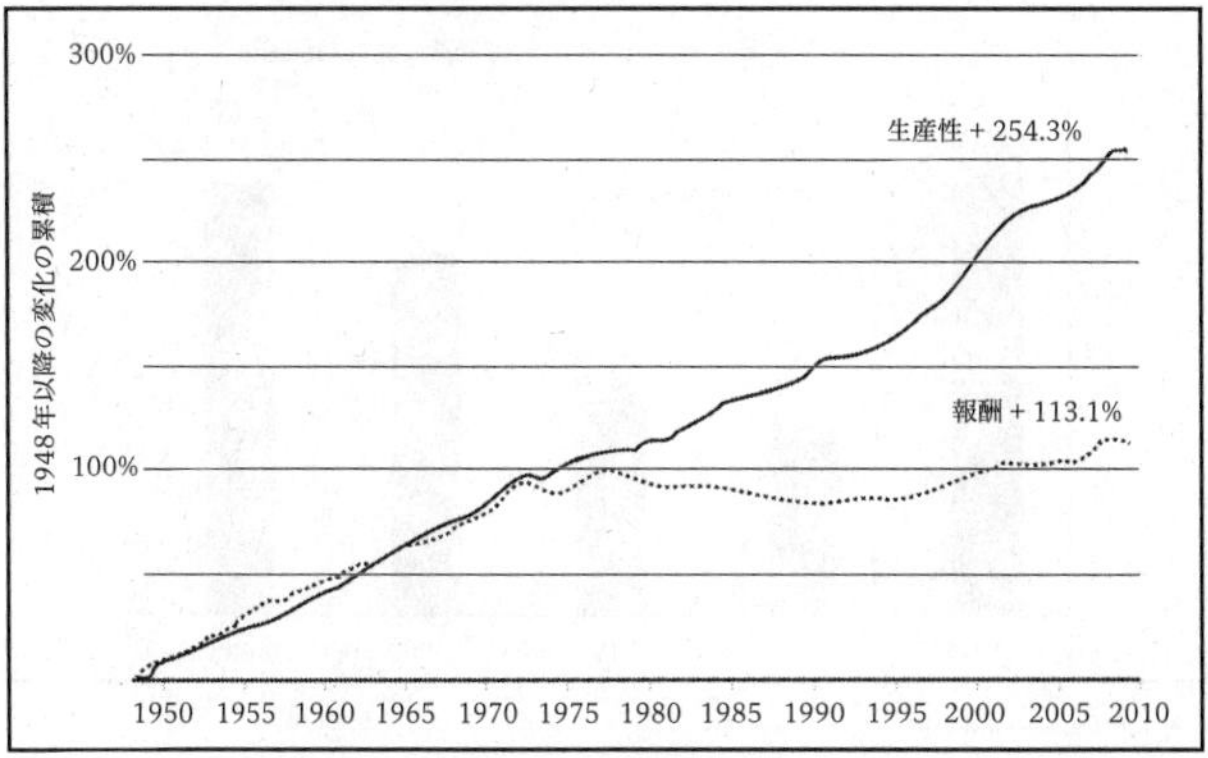

出所：ローレンス・ミシェル（経済政策研究所）。米国労働統計局による未発表総合経済データの分析「労働生産性とコスト」プログラム、および経済分析局の「国民所得生産勘定」公開データシリーズに基づく。[13]

はずなのだ。[12]

図2・1は、一九四八年以降の労働生産性[d]（労働者の一時間あたりの生産高を表す）と、一般的な民間部門の労働者に支払われた報酬（賃金と福利厚生給付を表す）との関係を示している。グラフの最初の部分（一九四八～七三年）に示されているのは、エコノミストが予想するとおりの推移だ。生産性の伸びは報酬の伸びとほぼ完全に一致している。常に右肩上がりの繁栄が続いていて、経済に貢献する人たちすべてにその成果が共有されている。だが一九七〇年代半ばを過ぎると、二本の線の開きが大きくなる。このグラフに示されているのは、経済全般に及ぼすイノベーションの利益がほぼすべて、労働者ではなく企業の所有者や投

図2・2　生産性の伸びvs報酬の伸び

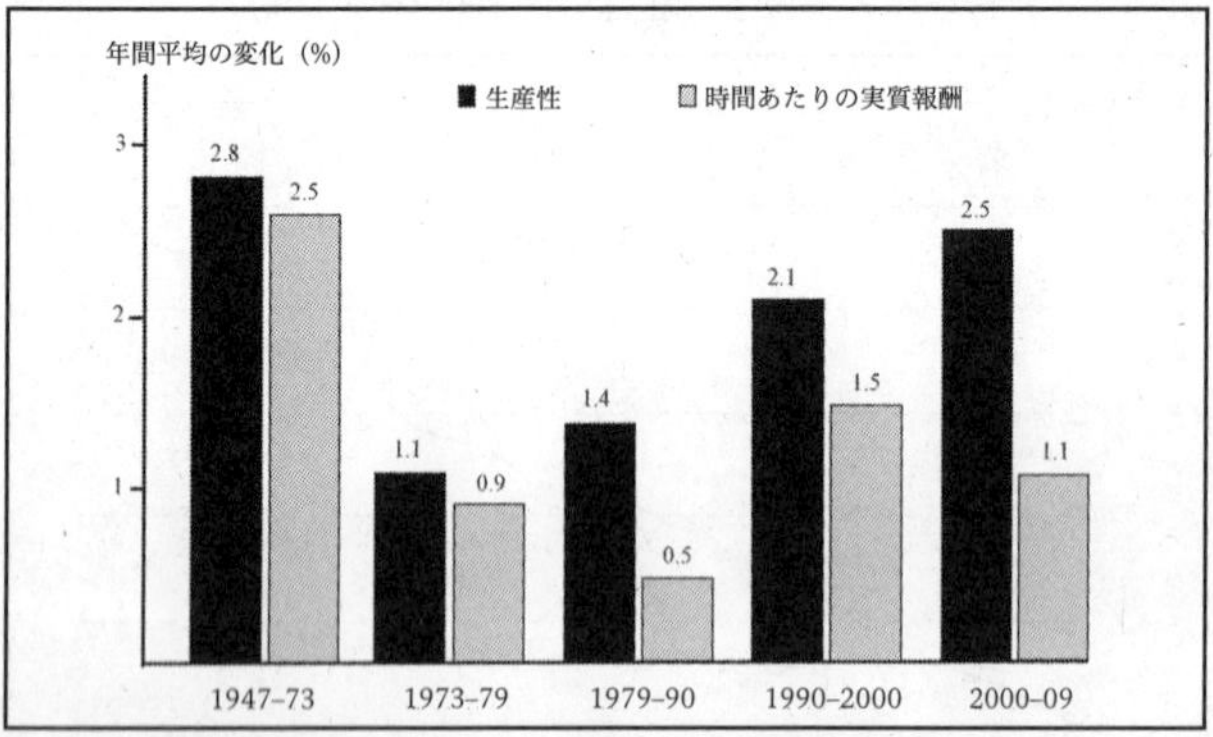

出所：米国労働統計局(14)

資家に流れ込んでいるということだ。

グラフを見れば一目瞭然だというのに、エコノミストの多くはいまだに、賃金の伸びと生産性の伸びが乖離していることをきちんと認めようとしない。図2・2は一九四七年までさかのぼって、さまざまな時期の報酬と生産性の伸び率を比較したものだ。一九八〇年以降はすべての一〇年間で、生産性が報酬を著しく上回っている。特に二〇〇〇年から二〇〇九年にかけては、その差は特に顕著だ。生産性の伸びは、一九四七〜七三年という戦後の繁栄の黄金期とほぼ変わらないが、報酬のほうは大きく後れをとっている。このグラフを見れば、生産性の伸びがほとんどの労働者たちの昇給分をはるかに引き離しているという印象を抱かないほうが難しいだろう。

大学の経済学の教科書を書いているような学

者たちはとりわけ、この全体像をなかなか認めようとしない。たとえばジョン・B・テイラー、アキーラ・ウィーラパナの共著による*Principles of Economics*（『経済学原理』）を取り上げてみよう。テイラー教授によるスタンフォード大学のきわめて人気の高い入門経済学の授業で使われている教科書である。[15] ここには図2・2によく似た棒グラフが載せられているが、それでも文章はやはり賃金と生産性の緊密な関係を肯定するものだ。一九八〇年代初めから生産性が賃金を大きく引き離しはじめたという事実はどこに行ったのだろう？　テイラーとウィーラパナは「この両者の関係は完全ではない」と記している。これはいささか控えめすぎる言い方ではないだろうか。やはり*Principles of Economics*（『経済学原理』）という題名の別の教科書があり、[16] こちらはプリンストン大学の教授と、前連邦準備制度理事会議長のベン・バーナンキの共著になるものだが、その二〇〇七年版では、二〇〇〇年以降の賃金の伸びの遅さは「二〇〇一年の景気後退に続いて起こった労働市場の脆弱さ」の結果であり、そして「労働市場が正常に戻るにつれて」賃金は「生産性の伸びに追いついてくる」はずだと書かれている――賃金の伸びと生産性の伸びとの密接な相関関係が、現在の大学生の生まれるずっと前に崩れはじめたということを無視するような見解だ。[e]

［労働分配率は低下し、企業収益は増大］

二〇世紀初頭、イギリスの経済学者で統計学者のアーサー・ボーリーは、数十年にわたるイギリスの国民所得データをくまなく調べ、国民所得に労働と資本が占める割合はそれぞれ、少なくとも長期的に見れば、比較的安定していることを突き止めた。この明らかに一定した関係はやがて、経済原理として認められ、「ボーリーの法則」と呼ばれるようになった。おそらく史上最も有名な経済学者のジョン・メイナード・ケインズはのちに、ボーリーの法則は「じつに驚くべきものでありながら、あらゆる種類の経済的統計において最も確立された事実のひとつ」だと言っている(17)。

図2・3が示すように、戦後の時期には、アメリカの国民所得に労働者の報酬が占める割合、すなわち労働分配率は、ボーリーの法則から予測されるとおりかなり狭い範囲を動いていた。しかし一九七〇年代半ば以降、ボーリーの法則は崩れはじめた。労働分配率が初めて徐々に落ちはじめ、二一世紀に入った直後から急降下しだしたのだ。労働分配率には小切手を切るような人物も含まれることを考えると、この急落ぶりはなおさら顕著だった。要するに、各社のCEO（最高経営責任者）やウォールストリートの経営陣、スポーツのスター選手、映画スターもすべて労働力とみなされるわけで、そうした人たちはもちろん、まったく下がってはいないどころか、うなぎ上りだ。つまり国民所得のうち、一般労働者――より大まかにいえば、所得分布の下層の九九パーセント――のものになる額の割合を示すグラフはまちがいなく、さらに急激に落ち込んでいるということだ。

所得における労働分配率が急激に下がる一方で、企業収益となると話はまるで違った。二

図2・3　アメリカの国民所得における労働分配率（1947〜2014）

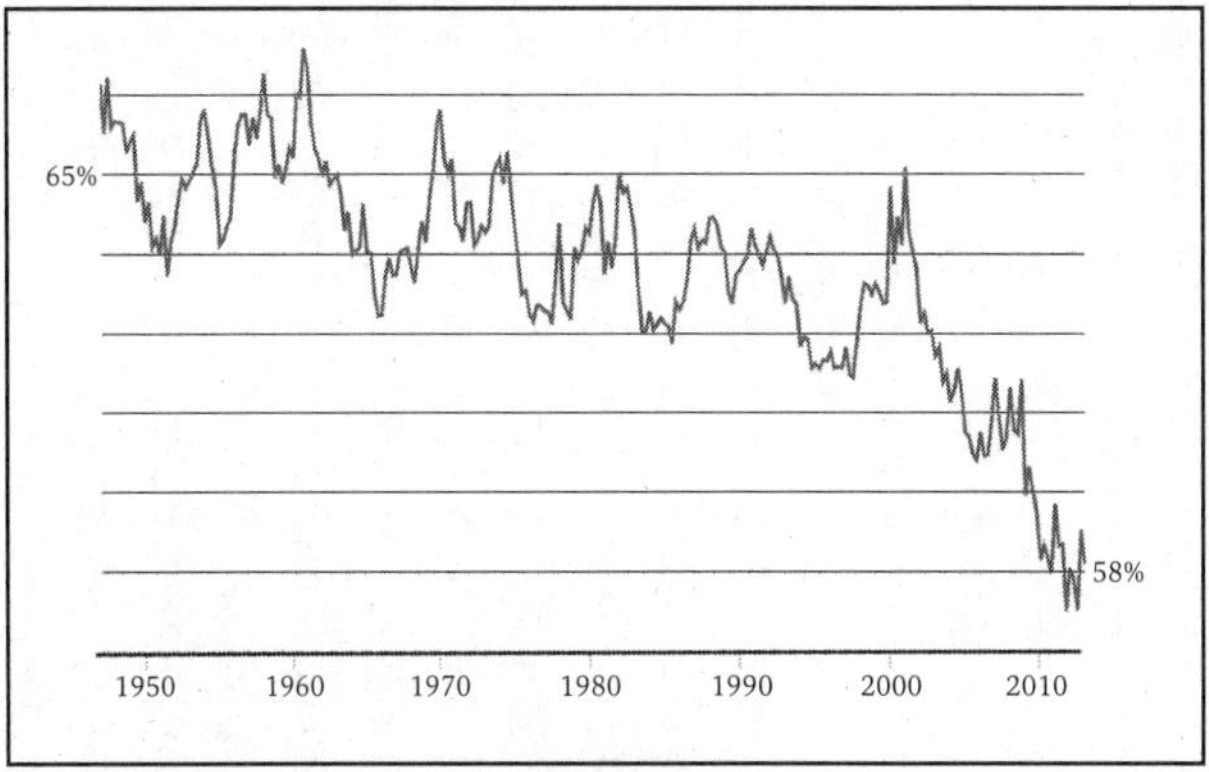

出所：米国労働統計局、セントルイス連邦準備銀行（FRED）(18)

〇一二年四月にウォールストリート・ジャーナル紙は、「大企業にとっては、人生は良いもの」という記事で、大恐慌以来最も深刻な経済危機から各企業が驚異的なスピードで立ち直ったことを例証した。何百万人もの労働者が失業から抜け出せず、あるいは以前より低賃金か、働く時間の少ない仕事を受け入れなくてはならない一方で、企業部門は沈滞から上昇し、「より生産的で実入りがよく、キャッシュは潤沢で負債は少ない」状態になっている[19]。二〇〇八年に始まった大不況のあいだに、企業はより少ない労働力でより多く生産できるようになった。二〇一一年には、大企業は従業員一人あたり平均四二万ドルの収入を生み出したが、これは二〇〇七年の三七万八〇〇〇ドルから見て一一パーセント以上の増益である。[20] S&P五〇〇社による新しい工場や設備、あるいは情報テクノロジーなどへの出費は前年の二倍となり、収益に対する資本投資の割合は危機以前の水準に戻った。

企業収益が経済全体（GDP）に占める割合も、大不況以降は跳ね上がった（図2・4を参照）。二〇〇八〜〇九年の経済危機で収益の急激な低下に見舞われたにもかかわらず、収益性の回復の速さは過去の不況と比べて前例のないものだった。

労働分配率の低下は、アメリカに限られた話ではない。シカゴ大学ブース経営学大学院の経済学者ルーカス・カラバーボニスとブレント・ニーマンは、二〇一三年六月の調査報告書[22]で五六ヵ国のデータを分析し、三八ヵ国で労働分配率が大きく低下していることを突き止めた。実際にこの著者たちの調査から、日本、カナダ、フランス、イタリア、ドイツ、中国ではアメリカ以上に大きな低下が見られることがわかっている。すべての仕事を呑み込んでしまうとほぼ誰からも思われている中国だが、その労働分配率の低下はとりわけ急激で、アメリカの三倍の速さで下がっている。

カラバーボニスとニーマンは、こうした労働分配率の低下は「資本生産部門における効率性向上の結果であり、多くの場合情報テクノロジーとコンピュータ時代の進歩によるもの」[23]だと結論づけた。また彼らは、安定した労働分配率は依然として「マクロ経済モデルの基本的な特徴」[24]でありつづけていると記した。要するにエコノミストたちは、一九七三年頃生じた生産性の伸びと賃金の伸びの開きが意味するものを十分に消化しきれていないらしいのと

図2・4　企業利益がGDPに占める割合（%）

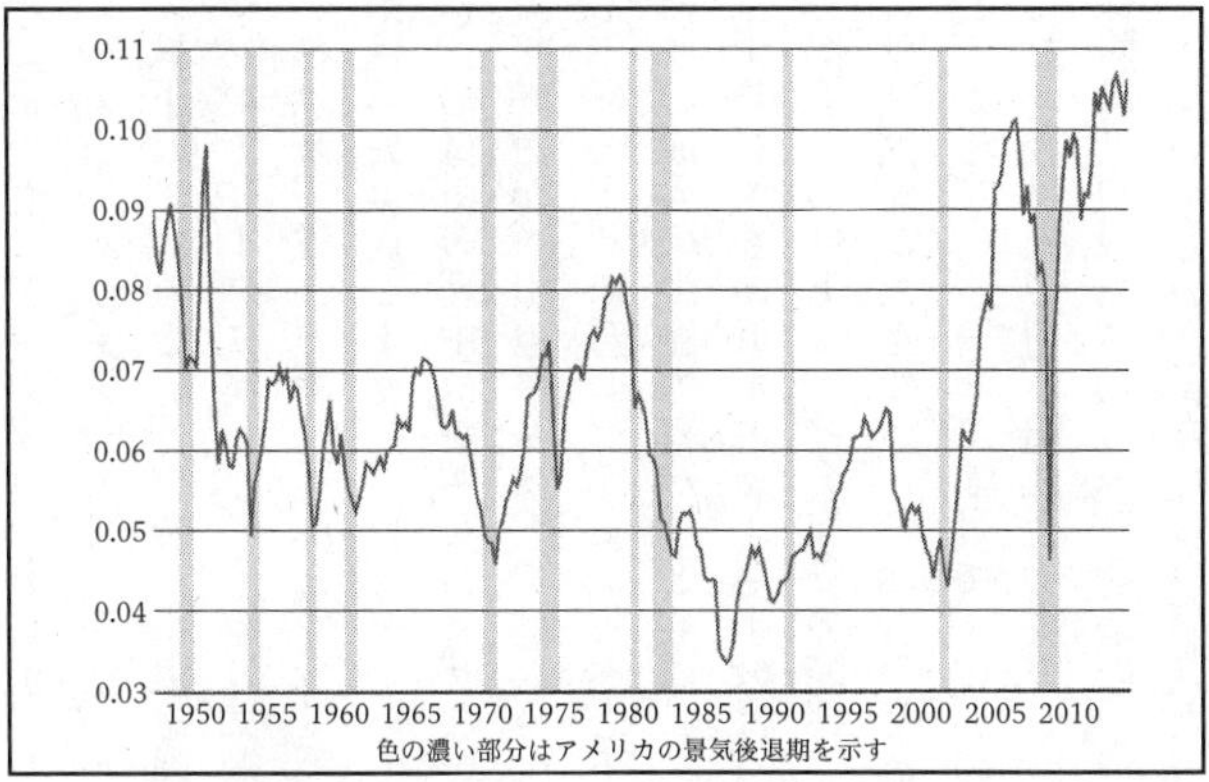

出所：セントルイス連邦準備銀行（FRED）(21)

同時に、経済をモデル化するのにいまだにボーリーの法則を進んで組み込もうとしているのだ。

［労働力率の低下］

それとはまた別の傾向が、労働力率の低下である。経済危機の後ではままあるように、二〇〇八～〇九年の危機の後も失業率が低下したが、それは新しい雇用が大量に生み出されたからではなく、意欲をなくした労働者が労働力の一員であることをやめてしまったからだ。失業率は積極的に職を求めている人々だけをカウントするものだが、労働力率は、働くことをあきらめた労働者たちの存在もグラフに表してくれる。

図2・5に示されるとおり、女性の労働人口が急激に増えた一九七〇年から一九九〇年

までのあいだ、労働力率は急激に上昇している。全体の傾向は、労働人口に男性が占める割合が一九五〇年から連続して下がり、八六パーセントから二〇一三年には七〇パーセントにまで低下しているという重要な事実を隠してしまう。女性の就業比率は二〇〇〇年の六〇パーセントでピークに達した。全体の労働力率は同年の六七パーセントがピークだった[26]。

それ以来、労働力率は下がりつづけている。一部はベビーブーム世代の引退のため、また、一部は若い世代がより高い教育を求めていることによるが、そうした人口動態上の傾向だけではこの低下の理由は説明しつくせない。二四〜五四歳の成人——大学や大学院は修了している年齢だが、引退するほどではない——の労働力率も、二〇〇〇年の八四・五パーセントから二〇一三年の八一パーセントへと下がった[27]。要するに、全体の労働力率と、年齢的に働き盛りの成人の労働力率が、ともに二〇〇〇年以降三パーセントポイントも低下しているのだ——そしてその低下のおよそ半分は、二〇〇八年の金融危機が始まる前に起こっていた。

労働力率の低下は、社会保障の障害保障制度への申請の爆発的増加が伴っている。この制度は就業困難な傷を負った労働者のためのセーフティネットとして制定されたものだ。二〇〇〇年から二〇一一年にかけて、申請の数は年間一二〇万から約三〇〇万へと、二倍以上も増えた[28]。今世紀の初め頃に労働災害がいきなり増えはじめたという証拠は何もないため、障害保障制度が最後に頼るべき窮余の一策として、恒久的な失業保険がわりに悪用されているのではないかという見方も多い。以上のことから、人々が職から離れている背景には、明ら

図2・5　労働力率

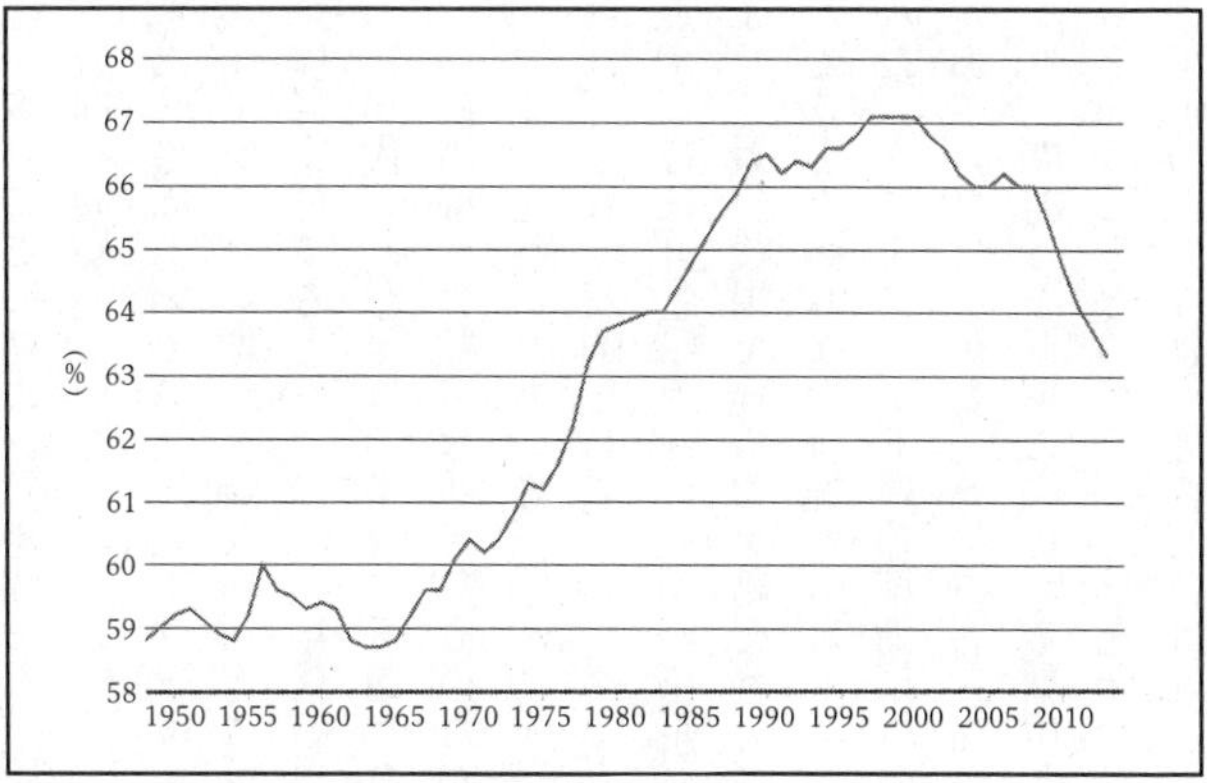

出所：米国労働統計局、セントルイス連邦準備銀行（FRED）(25)

かに単純な人口動態や循環的な経済要因にとどまらない何かがあるということだ。

〔雇用創出の減少、雇用なき景気回復の長期化、長期失業者の増大〕

アメリカ経済は過去半世紀のあいだに、次第に新しい雇用を効果的に生み出せなくなってきた。一九九〇年代にはまだなんとか——ぎりぎりのところで——前の一〇年間の数字に追いついていたが、それは総じて九〇年代後半に起こったテクノロジーブームのおかげだった。二〇〇七年一二月に始まった景気後退とその後の金融危機は、二〇〇〇年代の雇用創出という点では壊滅的な打撃となった。二〇〇〇年代終わりに存在した職は、数の上では一九九九年一二月の頃とほぼ同じだった。しかしこの大不況が始まるもっと以前、世紀が変わって最初の一〇年間にも、雇用の伸びとしては第二次世界大戦以来最悪の数字となる方向へ向かっていた。

図2・6からわかるように、アメリカ経済における雇用の数は、二〇〇七年末までに五・八パーセントしか増えていない。仮に経済危機が起こらなかったとして、この数字を一〇年間全体に案分すると、二〇〇〇年代の雇用創出率はおよそ八パーセントとなる――これは一九八〇年代と九〇年代の半分にも満たない。

この雇用創出の数字は悲惨なものだが、経済は人口増加についていくために大量の新しい雇用――ひと月あたり七万五〇〇〇～一五万件――を生み出す必要がある、という観点から見れば、さらに安閑としてはいられなくなる。(30) 低く見積もっても、二〇〇〇年代が終わった時点で、ほぼ九〇〇万件の雇用が不足していたのだ。

また、景気後退で経済が息絶え絶えになると、労働市場が元に戻るにはさらに長い時間がかかることも明らかな証拠からわかる。一時的なレイオフは雇用なき景気回復に取って代わられた。クリーブランド連邦準備銀行の二〇一〇年の調査報告書によると、近年では景気後退があるたびに、失業した労働者が新しい職に就けるケースが大幅に低下しているという。つまり、問題は不況期に失われる雇用が増えることではない。回復期に創出される雇用が少ないということなのだ。二〇〇七年一二月に大不況が始まったあと、失業率は二年近くにわたって上がりつづけ、最終的には五パーセントポイント上がってピーク時には一〇・一パー

図2・6　10年単位でのアメリカの雇用創出

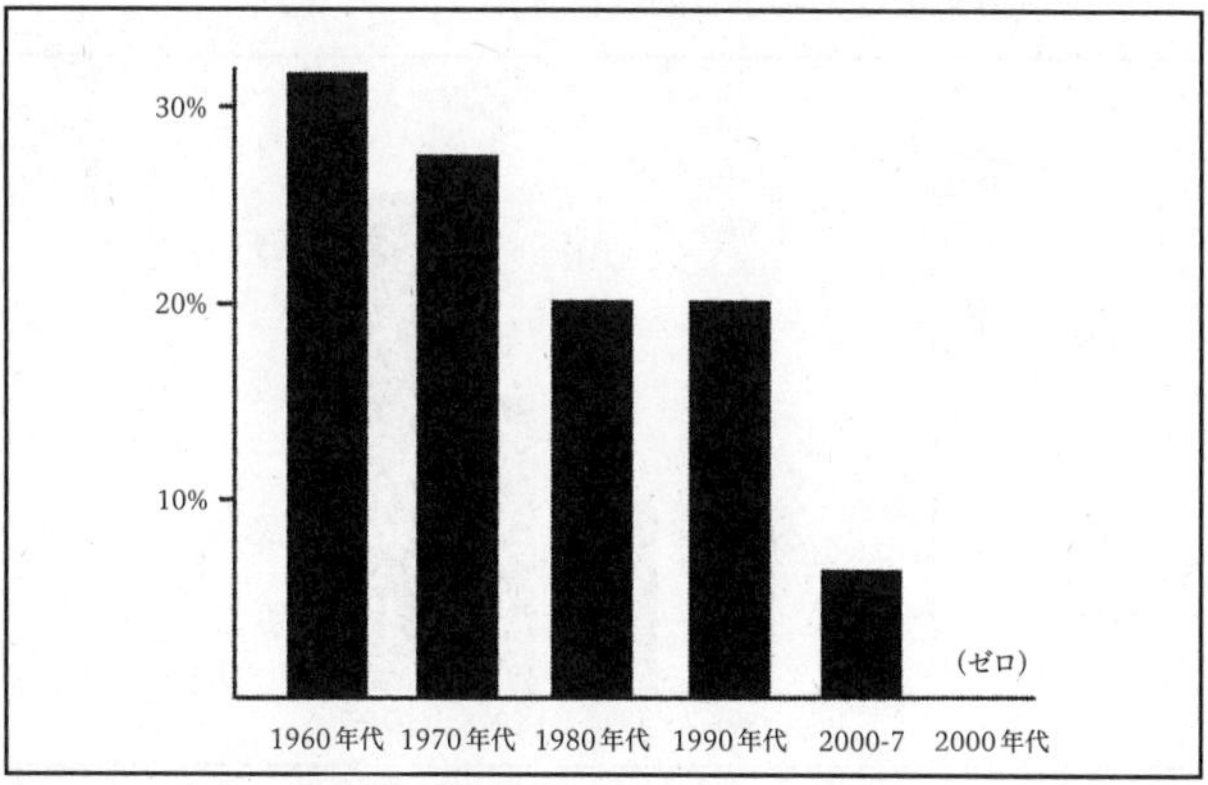

出所：米国労働統計局、セントルイス連邦準備銀行（FRED）(29)

セントになった。クリーブランド連邦準備銀行のアナリストによれば、労働者が新しい職を見つけにくくなっていることが、失業率の五パーセントの増加分のうち九五パーセント以上の説明になるという(31)。またそのために、長期にわたる失業率も大きく増えることになり、ピーク時の二〇一〇年には、六ヵ月以上職を失っている労働者が四五パーセントに達した(32)。図2・7は、近年の景気後退から労働市場が回復するのに要した月の数を示している。大不況は結果的に、雇用なき回復という恐るべき事態をもたらした。雇用が不況以前の水準に戻るのに、二〇一四年五月までかかったのだ——不況の始まりからたっぷり六年半である。

　長引く失業は人々を消耗させる。職業スキルは時間がたつほど衰えていく。労働者が働

図2・7　アメリカの景気後退：雇用が回復するまでの月数
（景気後退の始まりから計算）

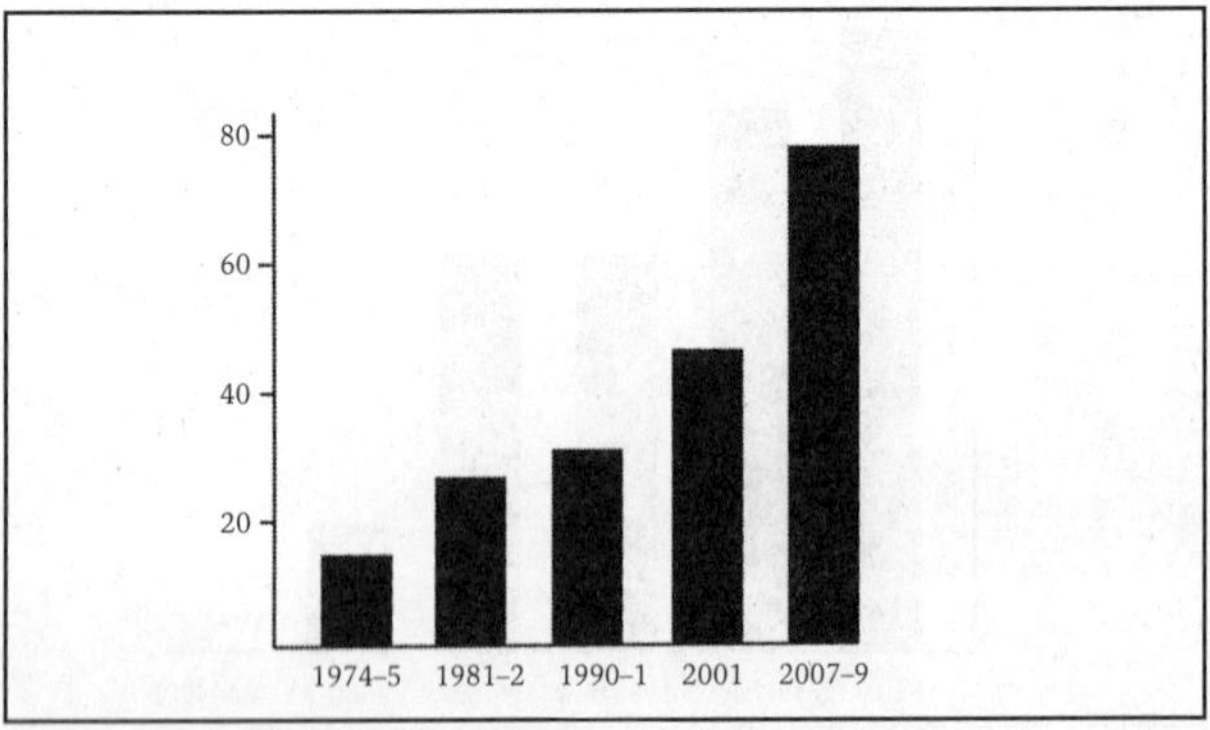

出所：米国労働統計局、セントルイス連邦準備銀行（FRED）[33]

く意欲を失うリスクが高まり、雇用主の多くは長期失業者を差別して、しばしば彼らの履歴書を見ようとすらしない。実際にノースイースタン大学の経済学博士課程のランド・ガヤドは、失業して間もないがその業界での経験を持たない応募者のほうが、直接の職業経験を持っていても六ヵ月以上失業状態にある応募者より面接に呼ばれる場合が多いことをフィールド実験で明らかにしている。[34] アーバン・インスティテュートによる別の報告には、長期失業者はそれ以外の労働者と比べて大きな変わりはなく、その烙印に苦しんでいる人たちは総じて運が悪いだけではないかと書かれている。[35] とりわけ不利な時期にあなたがたまたま職を失ったあと、恐怖の六ヵ月が経過する前に新しい職に就けなかったとしたら（経済が急激に落ち込んでいれば、その可能性はたしかに否めない）、たとえいくら能力があったとしても、その時点からあなたの将来性は著しく乏しくなるのだ。

［格差の拡大］

富裕層とそれ以外の層との格差は、一九七〇年代から着実に拡大してきた。一九九三年から二〇一〇年にかけてのアメリカの国民所得の上昇分は、その半分以上が所得分布の上位一パーセントに当たる世帯に属するものだった(36)。それ以降、事態は悪くなる一方である。カリフォルニア大学バークレー校の経済学者エマニュエル・サエズが二〇一三年九月に発表した分析によると、二〇〇九年から二〇一二年にかけての総所得の伸びは、驚くなかれ、その九五パーセントが上位一パーセントの富裕層によるものだった(37)。「オキュパイ・ウォールストリート」運動が表舞台から消えようとしているいまも、格差はただ大きいだけでなく、いっそう広がっていることがごく明瞭に裏づけられている。

こうした不均衡はほぼすべての工業国で拡大しているものの、アメリカは明らかに異常な数字を示しつづけている。ＣＩＡ（中央情報局）の分析によれば、アメリカの所得格差はおよそフィリピンのそれに匹敵し、エジプト、イエメン、チュニジアを大きく上回る(38)。またいくつかの調査の結果では、経済的移動性——貧困家庭の子どもが所得水準を上げていける可能性を計る尺度——の点でも、アメリカはヨーロッパのほぼすべての国と比較して著しく低い。要するに、アメリカ的倫理に最も深く織り込まれている理想、つまり誰でも辛抱強く頑張れば上層に上がれるという信念は、統計的現実からはほとんど支持されないのだ。

個々の人々の視点からは、格差は非常に見えにくいものだ。たいていの人は局所にしか注意が向かない傾向がある。隣の住人と比べて自分はうまくやれているかと気にする一方、ヘッジファンドの経営者とはおそらく一度も出会うことはない。調査によると、アメリカ国民の大半は、現実にある格差をきわめて過小評価していて、「理想的な」国による所得の分配はどういうものかと聞かれると、現実の世界ではスカンジナビア諸国の社会民主主義にしか存在しないような選択をしようとする。[(39)f]

とはいえ、格差には、ただ隣の人についていけないという単純な不満どころではない、たしかな含意がある。その最たるものは、最上位のごく少数が圧倒的な成功を収めることと、それ以外のほぼ全員の将来が先細っていくことには相関関係があるらしいということだ。上げ潮はすべての船を浮き上がらせるという古い金言は、ニクソン政権以来まともな上昇気運が見られずにいるうちに色あせてしまった。

金融エリートに政治が牛耳られるという明らかな危険性もある。アメリカでは、政治はマネー主導で動く。その度合いは先進民主主義国のなかで最も大きい。裕福な個人と彼らの支配する組織が、政治献金やロビー活動を通じて政策を作り出し、しばしば一般大衆が実際に求めるものとは明らかに反する結果を生み出しているのだ。所得分配の頂点に位置する層が、普通のアメリカ人が接する現実からはほぼ完全に隔離されたカプセルの中で暮らしているうちに、次第に社会から切り離され、他の誰もが当てにする公共財やインフラを自分たちの投資で支えようとはしなくなる――そうした危険はたしかに存在する。

ごくわずかな最上位の人々の資産が増大していけば、やがては民主主義政府への脅威となるかもしれない。しかし、ほとんどの中流や労働者階級の人々にとって特に差し迫った問題は、労働市場の機会が大幅に減少していることだ。

［近年の大卒者の所得低下および失業］

四年制大学の学位は世界中のほぼどこでも、中流階級に仲間入りするのに欠かせない証明書のように見られている。二〇一二年の時点で大卒者の時給の平均は、高卒者と比べて八〇パーセント以上高かった[40]。大卒者の賃金プレミアムは、経済学で言う「スキル偏向的技術進歩」（SBTC）の反映である[g]。SBTCの根拠となる大まかな考え方は、情報テクノロジーによって低学歴労働者の扱える仕事の多くが自動化あるいは単純化されると同時に、通常は大卒労働者が扱う知的で複雑な仕事の相対的な価値が上がるというものだ。

大学の学位や専門学位は、依然として高い所得をもたらしてくれる。さらに言えば二一世紀になって以降、より高級な学位を持たない若い大卒者にとっては、事態はあまり芳しくない方に向かっているようだ。ある分析によれば、学士号しか持っていない若い労働者の所得は二〇〇〇年から二〇一〇年にかけて約一五パーセント下がったが、この傾向は二〇〇八年に金融危機が到来するずっと以前から始まっていた。

最近では大卒の失業者も増えている。いくつかの調査によると、新卒者のゆうに半数が自分の受けた教育を生かせる職を見つけられず、昇進の階段への第一歩を踏み出せないでいるという。こうした不運な新卒者はおそらく、中流階級をめざして上昇していくこともきわめて難しくなるだろう。

たしかに大卒者は平均的に、高校教育しか受けていない労働者と比較して賃金プレミアムを保っている。だがその理由は概ね、低学歴の労働者たちの見通しが本当に暗いものになっているからだ。二〇一三年七月の時点では、学校に在籍していない二〇〜二四歳のアメリカ人労働者で、フルタイムの職に就いている人は半分にも満たなかった。一六〜一九歳でフルタイムで働いている人は、わずか一五パーセントだった(41)。大学教育にかける投資のリターンが下がっているとしても、学歴の代わりになるものはやはり、いまのところ見当たらない。

［分極化とパートタイム職］

さらに新しい問題は、経済が回復する時期に生み出される職が、景気後退のために消えてしまった職よりも総じて悪条件だということだ。二〇一二年、エコノミストのニル・ジャイモヴィチとヘンリー・E・シュウが近年のアメリカで起こった景気後退を分析したところ、中流階級の職はその後ずっとなくなったままなのに対し、回復期に作り出される傾向のある職は概ね、小売り、接客、食品調製といった低賃金の部門に集中し、集中的な訓練が必要な高スキルの職業では少ないという例が非常に多かった(42)。これは二〇〇九年からの回復期には特に当てはまる特徴だ(43)。

また、こうした低賃金の職の多くはパートタイムでもある。二〇〇七年一二月から二〇一三年八月にかけての大不況では、五〇〇万ほどのフルタイムの雇用が消えてなくなったが、パートタイムの雇用はおよそ三〇〇万も増えた(44)。このようにパートタイムの仕事が増えたのはすべて、フルタイムで働いていた労働者が働く時間をカットされた場合であったり、フルタイムの職に就きたくても就けない結果だった。中程度のスキルの必要な中流階級の職が経済から消えていき、低賃金のサービス職と、大半の労働者には手の届かない高スキルの専門職がそれに取って代わるという傾向は、「労働市場の分極化」と呼ばれている。職業の分極化は、いちばん上にある望ましい職に就くことのできない労働者たちが結局いちばん下の職に落ち着くという、砂時計型の労働市場をもたらすことになる。

この分極化の現象を広く研究してきたのが、MITの経済学者デヴィッド・オーターだ。オーターは二〇一〇年の論文で、特に四つの中間層の職業——販売、事務・管理、製造・修理、運転・加工・労務——で分極化が著しく進んでいることを突き止めた。一九七九年から二〇〇九年にかけての三〇年間に、この四つの分野で雇用されているアメリカ人労働者は五七・三パーセントから四五・七パーセントに減った。さらに二〇〇七年から二〇〇九年にかけての雇用崩壊のペースは目を見張るほどだ[45]。オーターの論文はまた、分極化はアメリカに限らず、ほとんどの先進工業国でも実証されていることも明らかにしている。特にEUの一六ヵ国では、一九九三〜二〇〇六年の一三年間で、中間層の職業に従事する労働者の割合が大きく低下した[46]。

そしてオーターは、労働市場を動かす主な推進力は「定型的な仕事の自動化と、それより度合としては低いが、貿易や最近ではオフショアリング（海外移転）を通じての労働市場の国際的統合」であると結論づける[47]。ジャイモヴィチとシュウはさらに、分極化と雇用なき回復の関係を扱った最近の論文のなかで、中間層の職業における失職の九二パーセントは景気後退から一年以内に起こっている、と指摘した[48]。いいかえるなら、分極化は必ずしも大きな計画に従って起きるのでも、漸進的、継続的な進化でもない。むしろ景気循環と深く絡み合った有機的なプロセスなのだ。ルーティンな職は、景気後退の時期になると経済的な理由から切られる。だがそのあと企業は、景気が回復しはじめても、情報テクノロジーの絶えざる進歩によって、労働者を雇い直さなくてもやっていけることを知る。ロイター通信のクリスティア・フリーランドは、きわめて適切な表現をしている。「中流のカエルは徐々にゆでられているのではない。とてつもない高温で周期的に焼かれているのだ[49]」。

テクノロジーのストーリー

テクノロジーの進歩とその結果であるルーティンな仕事の自動化を軸として、こうした恐ろしい七つの経済的傾向を説明する仮定のストーリーを組み立てるのはじつにたやすい。一九四七年から一九七三年にかけての黄金時代は、重要なテクノロジーの進歩と生産性の伸びが特徴だった。これは情報テクノロジー以前の時代のことだ。この時期のイノベーションは主として機械、化学、宇宙工学といった分野で起こっていた。たとえば、飛行機の推進力がプロペラを回す内燃機関から、はるかに信頼性と性能の高いジェットエンジンへどのように進化していったかを考えてみよう。この時期はまさしく教科書によく書かれていることを体現していた——イノベーションと生産性の増大は労働者の価値を高め、高い賃金をもたらしたのだ。

そして一九七〇年代、経済は石油危機の甚大な影響を被り、酷いインフレに高い失業率が重なる時期に入った。生産性はがくんと落ちた。イノベーションのペースも頭打ちとなり、多くの分野でテクノロジーの進歩の継続が困難になった。ジェット機にはほとんど変化はなかった。アップルとマイクロソフトが創業したのはこの時期だったが、情報テクノロジーが本当の衝撃を及ぼすのはまだずっと先のことだ。

一九八〇年代になるとイノベーションは増えたが、次第に情報テクノロジー部門に集中するようになった。このタイプのイノベーションは、労働者にはまた別種の影響を及ぼすようになる。戦後の時期のイノベーションがほぼ誰にとっても有益だったのと同様に、適切なスキルを備えた労働者にとっては、コンピュータの価値は高まった。だがそれ以外の多くの労働者には、コンピュータはポジティブな影響をもたらさなかった。ある種の仕事は完全になくなるか単純化され、労働者の価値が減った――少なくとも、彼らがコンピュータテクノロジーを生かせる仕事をめざして再訓練を積むまでは。情報テクノロジーが重要性を増すにつれ、労働分配率は徐々に下がりはじめた。ジェット機は一九七〇年代から大きく変化してはいなかったが、計器類や制御装置にコンピュータが次第に使われるようになった。

一九九〇年代にはITイノベーションがさらに加速し、後半に入るとインターネットが開花した。一九八〇年代に始まった傾向は継続したものの、この時期にはまたハイテクバブルが起こり、新しい雇用が続々と何百万も、とりわけIT部門で多く生み出された。これらの仕事は、大中小を問わずあらゆる企業にとって急速に不可欠となったコンピュータやネットワークの管理といった質の良い仕事だった。結果として、賃金もこの時期には上昇したが、それでも生産性の伸びには遠く及ばなかった。イノベーションはますますITに集中していった。一九九〇~九一年の景気後退のあとには雇用なき回復の時期が続き、労働者の多くは中流の良い職を失い、新しい職を見つけるのに四苦八苦した。労働市場は次第に分極化するようになった。ジェット機はまだ、一九七〇年代と基本的に変わらないデザインだった。しかしこの頃には、コンピュータがパイロットのインプットに応じて操縦翼面を動かす「フライバイワイヤ」システムに加え、フライトの自動化も進んでいた。

二〇〇〇年からの数年は情報テクノロジーの加速度的進歩が続き、各企業が新たなイノベーションをフルに活用できるようになるにつれ、生産性は上がった。一九九〇年代に作り出された質の良い雇用の多くは、企業が自動化を進めるか、IT部門を「クラウド」コンピューティングサービスにアウトソーシングしはじめると、次第に消えていった。経済全般にわたって、コンピュータや機械が労働者の価値を高めるどころか次第に取って代わり、賃金の上昇は生産性の伸びから遠く取り残された。労働分配率、労働力率はともに大幅に低下した。

労働市場は分極化し、雇用なき回復が標準となった。ジェット機はまだ一九七〇年代と基本的に同じデザインと推進システムを使っていたが、コンピュータに補助されたデザインとシミュレーションが、燃料の効率性といった領域に少しずつ多くの進歩をもたらしていた。飛行機に組み込まれた情報テクノロジーはさらに高度化し、フライトの完全自動化が進んで、飛行機の離陸と目的地への飛行、そして着陸までがすべて人間の介入なしに日常的に行われるようになった。

あなたは当然、こうした話を聞いて、あまりに単純化しすぎだと、あるいは完全なまちがいではないかと反論されるかもしれない。こうした事態を招いたのはすべてグローバリゼーションか、あるいはレーガノミクスのせいではないのか、と。先ほどもいったように、これは仮説によるストーリーだ。テクノロジーの重要性をめぐる議論を理解してもらうために、七つの経済的傾向を単純なお話にまとめたものにすぎない。これらの傾向はそれぞれ、エコノミストのチームなど、その根底にある理由を突き止めようとする人たちによって研究されてきたが、その際テクノロジーは、必ずしもその主要因ではなくても、何かしらの要因として取り上げられることが多い。だが、七つの傾向すべてを合わせて考えたとき、情報テクノロジーの進歩を経済にもたらされる破壊的な力だと考える議論には特に説得力が生じてくる。

情報テクノロジーの進歩を別にすると、七つの経済的傾向すべてか、少なくともそのほとんどに大きく寄与してきたと考えられそうな要因が三つある。グローバリゼーション、金融部門の成長、そして政治だ（このなかには規制緩和や労働組合の衰退なども含められる）。

［グローバリゼーション］

グローバリゼーションが特定の産業や地域に劇的な影響を及ぼしていることは否定できない——アメリカのラストベルト［訳注：イリノイ、オハイオ、ペンシルベニア州などかつて栄えた製造業地帯を指す］を見ればよくわかる。しかしグローバリゼーション、とりわけ中国との貿易だけが、大部分のアメリカ人労働者の賃金が過去四〇年にわたって停滞してきた理由だということはありえない。

第一に、グローバル貿易が直接の影響を及ぼすのは、貿易の可能な部門にいる労働者たち――つまり、他の場所へ輸送できる商品およびサービスを作り出す産業に対してだ。アメリカ人労働者の大多数は現在、政府や教育、医療、飲食物提供サービス、小売業といった貿易外の分野で働いている。総じてこうした人たちは、海外の労働者たちと直接競争してはいないので、グローバリゼーションの影響で賃金を引き下げられているわけではない。

第二に、ウォルマートで売っているものはほぼすべて中国製のように思えるかもしれないが、ほとんどのアメリカ人の消費者支出は、じつはアメリカにとどまっている。サンフランシスコ連邦準備銀行のエコノミスト、ガリーナ・ヘイルとバート・ホビンの二〇一一年の分析から、アメリカ人が買っている商品およびサービスの八二パーセントが完全にアメリカのものであることがわかった。こうなるのは主として、私たちがお金の大半を貿易の不可能なサービスに費やしているためだ。中国からの輸入品全体の価値は、アメリカの消費者支出の三パーセント以下にすぎなかった[50]。

図2・8で示されているように、製造業に従事するアメリカ人労働者の割合はまちがいなく、一九五〇年代から急激に小さくなっている。この傾向は、北米自由貿易協定（NAFTA）が制定された一九九〇年代、あるいは中国が台頭した二〇〇〇年代ではなく、その数十年前からすでに始まっていた。そしてこの減少は、大不況が終わり、製造業の雇用

が労働市場全体よりも改善した頃に止まったように見える。

ある強大な力が、製造業部門の職を一貫して排除しつづけている。その力とは、進歩するテクノロジーだ。製造業が雇用全体に占める割合がその数とともに着実に減少しているあいだも、アメリカで製造された商品の価値（インフレを調整した数値）は時とともに大幅に増加していた。つまり品物はどんどん作られているのに、労働者はどんどん減っているのだ。

［金融化］

一九五〇年にアメリカの金融部門が経済全体に占める割合は二・八パーセントだった。二〇一一年までに金融関連の活動は三倍に膨らみ、GDPのおよそ八・七パーセントとなった。金融部門における労働者への報酬も過去三〇年間で爆発的に増え、いまでは他の産業の平均よりおよそ七〇パーセントも多い[52]。銀行が保有する資産は、一九八〇年にはGDPの五五パーセントだったのが、二〇〇〇年には九五パーセントとなった。また金融部門で生み出される利益は、一九七八〜九七年の期間での平均はすべての企業収益の一三パーセントほどだったのが、一九九八〜二〇〇七年では三〇パーセントと二倍以上に膨らんでいる[53]。何をどう計ってみても、金融がアメリカの経済活動に占める割合は急激に大きくなっている。そしてこれは、アメリカほど派手ではなくても、ほぼあらゆる先進国に見られる傾向なのだ。

経済の金融化に寄せられる苦情でも特に大きいのは、この活動の多くがレントシーキング

図2・8　製造業に従事するアメリカ人労働者の割合（%）

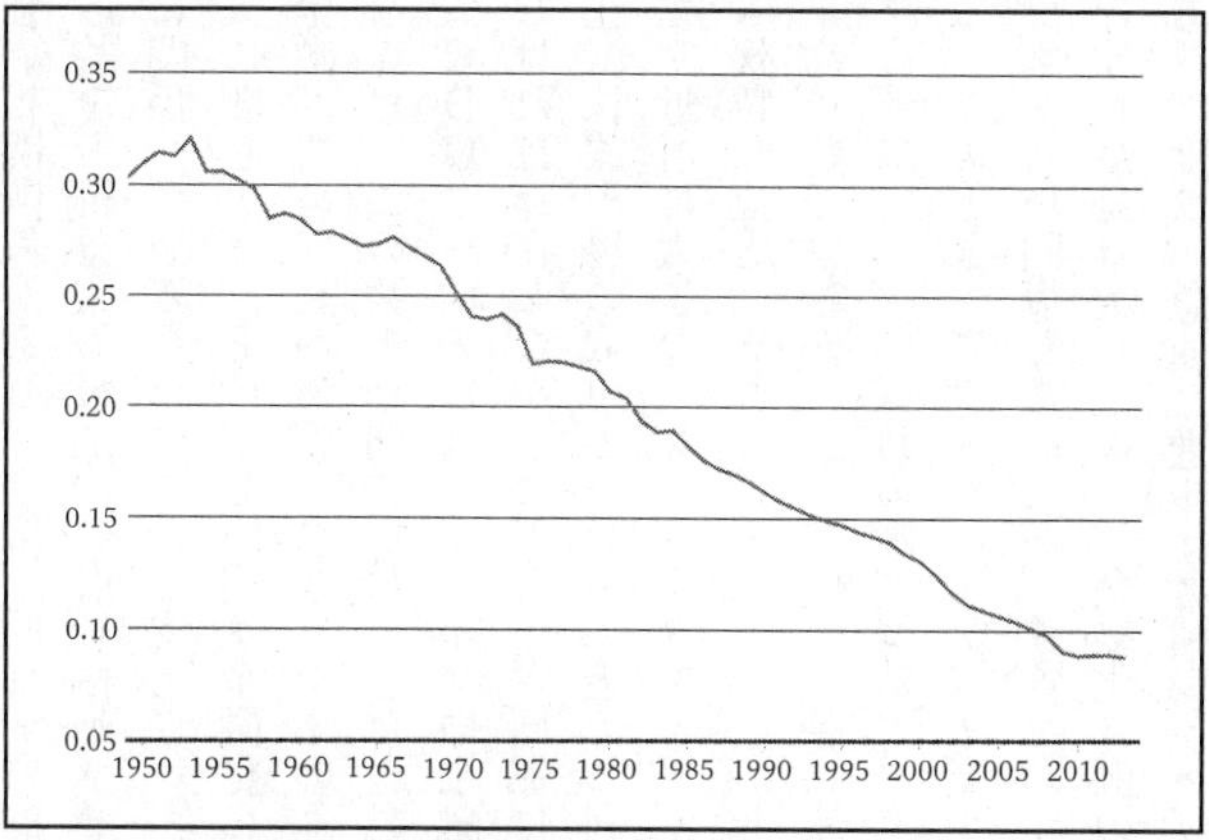

出所：米国労働統計局、セントルイス連邦準備銀行（FRED）(51)

に照準を合わせたものだということだ。要するに、金融部門は本当の価値を生み出しているのでも、社会全体の繁栄に貢献しているのでもない。ただ、経済の他の部門から利益や富を吸い上げる独創的な方法をどんどん編み出しているだけなのだ。この種の非難が最も華々しく表現されたのは、ローリング・ストーン誌のマット・タイビが二〇〇九年七月、同誌でゴールドマン・サックスをこきおろしたときだろう。このウォールストリートの投資銀行に対する彼の評言は、その後有名になった。「人類の顔に張りついた大きな吸血イカだ。金の匂いのするものなら何にでも、その足を容赦なく突っ込もうとする」(54)。

金融化を研究するエコノミストによれば、金融部門の成長と、格差や労働分配率とには強い相関関係がある。[55] 金融部門は実質的に、経済の他の部門に一種の税を課し、そしてその収益を所得分布の最上位の層に移動させているので、私たちがこれまで見てきた傾向の多くに関係しているといって差し支えない。とはいえ、たとえば分極化やルーティンな仕事の消失に関しては、その主な原因が金融化にあると強く言い切るのは難しいだろう。

金融部門の成長が情報テクノロジーの進歩に大きく左右されることも、知っておくべき重要な点だ。この数十年間に現れてきた金融関連のイノベーション――たとえば、債務担保証券（CDO）や従来にはないタイプの金融派生商品などはほぼすべて、強力なコンピュータがなければ存在しなかっただろう。同様に、自動化されたトレーディング用アルゴリズムは現在、株式市場の取引の三分の二近くに利用されているし、ウォールストリートの投資銀行はすぐ近所に大きなコンピュータセンターを作り、一刻一秒を争うトレーディングでわずかでも優位に立とうとしている。二〇〇五年から一二年までの間に、トレード一件を行う時間は平均で約一〇秒から〇・〇〇〇八秒にまで縮まった。[56] この自動化された高速のトレーディングは、二〇一〇年五月の瞬間暴落（フラッシュ・クラッシュ）の大きな要因となったとされる。このとき、ダウ・ジョーンズ工業平均株価は一〇〇〇ポイント近く急落し、その後正味でプラスに回復したのだが、すべてわずか数分以内の出来事だった。

こうした見方からすると、金融化は例の七つの傾向を説明するものというより、少なくともある程度は、急速に進歩する情報テクノロジーの副産物のひとつなのだ。そしてここに、私たちが将来を見つめるにあたって強く留意すべき点がある。情報テクノロジーがいまのように容赦なく進歩しつづければ、金融イノベーターたちは規制の及ばないところで、その新しい可能性を余すところなく活用する手段を見つけるだろう――そしてそれは、歴史を振り返るかぎり、必ずしも社会全体にとっての利益にはならないだろう。

［政治］

一九五〇年代には、アメリカの民間部門の労働人口の三分の一以上が組合に属していた。二〇一〇年にはその数はおよそ七パーセントにまで減少した(57)。最盛期の頃の労働組合は、中流階級全体の強力な代弁者だった。一九五〇年代から六〇年代にかけては、労働者が生産性の分け前を常に多く取ることができていたが、その理由の少なくとも一部は、当時の組合の交渉力にあったと考えていいだろう。今日の状況はまったく違う。現在の組合は、いまのメンバーを維持するだけで四苦八苦している。

労働組合の力の急激な衰えは、過去三〇年間のアメリカの経済政策を特徴づけてきた右傾化との関連が最も目に見えやすい変化だ。政治学者のジェイコブ・S・ハッカーとポール・ピアソンは、二〇一〇年の著作 *Winner Take All Politics*（『勝者ひとり占めの政治』）で、アメリカの格差拡大を主に推進してきたのは政治であるという説得力あふれる説を展開した。ハッカーとピアソンは一九七八年という年を重要な転回点として位置づける。ちょうどこの年、アメリカの政治状況が、保守的な実業界からの継続的、組織的な攻勢を受けて変わりはじめた。その後の数十年間に、産業界は規制が緩和され、富裕層や企業にかかる最高限界税率は歴史上まれに見る低さまで下がり、職場は組合組織にとって次第にいづらい場所になっていった。こうした状況の大半は、選挙目当ての政治ではなく、実業界の側の絶えざるロビー活動がもたらしたものだ。労働組合の力が衰え、ワシントンのロビイストの数が爆発的に増えるにつれ、首都における日々の政略戦の形勢は次第に一方的になっていった。

アメリカの政治状況は中流階級にとって特に不利なものに思われるが、進歩するテクノロジーがもたらす影響の証拠は、さまざまな先進国や途上国でも明らかになっている。格差はほぼあらゆる先進国で拡大しつつあり、労働分配率は総じて減少中だ。労働市場の分極化はヨーロッパの大多数の国でも見られる。そしてカナダでは、いまでも労働組合が全国的に強い勢力を保っているが、やはり格差は拡大しており、実質家計所得は一九八〇年から低下していて、製造業の雇用が消えていくにつれて民間部門の組合員も消えつつある[58]。

ここでの問題は、ある程度までは、原因を何に帰するかの問題だといっていい。たとえばある国が、進歩するテクノロジーによってもたらされる構造的変化の影響を和らげようとする政策を実施しなかったとしたら、それはテクノロジーが引き起こした問題なのか、それとも政治が引き起こした問題なのか？　それはともかく、アメリカが政策決定において独自の道を進んでいることはほぼ疑いようがない。さらに格差の拡大へと国を追いやろうとする力に対し、そうした力を弱める政策を実施しないどころか、むしろ結果的に後押しするような選択を行うことがじつに多いのだ。

未来を見つめて

アメリカで生じている格差の拡大と、数十年にわたる賃金の停滞は何が主な原因なのか？そうした議論はおそらく今後も衰えることなく継続されるだろうし、分極化の著しい問題、たとえば労働組合、富裕層にかかる税率、自由貿易、政府の適切な役割などに関連してくるため、議論は確実にイデオロギーの絡んだものになる。私の考えでは、この章でずっと提示してきた証拠は、情報テクノロジーが過去数十年にわたって、「最も大きな」とはいえないとしても、かなり重要な役割を果たしてきたことを示すものだ。それ以上のことは経済史の学者たちにお任せしたいと思う。彼らがデータをじっくり掘り下げ、いずれはより正確な光を当てて、私たちをいまの状況まで押しやってきた力の正体を浮かび上がらせてくれるだろう。本当の問題、そして本書の最大のテーマは、将来的に最も重要になるものは何かということだ。過去半世紀のあいだに経済、政治環境に大きな影響を及ぼしてきた力の多くは、概ねその役割を果たし終えた。公共部門以外の組合は息絶えた。キャリアを求める女性たちが労働人口に加わり、大学や専門学校へ進学している。工場のオフショアリングを推し進める力は大幅に弱まり、場合によっては製造業がアメリカ国内に戻ってきているケースもある。

未来を規定するると考えられるさまざまな力のなかでも、情報テクノロジーはその進歩の急激さの点で突出している。平均的な労働者の福利に対してずっと敏感な政治環境にある国々でも、テクノロジーが生み出す変化は次第に明らかになりつつある。技術的な可能性がさらに広がるにつれて、いま私たちがルーティンではない、したがって自動化から守られていると思っている仕事も、いつかは「ルーティン」「予想可能」のカテゴリーに入ってくるだろう。すでに分極化した労働市場の中ほどにぽっかり空いた穴は、ロボットやセルフサービス・テクノロジーが低賃金の職業を食い尽くすにつれて広がっていくだろうし、どんどん賢くなるアルゴリズムは高スキルの職業を脅かすようになるだろう。オックスフォード大学のカール・ベネディクト・フレイとマイケル・A・オズボーンは、今後およそ二〇年のうちに、アメリカの雇用の半分近くが自動化の影響を受けるだろうと言っている[59]。

進歩する情報テクノロジーが将来の経済や労働市場に甚大な影響を及ぼすのはほぼ確実だとしても、それは今後も他の強力な要因と深く絡み合いながらになるだろう。高スキルの職業が電子機器のオフショアリングのせいで危うくなるにつれ、技術とグローバリゼーションの境目はぼやけていくだろう。テクノロジーの進歩がアメリカをはじめとする先進工業国をさらに格差の拡大へ向かわせつづけるなら、金融エリートが及ぼす政治的な影響力はいや増すばかりだ。そうなると、いま経済で起こっている構造的変化に抗い、所得分配の中下層にいる人々の生活を向上させる政策を実施するのは、さらに難しくなるかもしれない。

私は二〇〇九年の著書 *The Lights in the Tunnel* に、次のように記した。「科学技術者たちはインテリジェントマシン（知能を持った機械）について積極的に考え、関連書も書いている。だがテクノロジーが実際に人間の労働力のかなりの部分に取って代わり、恒常的かつ構造的な失業をもたらすという見方は、エコノミストたちの大半には及びもつかないことのようだ」。彼らの名誉のために言っておくと、あれ以来エコノミストのなかにも、広範な自動化がもたらしうる結果をより真剣に受け止めはじめた人たちがいる。ＭＩＴのエリック・ブリニョルフソンとアンドリュー・マカフィーは、共著書の *Race Against the Machine*（邦題『機械との競争』）のなかで、そうした見方を経済の主流へ持ち込もうとした。同様にポール・クルーグマンやジェフリー・サックスも、知能を持った機械が及ぼしうる影響について書いている[60]。だがそれでも、テクノロジーがいつか本当に労働市場を作り変え、ひいてはこの国の経済システムと社会契約の根本的変化を迫るようになるという見方は、依然としてまったく認識されていないか、ほとんど一般には知らされていない。

それどころか、経済や金融の専門家のあいだには、今度ばかりは事情が違うと主張する人間を条件反射的に無視しようとする傾向がまま見られる。人間の行動や市場心理に突き動かされている経済に関しては、〝今度は違う〟という議論を退けるのはきっと正しい本能なのだろう。近年の住宅バブルやその崩壊を見ても、その根底にある人間心理は、歴史を通じて起こってきたさまざまな危機のときとほとんど変わってはいない。共和政ローマ初期の政治家たちの策動が、現代の雑誌ポリティコ誌の第一面に載っていてもなんら違和感はないだろう。こうしたものは決して変わりはしない。

しかしそれと同じ論法を、先進テクノロジーによる影響に当てはめるのは誤りだろう。ノースカロライナ州キティホークで、初めて原動機付き飛行機による持続飛行が達成される瞬間まで、人が空気より重い機械に縛りつけられて空を飛ぶことなどありえないということは、歴史が始まって以来のデータに裏づけられた疑いようのない事実だった。現実が一瞬で変化するように、同様の現象はテクノロジーのほぼあらゆる領域で絶えず起こっている。テクノロジーに関するかぎり、〝今度は違う〟は常に当てはまる。まさにそれがイノベーションの核心なのだ。経済が求める仕事を遂行する一般的な人たちの能力をいずれスマートマシンが凌いでしまうのではないかという疑問への回答は、経済の歴史から引き出される教訓にではなく、今後現れてくるテクノロジーの性質のなかに見つかるだろう。

次の章では、情報テクノロジーの性質とその激しい発展ぶり、その際立った特性、そしてそれがすでに経済の重要な領域を変えつつある状況について見ていこう。

第3章 情報テクノロジー
——断絶的破壊《ディスラプション》をもたらすこれまでにない力

銀行口座に一セント預けるとする。そして、その残高を毎日二倍にしていくと考えてみてほしい。三日目には二セントの残高が四セントになる。五日目には八セントの残高が一六セントになる。そして一ヵ月もたたないうちに、残高は一〇〇万ドルを超えるだろう。ノーバート・ウィーナーがコンピュータの未来についてのエッセイを書いたのは一九四九年だが、この年に最初の一セントを預けて、ムーアの法則——二年ごとに量がおよそ倍になる——が作用するとしたら、二〇一五年のテクノロジーの口座にはおよそ八六〇〇万ドル貯まっていることになる。そしていまの時点からさらに同じことが続き、残高が二倍に増えつづければ、将来のイノベーションはその貯まりに貯まった残高を活用することができる。その結果、今後の数年、数十年の進歩のペースは、これまで私たちが慣れ知っているものよりもはるかに速まる公算が大きい。

ムーアの法則はコンピュータパワーの進歩を表す最もよく知られた尺度だが、実際に情報テクノロジーはコンピュータ以外の多くの分野の最前線で加速している。たとえばコンピュータメモリの容量、光ファイバーで送られるデジタル情報の量は、どちらも一貫して指数関数的に増大してきた。そうした加速する進歩はコンピュータハードウェアに限られたものではない。ソフトウェアアルゴリズムの効率性もまた、ムーアの法則による予測をはるかに上回るペースで増大しているのだ。

指数関数的な進歩という表現は、比較的長期にわたる情報テクノロジーの進歩については重要な洞察を与えてくれるものだが、短期的な現実はもう少し複雑だ。進歩は概して必ずしも円滑で一貫したものではなく、むしろしばしばよろめきながら進んだり、急に止まったりもするが、その間に組織には新たな能力が蓄積され、次の急速な進歩のための土台が作り上げられていく。また、テクノロジーのさまざまな分野のあいだには、複雑な相互依存やフィードバックが見られる。ある分野での進歩が別の分野での急激なイノベーションの爆発的発展を引き起こすこともある。情報テクノロジーはぐんぐん先へ進みながら、その触手をさまざまな組織や経済全体へと深く伸ばしていく。たとえば、インターネットと共同して動く精緻なソフトウェアの普及がソフトウェア開発のオフショアリング（海外移転）を可能にしたことを考えてみよう。そのおかげで使える優秀なプログラマーの数が大幅に増え、新しい才能がさらなる進歩を牽引するのを後押ししているのだ。

加速vs停滞

情報テクノロジーと通信テクノロジーが数十年にわたって指数関数的に進歩していくあいだ、他の分野でのイノベーションは概ね漸進的だった。例を挙げるなら、自動車、住宅、飛行機、台所用品、輸送手段やエネルギーインフラの基本デザインなどは、概して二〇世紀中頃からさほど大きく変化していない。ペイパルの共同創業者ピーター・シールの有名なコメント、「我々は空飛ぶ自動車を持てるはずだったのに、代わりに手にしたのは一四〇文字だった」は、未来はいまよりずっとクールになると期待していた世代の感傷を巧みに捉えている。

この広範囲にわたる進歩のなさは、一九世紀最後の数十年から二〇世紀前半にかけて生きた人が経験したであろうものとはじつに対照的だ。あの当時には屋内トイレ、自動車、飛行機、電気、電化製品、公衆衛生、ガスや水道などがいっせいに広く普及した。少なくとも先進工業国では、社会のあらゆる階層の人々の生活の質が驚異的な向上を遂げ、社会全体の豊かさが新しい高みへとぐんぐん増していった。

一部のエコノミストは、ほとんどの分野でテクノロジーの進歩のペースが鈍いことに注目し、それを前章で見た経済的傾向——とりわけ大多数のアメリカ人の所得が停滞していたこと——に結びつけている。現代経済学の基本原則のひとつは、そうした科学技術上の変化が長期的な経済成長には欠かせないということだ。この考えを定式化した経済学者のロバート・ソローは、一九八七年にノーベル賞を受賞した。イノベーションが繁栄の主な原動力であるなら、所得の停滞が意味するのは、問題は労働者階級や中流階級にテクノロジーが及ぼす影響ではなく、新しい発明やアイデアが生み出されるペースにあるということだ。もしかすると、コンピュータはじつはそれほど重要ではなく、より幅広い分野の最前線での進歩のペースが遅いことが問題なのかもしれない。

何人かのエコノミストがこの点について主張している。ジョージメイソン大学の経済学者タイラー・コーエンは、二〇一一年に著書の *The Great Stagnation*（邦題『大停滞』）で、アメリカ経済は実現可能なイノベーションや自由に使える土地、未活用の人材といった手の届く果実をすべて消費しつくしたあと、一時的に停滞期に入ったのだと提唱した。ノースウエスタン大学のロバート・J・ゴードンはさらに悲観論をとり、二〇一二年の自身の論文で、アメリカの経済成長はイノベーションのペースの遅さと多くの「逆風」——過剰な債務、人口の高齢化、教育システムの不備など——に妨げられ、事実上終わったのではないかと論じている。(1)

イノベーションの速さに影響を及ぼす要因がどんなものかという知見を得るには、ほぼすべてのテクノロジーがたどってきた過去の道程から考えてみると役に立つかもしれない。原動機付き飛行機が初めて制御されて空を飛んだのは一九〇三年一二月で、およそ一二秒間のことだった。そんなささやかな始まりから進歩は加速してきたが、当初のテクノロジーの原始的な水準から、実用的な飛行機が出現するまでには長い年月がかかるだろうと予想された。一九〇五年には、ウィルバー・ライトがおよそ四〇分間、約二四マイルにわたって飛行することができた。ところがそれから数年のうちに、さまざまなことが一挙に起こりはじめた。航空機テクノロジーが指数曲線を描いて進歩し、絶対的な進歩のペースが劇的に上昇していった。第一次世界大戦の頃には、飛行機は高速での空中戦を繰り広げていた。次の二〇年間も進歩は加速度的に続き、やがてスピットファイア、零戦、P-51といった高性能の戦闘機が作られるようになった。しかし第二次世界大戦の頃には進歩のペースがぐっと鈍った。内燃機関でプロペラを駆動するタイプの航空機はいまや、技術上の可能性の極限にほぼ近づき、そこを超えてしまうと設計上の改良は漸進的になった。

加速する指数関数的な進歩がやがて時とともに停滞期に入るというこのS字型の道のりは、ほぼあらゆる特定のテクノロジーの一生を巧妙に表すものだ。もちろん周知のとおり、第二次世界大戦が終わる頃には、まったく新しい航空機テクノロジーが登場してきた。ジェット機がほどなく、プロペラ機の限界をはるかに超える性能を発揮するようになった。ジェット機はそれ以前の技術とは一線を画す破壊的なテクノロジーだった。それ自身のS字曲線を持

図3・1　航空機テクノロジーのS字曲線

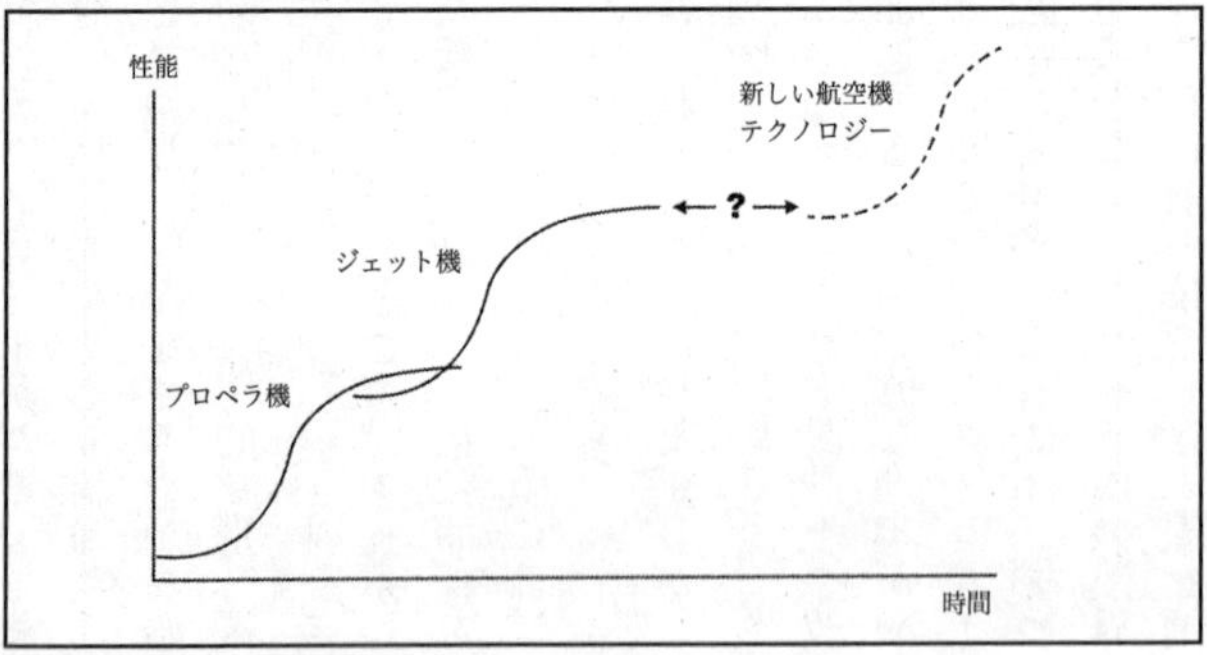

っていたのだ。その曲線がどういった形をとるかを図3・1が示している。

航空機設計上でのイノベーションのペースを劇的に上げたいと思えば、別のS字曲線を見つける必要がある。そしてその曲線は、性能の点で優れているのみならず、経済的にも実現可能なテクノロジーを表すものでなくてはならない。[a] もちろん問題なのは、これまでのところ、そうした新しい曲線がどこにも見当たらないことだ。この新しい破壊的なテクノロジーが、エリア51〔訳注：UFOや宇宙人に関する資料が保管されているなどと噂の絶えないネバダ州のアメリカ軍秘密基地〕のフェンスを飛び越えるだけでは見つからないとしたら、その新しいS字曲線にたどりつくにはよほど大きな飛躍が必要になるだろう――これはもちろん、その曲線が実在すると前提してのことだ。

ここで重要な点は、研究や開発努力、投資の水準、あるいは有利な規制環境の存在といった多くの要因が、テクノロジーのS字曲線の相対的位置関係に確実に影響を及ぼすということだ。これまでのところ最も重要な要因は、当該のテクノロジーの領域を規定する一連の物理法則である。私たちはまだ、新しい破壊的な航空機テクノロジーを手にしていない。それは主として物理の法則と、私たちのいまある科学技術上の知識との関連から生じてくる限界のせいだ。もしまた広範な分野で、急速にイノベーションが進む時期——おおよそ一八七〇年から一九六〇年にかけて起こったものと比較できるような——が来ることを期待するなら、そうしたさまざまな領域すべてで新しいS字曲線を見つける必要がある。それは明らかに、きわめて難しい挑戦となるだろう。

だが、楽観的になれるだけの重要な理由がひとつある。情報テクノロジーの加速度的な進歩が、他の分野での研究や発展にポジティブな影響をもたらすということだ。コンピュータはすでに多くの分野に変化を起こしてきた。ヒトゲノムの塩基配列の解読は、まちがいなく先進的なコンピュータの計算能力なしには不可能だった。シミュレーションやコンピュータに支援されたデザインは、さまざまな研究分野で新しいアイデアを実験する際の可能性を大きく押し広げた。

私たち一人ひとりに劇的な影響を及ぼしている情報テクノロジーのサクセスストーリーといえば、石油や天然ガスの開発に果たす先進的なコンピュータの計算能力の役割だ。世界中で採掘の容易な油田やガス田が減っていくなか、地下三次元画像といった新しい技術が新たな埋蔵場所を突き止める上で必要不可欠になっている。たとえば、サウジアラビアの国有石油会社アラムコは巨大なコンピュータセンターを備え、強力なスーパーコンピュータを駆使しながら原油の産出量を維持している。ムーアの法則がもたらした最も重要な副産物のひとつは、世界のエネルギー供給のペースが少なくともこれまでは急増する需要に遅れずについてきていることである。そう聞いて驚く人は少なくないのではないだろうか。

マイクロプロセッサの出現によって、私たちの計算や情報操作の能力は驚異的に高まった。以前のコンピュータはやたらかさばる上に速度も遅く、高価で数も少なかったが、いまは安くて強力なコンピュータがどこにでも見られる。一九六〇年以降のコンピュータ一台の計算能力の増大と、同じ年以降に出現した新しいマイクロプロセッサの数を掛け合わせれば、その結果はほとんど計算不可能なものとなる。そうした計り知れない計算能力の増大がやがて、さまざまな科学や技術の分野に劇的な影響をもたらさないとはとても考えられない。だがそれでも、真に破壊的なイノベーションが起こるのに必要なテクノロジーのS字曲線の位置を主に決めるのは、やはり自然の法則である。コンピュータの計算能力はその現実を変えることはできないが、研究者たちがそうしたギャップに橋を架けるのには役立つだろう。

私たちは技術上の停滞期にあると考えるエコノミストたちはたいてい、広範囲にわたる繁栄の実現にはイノベーションの速度が関係していると深く信じている。要するに、幅広い分野で飛躍的な技術の進歩が実現できれば、所得の水準は再び実質ベースで増加しはじめるだろう、というのだ。だが、それが必ずしも成り立たないと考えられる理由はおそらく十分にある。その理由を知るために、なぜ情報テクノロジーが特異なのか、またそれが他の分野のイノベーションとどう絡み合っているのかを見ていこう。

なぜ情報テクノロジーは違うのか

この数十年にわたるコンピュータハードウェアのすさまじい進歩は、テクノロジーの他の分野ではありえないほど長期にわたって、S字曲線が急勾配を保っていることを示している。しかし、じつのところムーアの法則には、いくつものS字曲線からなる階段——一つひとつの段が特定の半導体製造テクノロジーを表す——をうまく上っていくことも含まれている。たとえば、集積回路を配置するのに使われるリソグラフィーのプロセスは、当初は光学的画像の技術に基づいていた。やがて個々のデバイス要素が小さくなり、可視光の波長では長すぎてこれ以上の進歩が見込めないところまでくると、半導体産業はX線リソグラフィーへと移行した[2]。図3・2は、一連のS字曲線を上っていく様子を示したものだ。

情報テクノロジーをよく表す特徴のひとつは、連続するS字曲線が相対的に近接していることである。進歩が継続できるかどうかのカギは、果実が手の届くところに垂れ下がっているかどうかよりも、木に登れるかどうかということだ。この木に登るというのは、激しい競

図3・2　S字曲線の階段の形をとるムーアの法則

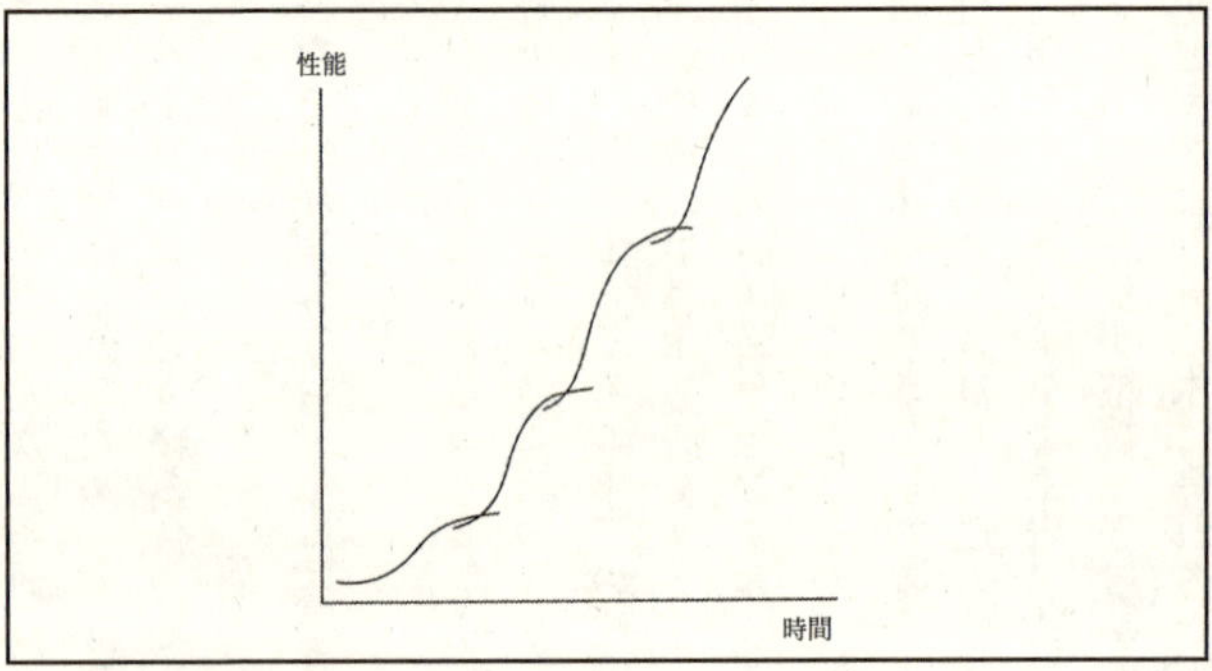

争に突き動かされる複雑なプロセスであり、巨額の投資が必要とされる。多くの協力や計画もなくてはならない。こうしたすべての試みを調整するために、業界は国際半導体技術ロードマップ（ＩＴＲＳ）という分厚い文書を発行している。これは基本的に、ムーアの法則が一五年にわたってどう進展するかを細かく説明したものだ。

　現状からすると、コンピュータハードウェアも近々、他分野のテクノロジーを特徴づけているのと同タイプの難問に突き当たるのではないか。要するに、次のＳ字曲線に到達するには、きわめて大きな——もしかすると実現不可能な——飛躍が必要になるのではないかということだ。ムーアの法則がこれまでたどってきたのは、トランジスタのサイズが縮小しつづけることで、さらに多くの回路をチップに詰め込めるようになるという道筋だった。二〇二〇年代初めには、コンピュータチップ上にある構成要素個々のサイズはおよそ五ナノメートル（一〇〇〇万分の五ミリ）にまで縮まるだろう。この数値は、これ以上の小型化が不可能となる根本的な限界に近い。だが、さらに代わりになる戦略、たとえば3Dチップのデザインや新たな炭素系素材などによって、進歩が衰えることなく継続する可能性も考えられる。(3)b

コンピュータハードウェアの能力がいずれ頭打ちになるとしても、進歩が継続できる道筋はまだ十分残っている。情報テクノロジーは二つの異なる現実が交わる点に存在する。ムーアの法則は原子の領域、すなわちイノベーションによってより速い装置を作り、そこから生じる熱を最小限にするか放散する方法を見つけようと苦闘する領域をも支配している。対照的にビットの領域は、アルゴリズム、アーキテクチャ（コンピュータシステムのコンセプチュアルデザイン）、応用数学が進歩のペースを司る抽象的で摩擦のない世界だ。アルゴリズムが、すでにハードウェアをはるかに上回る速さで進歩している分野もある。ベルリンのツーゼ研究所のマルティン・グロートシェルは最近の分析で、あるきわめて複雑な生産計画の問題の解答を出すのに、一九八二年に存在していたコンピュータとソフトウェアを使った場合はまるまる八二年かかることを明らかにした。二〇〇三年のコンピュータとソフトウェアでは、同じ問題がほぼ一分で解けた――およそ四三〇〇万倍の進歩である。コンピュータハードウェアは同じ期間に一〇〇〇倍速くなっているが、これは使用されるアルゴリズムも進歩して、性能がおよそ四万三〇〇〇倍になったということだ。(4)

あらゆるソフトウェアがそこまで速く進歩するわけではない。ソフトウェアが人間と直接関わり合うことが必要な領域では、特にそれが当てはまる。マイクロソフトのワードおよびエクセルの開発を手がけたコンピュータ科学者チャールズ・シモニーは、二〇一三年八月のアトランティック誌のジェイムズ・ファローズとのインタビュー記事で、ソフトウェアは概してハードウェアの進歩を活用しきれていないと発言した。将来最も発展の可能性があるのはどこかと聞かれ、シモニーはこう応じている。「基本的な答えは、もう誰もルーティンの繰り返しのようなことはしなくなる、ということだ[5]」。

将来の進歩という点では、巨大な並列システム内における膨大な数の安価なプロセッサを互いにつなぎ合わせる手段が見つかれば、途方もない可能性が生まれるだろう。現在のハードウェアテクノロジーをまったく新しい理論的設計へと組み立て直すことで、やはりコンピュータの処理能力を格段に飛躍させられるかもしれない。きわめて複雑な相互接続に基づいたアーキテクチャデザインは驚異的な計算能力を生み出す、という明らかな証拠がある。それを示しているのは、これまで存在するもののなかで最も強力な汎用計算マシン、つまり人間の脳だ。進化はその脳を作り出すにあたって、ムーアの法則などという贅沢は許されなかった。人間の脳という「ハードウェア」は、速さの点ではねずみの脳と大差ないし、先端的なICの数千倍から数百万倍も遅い。この違いはひとえに、デザインの精巧さによるものだ[6]。実際、コンピュータの、ひいてはおそらく知能を持つ機械の処理能力は、いずれ研究者の手で、現在のコンピュータハードウェアの速さと、脳に見られる複雑なデザインに近いレベルのものを合体できたときに最高点に達するのではないだろうか。すでにその方向に向けて小さな一歩が印されている。IBMが二〇一一年、人間の脳に着想を得て、いみじくも〈シナプス〉（SyNAPSE）と名づけられた認知コンピュータチップを発表し、それ以来、このハードウェアに付随する新しいプログラミング言語が作り出されている(7)。

ハードウェア、そして多くのソフトウェアの絶え間なく加速する進歩の他に、私の考えでは、情報テクノロジーには二つの決定的な特徴がある。ひとつめは、IT（情報技術）が本当の意味での汎用テクノロジーに進化したということである。私たちの日常生活、とりわけ大小にかかわらずすべてのビジネスや組織の活動は、ほぼあらゆる面で情報テクノロジーに大きな影響を受けるか高度に依存している。コンピュータやネットワーク、インターネットは現在、私たちの経済、社会、金融のシステムのなかに、もはや後戻りはできないほど深く組み込まれている。ITは至るところにあり、それなくしての生活は想像するのも難しいのだ。

多くの専門家は情報テクノロジーを電気にたとえている。電気もやはり社会の姿を変えた汎用テクノロジーで、二〇世紀の前半に広く普及するようになった。ニコラス・カーは二〇〇八年の著作 *The Big Switch*（邦題『クラウド化する世界』）で、ITは電気に似た効用があることを強く主張している。こうした比較の多くは妥当だといえるが、電気にはまねのできないものもある。電力の供給はビジネスや経済全体、社会組織、個人の生活に驚くべき変化をもたらした——それも圧倒的にポジティブな方向でだ。アメリカのような先進国で、電気が使えるようになってから生活の水準が大きく上がることはなかったという人は、おそらくゼロに近いだろう。しかし情報テクノロジーがもたらす社会変革の影響にはもっと光と影があり、電気ほど全面的にポジティブなものとは言いにくい人が多いのではないか。その理由はITのもうひとつの特性、認知《コグニティブ》能力にある。

情報テクノロジーは、技術的進歩の歴史上例を見ないほどの知性を集約したものだ。コンピュータは判断を下し、問題を解決する。ごく限定的な意味においてではあるが、コンピュータは思考する機械なのだ。現時点でのコンピュータが総合的な知性の面で人間のレベルに近づいていると主張する人はさすがにいない。だがその見方からは、ある重要な点が抜け落ちている。コンピュータは専門化した、ルーティンかつ予測可能な作業を行う分にはとてつもなく優れているということだ。そしてまもなく、そのためにいま雇われている人間たちの多くを上回る可能性は非常に高い。

人間の経済の進歩は、職業の専門化、つまりアダム・スミス言うところの「分業」によってもたらされた部分が大きい。コンピュータ時代における進歩のパラドクスのひとつは、仕事はどんどん専門化するほど、自動化の影響を受けやすくなるということだ。専門家の多くによれば、知能という点では、現時点での最良のテクノロジーも昆虫をかろうじて上回る程度である。とはいえ、昆虫にはジェット機を着陸させたり、レストランに夕食の予約を入れたり、ウォールストリートで株の取引をしたりするような習慣はない。いまのコンピュータはそうしたことがすべてできるし、まもなくその他の恐ろしく多くの分野にも侵入しはじめるだろう。

比較優位とスマートマシン

機械がいずれ人間の労働力に大きく食い込んでくるという見方を拒絶するエコノミストたちは、経済学の特に優れたあるアイデアを論拠にしている場合が多い。すなわち比較優位の理論だ。(8) 比較優位とはどういうものかを知るために、二人の人物を考えてみよう。ジェーンは掛け値なしに優れた人物である。何年も集中的に訓練を積み、並ぶ者のない成績を残したあと、いまは世界有数の脳神経外科医とみなされている。大学を出てから医科大学院に進むまでの数年間、フランスのトップレベルの料理学校に在籍していたこともあり、料理人としての才能もずば抜けている。トムはどちらかといえば平均的な男性だ。しかし料理人としてはなかなか優秀で、その技量を誉めそやされることも多い。だがそれでも、ジェーンが厨房で振るう腕前にはとうてい敵わない。そしてトムが手術室に近寄ることを許されないのはいうまでもない。

トムが料理人としても、もちろん外科医としてもジェーンに敵わないとすれば、この二人がどちらも幸せになれるような取り決めをする方法はあるだろうか？　比較優位の考え方によれば「イエス」である。ジェーンがトムを料理人に雇えばいいのだ。彼女が自分で料理をしたほうが良い結果が得られるのに、なぜそんなまねをするのか？　答えは、そうすればジェーンが本当に優れているもの（そしてほとんどの収入をもたらすもの）、つまり脳の手術のほうに時間とエネルギーを使えるようになるからだ。

比較優位の根底にある主な考え方は、もしあなたが専門にしているものが他の人たちと比較して「一番まし」であれば、職はいつでも見つけられるということだ。それによって、他の人たちにも何かしらのスキルを専門にして高い所得を得る機会を与えることになる。トムの場合、一番ましなものは料理だ。ジェーンはさらに幸運なことに（もちろん金銭的な意味でも）、一番ましなものが本当の意味で傑出した、たまたま市場価値のきわめて高いものである。経済の歴史を通じて、比較優位はさらなる専門化と、個人や国家間における取引を推し進める最も重要な要因だった。

さてここで、そのストーリーに変化を加えてみよう。ジェーンが自分のクローンを簡単かつ安上がりに作れるようになったとする。SF映画好きの方なら、『マトリックス・リローデッド』を思い出してみるといい。ネオはエージェントであるスミスの何十ものコピーと戦った。この奇妙な戦いは最終的にネオが制するが、しかしトムの場合、ジェーンに代わって自分の職を確保しつづけられないであろうことはすぐにわかる。比較優位が働くのは、機会費用が存在するためだ。人が何かあることをやろうとすれば、必ず別の何かをやる機会をあきらめなくてはならない。時間と空間には限りがある。同時に二つの場所にいて、二つのことをするわけにはいかない。

しかし機械、とりわけソフトウェアアプリケーションは、簡単に複製可能だ。多くの場合、人を雇うよりも少ないコストで複製できる。知能が複製できるなら、機会費用のコンセプトはひっくり返る。ジェーンは脳外科手術をこなし、同時に料理もできるようになる。だとしたら、どうしてトムが必要だろう？　そしてジェーンのクローンたちがたちまち、あまり能力のない脳外科医たちまで失職に追いやるのもほぼ確実だ。このスマートマシン時代には、比較優位も再考の要ありということになる可能性がある。

ある大企業がひとりの従業員を訓練し、その従業員をクローンで増やして労働者の群を作るとしよう。その全員がすぐに元の従業員と同じ知識と経験を持つようになり、その後もずっと学習して新しい状況に適応しつづけられる。情報テクノロジーに包まれた知能が複製され、組織全体に行き渡れば、人間と機械の関係は根本的に定義し直されるかもしれない。大多数の労働者の視点からすれば、コンピュータは生産性を高めるためのツールであることをやめ、実用的な代用品となる。結果的にもちろん、多くのビジネスや産業の生産性は上昇する——だが、労働集約性ははるかに低下する。

ロングテールの圧倒的な支配

このように分散した機械知能の影響は、情報テクノロジー産業そのものにおいて特に顕著だ。インターネットは、驚くほど少ない従業員で、莫大な収益と影響力を有する企業を大量に生み出してきた。たとえばグーグルは二〇一二年、三万八〇〇〇人にも満たない従業員で、年間一四〇億ドル近い利益を上げている。[9] 自動車産業とは対照的だ。ゼネラル・モーターズの雇用が最盛期にあったのは一九七九年で、GM一社だけで八四万人近い従業員がいたが、利益はおよそ一一〇億ドルだった——グーグルより二〇パーセントも少ない。しかもこれはインフレ分を調整したあとの数字なのだ。[10] フォード、クライスラー、アメリカンモーターズもやはり何十万もの従業員を雇っていた。こうした核となる従業員に加えて、この業界の周辺には、運転、修理、保険、レンタカーといった分野で何百万という中流の雇用も生み出されてきた。

インターネット部門ももちろん、業界の周辺にさまざまな雇用機会をもたらしている。新しい情報経済はしばしば、平等をもたらす大きな力だと賞賛される。なにしろ誰でもブログを書いて広告をページに載せられ、電子書籍を出したり、イーベイでものを売ったり、アイフォーンのアプリを作ったりできるのだから。こうした機会がたしかに存在する一方で、自

図3・3　勝者ひとり占め／ロングテール分布

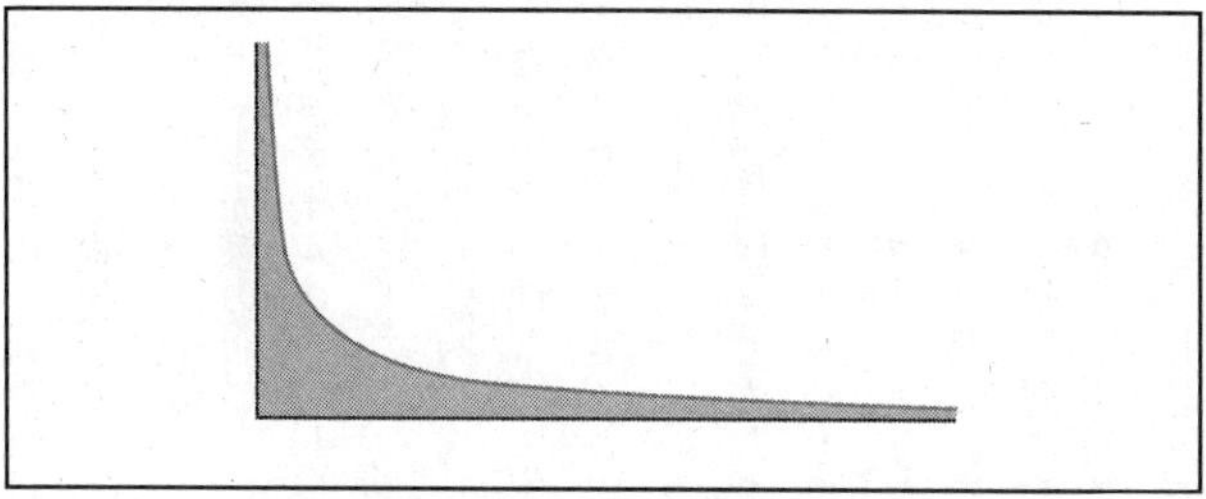

動車産業が生み出す中流の仕事とは大きく違った点もある。明らかな証拠が示すとおり、オンラインでの活動から得られる収入は、ほぼ必ずといっていいほど「勝者ひとり占め」の分布に従うということだ。インターネットは理屈の上では、機会を均等にし参入障壁を壊すとされるが、現実に生み出される結果は、ほぼ例外なくきわめて不平等である。

　各種ウェブサイトへのトラフィック、オンラインで生まれる広告収入、iTunesストアの音楽ダウンロード、アマゾンの書籍販売、アップルのアップストアやグーグルプレイのアプリダウンロードなどをグラフ化すれば、ほぼ必ず図3・3のようなものになる。こうした普遍的に見られるロングテール分布は、インターネット部門を支配する企業のビジネスモデルの中核を成すものだ。グーグル、イーベイ、アマゾンといった企業は分布上のあらゆる場所から収入を生み出すことができる。一企業が大きな市場を支配していれば、曲線に沿った数字は小さくても、その全体を合わせれば容易に何十億ドルもの収入が得られる。

デジタル化の影響を受けやすい商品およびサービスの市場は必然的に、この勝者ひとり占めの分布へと進化していく。たとえば書籍や音楽の販売、案内広告、映画レンタルなどは、少数のオンライン配給のハブによって次第に支配される。その当然の結果として、ジャーナリストや小売業の店員といった職業が大量に消えているのだ。

ロングテールは、もし自ら所有できればすばらしいものだ。だが、分布曲線上の一点しか占められないとしたら、話はまったく違う。ロングテールでは、たいていのオンライン活動による収入は、急激にはした金のレベルまで下がっていく。もし代わりの収入源があるか、たまたま実家の地下室に居候しているのなら、それでもかまわないだろう。問題は、デジタルテクノロジーがさまざまな産業に変化をもたらし、主な収入源である職業がどんどん消えていく可能性が高いということだ。

中流階級に属する人たちがその主な収入源を失うにつれ、彼らは次第にこうしたデジタル経済のロングテールがもたらす機会に目を向けるようになるだろう。幸運なごく少数の際立ったサクセスストーリーは私たちの耳にも入ってくるだろうが、大多数は中流のライフスタイルに近い水準を保つのに四苦八苦するだろう。そしてコンピュータ科学者で起業家のジャロン・ラニアーが指摘するように、第三世界の国々で見られるような非公式《インフォーマル》経済へ否応なく向かう人々が増えていく[11]。だが非公式経済の自由さに魅力を感じる若者たちも、家庭を持って子どもを育て、引退後の生活設計をする段になると、たちまちその難点に気づきはじめるのだ。もちろん、アメリカや他の先進国経済でも、かつがつの暮らしをしている人たちは必ずいるが、少なからず十分な数の中流家庭が生み出す富にただ乗りしている。この堅固な中流の存在は、先進国を貧困国から区別する主な要因のひとつだが、しかしこの層が侵食されていることが——特にアメリカで——次第に明らかになってきている。

テクノロジーを楽観視する人々は、こうした見方に異を唱えるだろう。彼らは情報テクノロジーをいつでもどこでも有用だとみなす傾向がある。彼らが新興経済で大きな成功を収める割合が高いのは、おそらく偶然ではない。最も際立ったデジタル楽観論者は、たいていロングテールの左端に位置しているか、あるいはこちらのほうがさらによいが、分布全体を所有する会社を作っているかだ。二〇一二年に放送された公共放送PBSの特集番組で、発明家にしてフューチャリストのレイ・カーツワイルは、「デジタルディバイド」（情報格差）の可能性についての質問を受けた——新しい情報経済で成功できるのは、人口のごくわずかな一部だけなのではないか？　するとカーツワイルは、そうした格差の考え方を一蹴したあと、携帯電話などの有用なテクノロジーについて指摘した。携帯電話を持った人は「二〇〜三〇年前なら数十億ドルに相当する性能のものを持ち歩いている」(12)のだと彼は言った。ただし、平均的な人間がどうすればそのテクノロジーを生かして生計を立てられるのかということについては、何も語らなかった。

携帯電話はたしかに、人々の生活水準を高めてきたことが証明されているが、それは主として通信施設の整っていない途上国での話だ。これまでで最もよく知られたサクセスストーリーは、インド南西岸のケララ地方に住むイワシ漁師たちの話だろう。経済学者のロバート・ジェンセンは二〇〇七年の研究論文で、漁師たちが携帯電話のおかげで、獲れた魚を売りさばくのにどこの村が最もよい市場であるかを判断できるようになったことを紹介した(13)。ワイヤレステクノロジーが出現する以前には、どの村に魚を持っていけばいいかは当て推量でしかなく、結果的に需給がまったく合わないことも多かった。だが新しい電話のおかげで、漁師たちは買い手がどこにいるかを正確に把握できるようになり、その結果、価格が安定しムダも少ないはるかに望ましい市場が得られるに至ったのだ。

ケララ地方のイワシ漁師の話は、途上国に関連したテクノ楽観論の旗頭のようになり、数え切れないほどの本や雑誌の記事で語られてきた(14)。携帯電話が第三世界の漁師にとってすばらしく有益なのはまちがいないとしても、先進国の――いや、その意味でいうなら、貧しい国でも同じだ――平均的な市民がスマートフォンからある程度の収入を首尾よく引き出せるという証拠はほとんどない。高スキルのソフトウェア開発者ですら、モバイルのアプリからそこそこの収入を得るのはきわめて難しいと感じている。主な理由はいうまでもなく、普遍的なロングテール分布だ。どれでもいい、アンドロイドやアイフォーンの開発者が集うオンラインフォーラムに行ってみれば、モバイルの生態系における勝者ひとり占めの構造を嘆く議論をおそらく耳にするだろう。実際問題として、中流の職を失った人々の大多数にとっては、スマートフォンを使えたところで、失業者の列に並びながら〈アングリーバード〉のモバイルゲームをやる以上のことはまずできないだろう。

モラルが問われる

デジタルテクノロジーの指数関数的な進歩を、一セントの預金残高を二倍に増やしていくという観点からあらためて考えてみよう。現在のテクノロジーの膨大な口座残高は、数え切れない個人と組織の何十年にもわたる努力の所産である。実際には、進歩の曲線は少なくとも、一七世紀初頭にチャールズ・バベッジが発明した機械式計算機である階差機関にまでさかのぼることができる。

現在の情報経済にとてつもない富と影響をもたらしているイノベーションは、たしかに意義深くはあるものの、アラン・チューリングやジョン・フォン・ノイマンといった先駆者の草分け的な功績とは重要さの点では比較すべくもない。当時との違いは、たとえ漸進的な進歩でも、いまは溜まりに溜まった勘定残高を活用して大きな結果を出せるということだ。今日成功を収めたイノベーターたちは、一九八〇年のボストン・マラソンで、ゴールのたった半マイル手前からこっそりレースに加わった有名なランナーにいささか似ている。

イノベーターがすべて先人たちの肩の上に乗っていることはいうまでもない。ヘンリー・

フォードがモデルTを導入したときには、たしかにそのとおりのことがいえた。だがこれまで見てきたように、情報テクノロジーは根本的にわけが違う。ITには機械知能を組織全体に広めて労働者に取って代わらせる特異な力と、至るところで「勝者ひとり占め」のシナリオを生み出す傾向があり、それが経済にも社会にも劇的な影響をもたらす。

どこかで私たちは、根本的なモラルについて問いかける必要があるかもしれない。一般の人々は、積み立てられたテクノロジーの勘定口座の所有権を主張するべきなのだろうか？　もちろん一般大衆も、デジタルテクノロジーの進歩からは大いに恩恵を受けている。だがそれは、コストが安くなった、便利になった、情報や娯楽に自由にアクセスできるといった点での話だ。そこから私たちは、携帯電話に関するカーツワイルの言い分へ引き戻される——いくら恩恵があっても携帯の使用料がただになるわけではないのだ。

また、この点も頭に留めておくべきだろうが、IT部門の進歩を可能にした基本的な研究の多くには、アメリカの納税者が資金を提供している。国防高等研究計画局（DARPA）が開発、出資したコンピュータネットワークは、やがてインターネットへと進化した。ムーアの法則が現実のものになったのは、国立科学財団が出資した大学主導の研究があったからだ。この業界の政治活動委員会ともいうべき半導体工業会は、連邦政府に対して研究費を増やすようロビー活動を繰り広げた。現在のコンピュータテクノロジーは、ある程度まで、第二次大戦後の数十年にわたって中流階級の納税者たちが政府出資による基本的研究を支持してきたからこそ存在しているのだ。そして納税者たちが支持を表明したのは、まずまちがいなく、その研究の成果が自分たちの子どもや孫のためにより明るい未来を作り出すことを期待してのことだった。それなのに前章で見てきた傾向は、私たちがまったく違った結末に向かいつつあることを示している。

社会が蓄積してきたテクノロジー資本を、ごく一部のエリートが事実上所有していいのかという基本的なモラルの問題だけではなく、また別の実際的な問題もある。所得格差が度を越して極端になっている経済が果たして健全に機能するのかということだ。進歩の継続性は、今後のイノベーションを求める活発な市場があるかどうかに左右される——つまりそのためには、購買力がある程度広く分配されることが必要なのだ。

このあとの章では、デジタルテクノロジーの激しく加速する進歩が経済や社会全体に及ぼす意味合いについて、さらに詳しく見ていく。しかしまずは、そうしたイノベーションが大学・大学院の学位や専門学位を持った高スキル労働者の仕事をいかに脅かしつつあるかという点から見ていこう。

第4章　ホワイトカラーに迫る危機

二〇〇九年一〇月一一日、ロサンゼルス・エンゼルスはアメリカン・リーグのプレーオフでボストン・レッドソックスを破り、リーグ優勝とワールドシリーズ進出をかけてニューヨーク・ヤンキースと対戦する権利を得た。その勝利がエンゼルスにとってひときわ感慨深かったのは、そのわずか六ヵ月前、チームでも有望株のひとりだったニック・エイデンハート投手が、酒酔い運転の車による衝突事故に巻き込まれて死亡するという事件があったためだ。あるスポーツライターはこの試合の記事をこのように書き出している。

2点リードされて9回を迎えたとき、エンゼルスは敗色濃厚だった。だがロサンゼルスは、ブラディミール・ゲレーロの貴重なシングルで逆転し、日曜日のフェンウェイ・

パークでのボストン・レッドソックス戦を7－6で勝利した。

ゲレーロはエンゼルスの走者2人を返した。この日は4打数2安打だった。「ニック・エイデンハートと、4月にアナハイムであったことを偲ぶという意味で、たぶん（自分のキャリアのなかで）一番のヒットになったと思う」とゲレーロは語った。「このヒットを、亡きチームメイトに捧げるよ」。

ゲレーロは今シーズンを通じて活躍し、特にデーゲームに強さを発揮した。デーゲームでのOPS（出塁率プラス長打率）は・794。デーゲーム26試合で本塁打5本を放ち、13打点を挙げている。(1)

この文の筆者がなんらかのライティングの賞を受ける気遣いは、近い将来にはおそらくないだろう。それでもこの書きぶりはなかなか大したものだ。ちゃんと読ませるからでも、文法的に正しいからでも、野球の試合を正確に描写しているからでもない。この筆者がコンピュータプログラムであるからだ。

このソフトウェアは〈スタッツモンキー〉といって、ノースウェスタン大学の知的情報研究所の学生と研究者たちが生み出したものだ。ある試合にまつわる客観的なデータを魅力的な語り《ナラティブ》に作り直すことで、スポーツ報道を自動化するようデザインされている。単なる事実の羅列に決してとどまらず、スポーツジャーナリストがこれは欠かせないと思うような情報を、このシステムも同じように組み入れてストーリーにまとめるのだ。〈スタッツモンキー〉は統計分析を行って、試合のあいだに起きた注目すべき出来事を見定める。そして特に重要なプレーや、ストーリーに不可欠なキープレーヤーに焦点を合わせながら、試合の流れ全体を要約する自然言語のテキストを作り出す。

二〇一〇年、ノースウェスタン大学でコンピュータ科学のチームを監督している研究者たちと、〈スタッツモンキー〉に取り組んでいるジャーナリズム専攻の学生たちがベンチャーキャピタルを立ち上げ、このテクノロジーを商品化するための新会社、ナラティブ・サイエンス社を創設した。同社は一流のコンピュータ科学者やエンジニアたちのチームを雇い入れた。そして彼らは、元の〈スタッツモンキー〉のコンピュータコードを放棄したあと、はるかに強力かつ包括的な人工知能エンジンを製作し、それを〈クイル〉と名付けた。

ナラティブ・サイエンスのテクノロジーはフォーブス誌などの一流メディアに採用され、スポーツ、ビジネス、政治などさまざまな分野で自動化された記事を生み出している。同社のソフトウェアはおよそ三〇秒ごとに新しいニュース記事を一本書き終えることができ、その多くが有名ウェブサイトに掲載されているが、サイトのほうはそうした事実を認めたがらない。二〇一一年の産業会議でワイヤード誌のライターのスティーヴン・レヴィは、ナラティブ・サイエンスの共同創業者クリスチャン・ハモンドに、アルゴリズムによって書かれた記事は一五年以内に全体の何パーセントを占めるようになるかと問いかけた。ハモンドの答えは、「九〇パーセント以上」だった。[2]

ナラティブ・サイエンス社の射程に入っているのは、ニュース産業にとどまらない。〈クイル〉は多用途の分析エンジンおよびナラティブライティング・エンジンとして設計され、さまざまな業界の内部および外部消費動向に関する資料となる高品質のレポートを作成することができる。〈クイル〉は最初に、さまざまなソースからデータを収集するが、その対象は取引データベース、金融および売上レポーティングシステム、各種ウェブサイト、ソーシャルメディアにまで及ぶ。それから特に重要で興味深い事実や知見を探し出すために分析を行う。そして最後に、そうした情報を筋道の通ったストーリーに組み立てるのだが、同社によると、その出来栄えは人間のアナリストが生み出す最高レベルの仕事にも匹敵するという。設定を整えられた〈クイル〉のシステムは、ビジネスレポートをほぼ即座に書き上げて途切れることなく送りつづけ、そのあいだ人間が手を出す必要もない。[3] ナラティブ・サイエンス社を最も初期に支えたのは、CIA（中央情報局）のベンチャーキャピタル部門、インキュテールだった。同社のツールは、アメリカの情報機関が収集する生のデータの奔流を理解しやすいストーリーの形式へと加工するために利用されることになりそうだ。

この〈クイル〉のテクノロジーは、かつては大学を出た高スキルの専門家たちの牙城だった分野ですら自動化の影響を免れない、ということを示す実例でもある。知識ベースの仕事はいうまでもなく、通常は幅広い能力が求められる。何よりそうした場合、アナリストはさまざまなシステムから情報を取り出す方法を知り、統計的モデルや金融モデルを作成した上で、人に読ませるレポートを書いて提示しなくてはならない。ライティングは結局、科学であると同じ程度に技芸《アート》であり、最も自動化されそうにない作業のひとつに思える。にもかかわらず、自動化は実現しているし、アルゴリズムはさらに急速に進歩している。それどころか、知識ベースの職はソフトウェアを使うだけで自動化できるため、多くの場合、身体的な操作を伴う低スキルの職よりも影響を受けやすいことがわかってきた。

ライティングはまた、経営者がいまの大卒者はなっていない、と絶えず不平をこぼす領域でもある。各社の経営者を対象にしたある調査では、新規に採用した二年制大学卒業の社員のほぼ半数、また四年制大学卒業の社員の四分の一以上は、文章を書くスキルに――場合によっては文章を読むスキルも――乏しいと思われていることがわかった(4)。ナラティブ・サイエンス社の触れ込みどおり、もしも知的なソフトウェアが有能な人間のアナリストたちに負けない能力を示すようになりはじめたとしたら、大卒者たち、とりわけ訓練のできていない新卒者が就くことのできる知識ベースの職が増えるかどうかは疑わしい。

ビッグデータと機械学習

昨今のグローバル経済のなかで、さまざまな企業や組織、政府の内部に膨大なデータが収集、蓄積されつつある。ストーリーライティング・エンジンの〈クイル〉は、そうしたデータを活用するために開発されている多数のソフトウェアアプリケーションのひとつにすぎない。ある概算では、世界中で蓄積されたデータの総量は現在、数千エクサバイトを数えるが(一エクサバイトは一〇億ギガバイト)、この数字は〝ビッグデータ版ムーアの法則〟に従っている——加速度のように、およそ三年で二倍になるのだ[5]。そのデータのほぼすべてがいま、デジタルのフォーマットで蓄えられ、したがってコンピュータが直接扱うことができるようになっている。グーグル一社のサーバーだけでも、常に一日あたり二四ペタバイト(一ペタバイトは一〇〇〇万ギガバイト)を扱っていて、その情報を数百万人のユーザーが絶えず検索しているのだ[6]。

こうしたデータはすべて、恐ろしくたくさんのソースから入ってくる。インターネットひとつを見ても、ウェブサイト閲覧、検索クエリ、eメール、ソーシャルメディアでのやりとり、広告クリックなどがあるが、これらはほんの数例だ。企業の内部には取引や顧客とのやりとり、社内連絡があり、金融システムや会計システム、マーケティングシステムで捕捉されるデータもある。外部の現実世界では、センサーが工場、病院、自動車、飛行機、その他無数にある生活機器や産業用機械などでリアルタイムのオペレーショナルデータを絶え間なく捉えている。

こうしたデータの大多数は、コンピュータ科学者たちに「非構造化」という言葉で呼ばれる。要するに、さまざまなフォーマットで捕捉されるために、往々にして比較や対照が難しいという意味だ。そこが従来のリレーショナルデータベースとは非常に異なる点で、従来のデータベースでは、情報が一貫した基準のもとに縦横の列に並べられ、探索および検索がすばやく正確に行われる。これに対してビッグデータには非構造的な性質があるため、さまざまなソースから収集される情報を意味づけることに特化した新たなツールが開発されるようになった。こうした分野の急速な発展は、限定的な意味ではあっても、かつては人間だけに限られていた能力をコンピュータが侵しはじめている一例にすぎない。周囲のあらゆるソースから流れ込む非構造化情報を絶えず処理する能力は、私たち人間が環境に適応するために身につけてきた特異なものだ。しかしビッグデータの領域では、コンピュータが、ひとりの人間には達成することが不可能な規模でそれをやってのけられる。ビッグデータはいまや、ビジネス、政治、医療などほぼあらゆる自然科学と社会科学の分野を含む、きわめて幅広い領域で革命的な衝撃を及ぼしているのだ。

大手の小売業者はビッグデータを活用して、個々の買い物客が持つ嗜好についての知見をかつてなかったほど深いレベルで入手し、正確にターゲットを定めた商品提供を行うことで収益を増やすと同時に、顧客ロイヤルティーを高めるのにも役立てている。世界中の警察はアルゴリズム解析に注目することで、犯罪が最も起こりやすい時刻や場所を予測し、それに応じて人員を配置するようになってきている。シカゴ市のデータポータルには居住者が自由にアクセスし、大都市での暮らしぶりを物語るさまざまな地域の過去の傾向やリアルタイムのデータ——たとえばエネルギー使用量、犯罪、交通手段や学校や医療の業績を示す計測基準、果てはある一定期間に修復された路面のポットホールの数まで——を見ることができる。ソーシャルメディアでのやりとりのほか、ドアに組み込まれたセンサーや回転式ゲート、エスカレーターなどから集められるデータを可視化する新たな手段もある。そうしたツールは都市計画者や市政管理者に、人々が都市の環境のなかでどのように動き、働き、交流しているかを教え、より効率的で住みやすい街をつくるのに直接役立つかもしれない。

だが、暗い側面が表れてくる可能性もある。ターゲット社が提供する、異常なほど詳細で膨大な顧客データの活用法は、さらに激しい物議を醸すものだ。この会社のデータサイエンティストは、二五種ほどのさまざまな健康製品および化粧品の購入パターンに見られる複雑な相関関係が、女性消費者の妊娠を早期に示す強力な指標であることを発見した。さらには分析によって、消費者の出産予定日を正確に見積もることもできた。ターゲット社は妊娠に関連した製品の宣伝をごく早い段階で女性たちに次々と送り付けはじめ、なかには本人が親きょうだいにもまだ知らせていないというケースもしばしばあった。二〇一二年初めのニューヨーク・タイムズ紙の記事によると、ある一〇代の少女の父親が家に届けられたダイレクトメールをめぐり、実際に経営者に苦情を申し立てた——しかしその後、この父親は、ターゲット社がじつは自分以上に娘のことをよく知っていたことに気づかされた。(7)この不気味な話は始まりにすぎず、ビッグデータは次第にプライバシーを、ひいては自由を侵害しかねないような予測を生み出すのに使われるようになるだろうと懸念する声もある。

ビッグデータから集められる知見は通常、すべて相関関係から生まれたもので、当該の現象の原因については何も教えてくれない。たとえばアルゴリズムは、Aが真であるならBも真である可能性が高い、ということは発見できる。だが、AがBの原因なのかどうか――もしくはAもBも外部になんらかの原因があるのかどうかについてはわからない。それでも多くの場合、とりわけ何かを深く理解するよりも、収益性や効率性で成功いかんが判断されるビジネスの領域では、相関関係が突き止められるだけでも大変な価値がある。ビッグデータは経営陣に、きわめて広い分野について前例のないレベルの知見を与えてくれる。機械一台の働きから多国籍企業の業績全体まであらゆるものについて、以前なら不可能だったような詳しい分析が可能になったのだ。

積み重なっていく一方のデータは次第に、現在も将来も大いに役立つ宝の山とみなされるようになっている。石油や天然ガス産業のような採取産業が技術の進歩から絶えず恩恵を受けているように、加速するコンピュータの計算能力の進歩とソフトウェアの改良によって、各企業が収益性の増大に直接つながる知見を掘り出せるようになる公算は大きい。実際のところ、投資家の側がおそらく期待をかけるのは、フェイスブックのようなデータ集約型の会社にそうした莫大な価値がもたらされることだ。

機械学習とはつまり、コンピュータがデータをかき回して統計的な関係を見つけ出し、それに基づいて自分でプログラムを書くことといっていい。それは、価値のあるものすべてを取り出す最も有効な手段のひとつだ。機械学習には概ね二つの段階がある。まず、アルゴリズムが既知のデータを使って訓練される。それから新しい情報を与えられ、同様の問題を解くという作業を任される。機械学習が活用されている例といえば、eメールのスパムフィルターが当てはまる。あらかじめスパムかそうでないかで区分された何百万通ものeメールを処理するうちに、アルゴリズムが訓練されていく。誰かがどこかに座って、「バイアグラ」という言葉のありとあらゆるバリエーションを認識するシステムを書いているわけではない。ソフトウェアが自分自身で答えを見つけ出すのだ。その結果、ジャンクなeメールのほとんどを自動的に識別し、さらに多くの例に触れながら時間をかけて絶えず改良・適応していけるアプリケーションが生まれる。それと同じ原理に基づいた機械学習のアルゴリズムは、アマゾン・ドットコムで本を、ネットフリックスで映画を、マッチ・ドットコムで似合いの相手を推奨したりもしている。

機械学習の持つ威力がとりわけドラマティックに示されたのは、グーグルがオンライン翻訳ツールを導入したときだった。そのアルゴリズムは〈ロゼッタストーン〉アプローチと呼ばれる手法を使って問題解決に当たり、すでに複数の言語に訳されていた数百万ページに及ぶテキストを分析・比較したのだ。グーグルの開発チームは、まず国連が作成した公的文書から取りかかり、次いで対象をウェブへと広げていった――このときは同社の検索エンジンが探し出した無数の実例が貪欲な自己学習アルゴリズムのための素材となった。このシステムを訓練するのに使われた文書の数は、それ以前に行われたものすべてをかすませるほどだった。プロジェクトを率いたコンピュータ科学者のフランツ・オックは、彼のチームが「とてつもなく大きい、人類の歴史上作られたなかでも群を抜いて大きな言語モデル群」を構築したと記している(8)。

二〇〇五年にグーグルは、国立標準技術研究所主催で毎年開かれる機械翻訳コンテストに出場した。この主催者はアメリカ商務省内で計測標準を公表している機関で、コンテストに参加するのはたいてい、ふだんから自前の翻訳システムを積極的にプログラミングし、言語を特徴づける矛盾した一貫性のない文法規則のぬかるみを進んでいこうとしている専門家たちだ。そのなかでグーグルの機械学習アルゴリズムは、悠々と優勝を成し遂げた。ここから得られる重要な教訓は、データセットが十分に大きければ、そうしたデータ全体のなかに含まれる知識は最高のプログラマーたちの努力をも凌いでしまうということだ。グーグルのシステムはまだ、熟練した人間の翻訳者たちの努力に敵うものではないが、五〇〇を超える言語のなかから二つを組み合わせて双方向の翻訳ができる。これはコミュニケーション能力のまさしく秩序破壊的な進歩といえる。人間の歴史上初めて、ほとんど誰もが自由かつ即座に、事実上すべての言語で書かれた文書の大ざっぱな翻訳を入手できるようになったからだ。

機械学習には多くのさまざまな手法があるが、特に強力で魅力的なのは、人工のニューラル・ネットワークを使ったものだ。つまり、人間の脳と根本的に同じ動作原理を用いるよう設計されたシステムである。脳には一〇〇〇億個のニューロンと呼ばれる細胞——およびそれらをつなぐ数兆個の回路——があるが、このニューロンを模したごく基本的な構成を用いて、強力な学習システムを作ることが可能だ。

個々のニューロンの働き方は、幼児用のプラスチック製ポップアップ玩具にいくぶん似ている。子どもがボタンを押すと、カラフルな人形が——だいたいマンガのキャラクターか動物が——ポンと飛び出してくる。ボタンをそっと押すと、何も起こらない。少し強く押しても、やはり何も起こらない。だが一定の強さの限度を超えると、人形が飛び出すのだ。ニューロンの働き方も基本的には同じだが、脳の場合、作動ボタンを押すのは複数の入力の組み合わせである。

ニューラル・ネットワークを視覚化するには、ルーブ・ゴールドバーグ式の複雑なからくり装置を想像するといい——床の上に例のポップアップ玩具が何列にもたくさん並んだ装置のようなものだ。それぞれの玩具の作動ボタンの上には、三本の機械の指が置かれている。この装置では人形がポンと飛び出すのではなく、ある一台の玩具が作動すると、それをきっかけに同じ列にある玩具のボタンを何本かの機械の指が次々に押していく。ニューラル・ネットワークの学習能力のカギは、指がそれぞれのボタンを押すときの強さを調整できることにある。

ニューラル・ネットワークを訓練するには、まず既知のデータを一列目のニューロンに送り込む。たとえば、手書きの文字の画像を入力すると想像してみよう。その入力データが機械の指を刺激し、何本かの指がその配置に応じてそれぞれ異なる力でボタンを押す。すると、それがいくつかのニューロンを作動させ、次の列にあるいくつかのボタンを押す。その出力、すなわち答えは、最後の列にあるニューロンから集められる。この場合の出力は、入力された画像に対応するアルファベット文字を表すバイナリーコードとなる。初めのうち答えは間違っているだろうが、この装置には比較とフィードバックのメカニズムも含まれている。出力はすでにわかっている正しい答えと照らし合わされ、その結果それぞれの列の機械の指が自動的に調整され、それによってニューロンを作動させる順序が変化する。ネットワークが何千という既知の画像で訓練され、指の押す力が絶えず修正されるにつれて、ネットワークはどんどん正しい答えを出せるようになってくる。そしてこれ以上もう改良できないというところまで来たとき、ネットワークは効果的に訓練されたことになる。

基本的にこうしたやり方で、ニューラル・ネットワークは映像や話し言葉を認識したり、言語を翻訳したり、他のさまざまな仕事をこなしたりするのに用いられる。その結果生まれたプログラム――要するに、機械の指がニューロンの作動ボタンに置かれるときの配置をすべて記したリストのことだ――は、やはり新しいデータから自動的に答えを生み出せる新たなニューラル・ネットワークの設計に使うことができる。

人工のニューラル・ネットワークは、一九四〇年代末に初めて考案・実験され、パターンの認識のために用いられてきた。しかしここ何年かで、数多くの劇的なブレイクスルーが起こった結果、とりわけニューロンの複数の層が利用された場合に、性能に著しい向上が見られた――これがのちに「ディープラーニング」と呼ばれるようになった手法だ。ディープラーニングのシステムはすでにアップルのＳｉｒｉの音声認識能力を可能にしているし、パターン分析やパターン認識に頼ったさまざまなアプリケーションの進歩も加速させるだろう。たとえば、二〇一一年にスイスのルガノ大学の研究者たちが製作したディープラーニングのニューラル・ネットワークは、交通標識の巨大なデータベースにある画像の九九パーセント以上を正しく認識できる――これは人間の専門家と競っても上回れるほどの正確さだ。フェイスブックの研究者グループもやはり実験的なシステムを開発したが、こちらは九層の人工ニューロンからなる構造を持っている。このシステムに同じ人物を写した二枚の写真を、顔に当たる光や方向をいろいろ変えながら見せたところ、九七・二五パーセントの確率で正しい判定を下した。この数字を、人間がやった場合の九七・五三パーセントと比較してみてほしい[9]。

この分野の一流研究者のひとりであるトロント大学のジェフリー・ヒントンは、ディープラーニング・テクノロジーは「美しく進歩していく。基本的により大きく、より速くなるよう保ってやりさえすれば、どんどん優れたものになる」と書いている。[10] 要するに、今後あるべきデザインへの改良を考慮しなくても、ディープラーニングを取り入れた機械学習システムは、単純にムーアの法則の結果として、ほぼ確実に劇的な進歩を遂げつづけるということだ。

ビッグデータとそれに伴う賢い《スマート》アルゴリズムは、職場や従業員のキャリアに直接的な影響を及ぼしている。特に大企業では、仕事や従業員同士の交流に関連した指標や統計を追跡するケースが増えてきた。企業はますますいわゆる「ピープル・アナリティクス」によって、労働者の雇用や解雇、評価、昇進を決めるようになっている。個々の従業員やその仕事ぶりについて集められているデータの量は驚くべきものだ。なかには従業員全員がコンピュータに向かったときのキーストロークをすべて把握している会社もある。eメール、通話記録、ウェブ検索、データベース質問、各ファイルへのアクセス、施設への出入りといった他のタイプの無数のデータも、従業員が気づいているかどうかにかかわらず収集されていてもおかしくない。[11] こうしたデータ収集および分析の目的は、当初は従業員の業績の効果的な管理と評価にあったが、やがて別の用途に使われるようになってきた――たとえば、従業員が行う仕事の多くを自動化するソフトウェアの開発に。

ビッグデータ革命は知識ベースの職業にとって、とりわけ二つの重要な意味を持つようになるだろう。ひとつめは、捕捉されたデータは多くの場合、特定の作業や仕事の直接的な自動化につながるということだ。人間は新しい仕事を学ぶのに、過去の記録を研究した上で特定の作業を習い覚えたりするが、スマートなアルゴリズムも多くの場合、基本的に同一のアプローチをうまく用いる。たとえば、二〇一三年一一月にグーグルが特許を申請した、個人のeメールとソーシャルメディアの返信を自動生成するためのシステムを考えてみよう[12]。このシステムはまず、ある人物のeメールやソーシャルメディアでのやりとりを分析することから動き出す。そうして学習した内容をもとに、eメールやツイート、ブログの投稿への返信を自動的に書くのだが、その当人のふだんの書き方や口調もちゃんと取り入れようとする。こうしたシステムがいずれ、定型的な大量のコミュニケーションの自動化に使われるようになることは想像に難くない。

グーグルの自動運転車は、二〇一一年に初めて公開されたが、やはりデータ主導の自動化がたどるであろう道筋について重要な知見を与えてくれる。グーグルは人間の運転の仕方を再現しようとはしなかった——それは実際のところ、現在の人工知能の能力を超えている。そうではなく、強力なデータ処理システムを作って自動車に組み込むことで、問題を単純化したのだ。グーグルの自動車は、GPSによる正確な位置把握と、きわめて詳細かつ膨大な量の地図データの組み合わせに頼って走行する。さらにもちろん、レーダーやレーザー照準器など、リアルタイム情報の流れを絶えず供給し、歩道から歩行者が車道に出てくるといった新しい状況への対応を可能にするシステムも搭載されている。運転はホワイトカラーの職業ではないかもしれないが、グーグルの用いる総合的戦略は他の多くの分野にも拡張が可能だ。まず、膨大な量の履歴データを活用して大きな「地図」を作り出し、アルゴリズムがルーティンなタスクを通じてそのなかを進んでいけるようにする。次に、さまざまな変化や予測不能な状況にも適応できる自動学習システムを組み込む。その結果、知識ベースの数多くの職を高い信頼性でこなすことのできるスマートなソフトウェアが生まれる。

第二のおそらくより重要な知的職業への影響は、ビッグデータと予測アルゴリズムが組織とその運営の手法に変化をもたらす結果として起こるだろう。ビッグデータとアルゴリズムは、あらゆる組織や産業で、知識ベースの仕事の数や性質を変える可能性を秘めている。データから抽出できる予測が、次第に経験や判断といった人間の特質の代わりに用いられるようになるのだ。経営陣が、自動化されたツールを取り入れたデータ主導による意思決定を次第に活用しはじめれば、人間による分析や経営インフラの必要性はかつてないほど縮小するだろう。現在では情報を収集し、その分析をさまざまなレベルの経営陣に提示する知識労働者のチームが存在しているが、いずれはマネジャーひとりに強力なアルゴリズムひとつで済むようになるかもしれない。組織は平坦化していくだろう。中間管理職の層は影も形もなくなり、いまは事務職員や熟練したアナリストが行っている仕事の多くは消えていくだろう。

ニューヨーク市に本社があるスタートアップ企業のワークフュージョン社は、ホワイトカラー労働の自動化が組織にどんな劇的な影響を及ぼすかのきわめて生々しい実例を示している。同社が大企業向けに提供しているのは、クラウドソーシングと自動化を組み合わせて、かつては労働集約度の高かったプロジェクトの実施をほぼ完璧に管理できる知的ソフトウェアのプラットフォームだ。

ワークフュージョンのソフトウェアは、まず当のプロジェクトを分析し、どの仕事を直接自動化できるか、どの仕事を社内の専門職に任せなければならないかを判断する。それからエランスやクレイグズリストといったウェブサイトに求人のリストを自動的に投稿し、資格を持ったフリーランスの労働者の募集と選抜を管理する。そして働き手が揃ったら仕事を割り振り、業績を評価する。そのためには、フリーの労働者たちにすでに答えのわかっているいくつかの質問をして、相手の正確性をテストするといった方法もとる。コンピュータのタイピング速度などの指標も追跡し、個々の労働者の能力と仕事を自動的にマッチングさせる。ある人物が割り当てをこなせなければ、システムは自動的にその仕事を、必要なスキルを備えた別の人間に回す。

ソフトウェアがほぼ完全にこのプロジェクトの管理を自動化し、社内の従業員の必要性を大幅に減らす一方で、そうした手法は当然、フリーの労働者の就業機会を新たに作り出す。だが、この話はそこでは終わらない。労働者が割り当てられた仕事を終えると、ワークフュージョン社の機械学習アルゴリズムはさらのこのプログラムを自動化する機会を絶えず探そうとする。要するに、フリーの労働者たちがシステムの指示のもとで働いているあいだも、彼らは同時にシステムの訓練用データを生み出していて、それは次第に彼らに取って代わる完全自動化へつながっていくのだ。

同社の当初のプロジェクトには、およそ四万のレコードをアップデートするために必要な情報を収集することも含まれていた。以前は同社のクライアントが毎年こうしたプロセスを、社内スタッフを使って一レコードにつきほぼ四ドルの料金で行っていた。だがワークフュージョンのプラットフォームに切り替えたあとでは、レコードのアップデートは月に一度、それもわずか二〇セントずつの出費で行える。ワークフュージョンの発表によると、そうした経費は通常、システムの機械学習アルゴリズムがそのプロセスを次第に自動化していくにつれ、一年後には約五〇パーセント下がり、二年目以降もさらに二五パーセントずつ下がっていくという(13)。

コグニティブ・コンピューティングとIBM〈ワトソン〉

二〇〇四年秋、IBMの役員チャールズ・リッケルはニューヨーク州ポキープシ近郊のステーキハウスで、ある研究チームのメンバー数人とともに夕食をとっていた。すると午後七時きっかりに、彼ら全員をぎょっとさせることが起こった。店のなかの人々が急にテーブルから立ち上がり、バーのほうにあるテレビの前に集まりはじめたのだ。見ると画面にはゲーム番組の『ジェパディ！』が映っていた。すでに五〇回を超える連勝を成し遂げたケン・ジェニングスが、その歴史的記録をさらに伸ばそうとしていたのだ。リッケルの目の前で、レストランの客たちは食事もそっちのけで夢中になって見入り、ゲームが決着してからやっとステーキを食べ終えに戻っていった。[14]

多くの証言によると、その出来事が、『ジェパディ！』に出られる――そして人間の最強のチャンピオンを打ち負かせる――コンピュータを作ろうというアイデアが生まれたきっかけだったという。[a] ＩＢＭには「グランド・チャレンジ」という有名なプロジェクトに投資を行ってきた長い歴史がある。同社のテクノロジーを広くアピールするとともに、金では決して買えないような有機的なマーケティングの熱気を作り出そうとする計画だ。以前のグランド・チャレンジは七年以上前のことだったが、そのときはＩＢＭのコンピュータ〈ディープ・ブルー〉がチェスの六戦マッチで世界チャンピオンのガルリ・カスパロフを破った――これは機械が初めてチェスで人間を負かすという、ＩＢＭのブランド名が永遠に歴史に刻まれる出来事だった。ＩＢＭの上層部が新たなグランド・チャレンジを求めたのは、大衆の耳目を捉え、自他ともに認めるテクノロジーのリーダーとしての地位を固めるため――そしてとりわけ、情報テクノロジーのイノベーションのバトンが、ＩＢＭからグーグルをはじめとするシリコンバレー発のスタートアップ企業に渡ったという印象を払拭するためでもあった。『ジェパディ！』で人間の最強の解答者たちとＩＢＭのコンピュータが競い合う模様がテレビ放映されるというグランド・チャレンジのアイデアに、同社の経営陣もどんどん乗り気になりはじめたが、実際にそうしたシステムを作らねばならないコンピュータサイエンティストたちは激しく反発した。『ジェパディ！』に出るコンピュータには、以前のものをはるかに超えた能力が必要になる。ＩＢＭは失敗のリスクを冒すことになるのじゃないか、いやもっと悪いことに、全国放送のテレビで恥をさらすのじゃないかと、研究者の多くは恐れたのだ。

実際の話、〈ディープ・ブルー〉がチェスで勝ったときのことを『ジェパディ！』に応用できると考えられる理由はほとんどなかった。チェスは明確なルールを持ち、厳格に限られた範囲のなかで行われるゲームだ。コンピュータによるアプローチには打ってつけといっていい。ＩＢＭはある意味、ただそうしたゲームという問題に特化した強力なハードウェアを投入することで、成功を収めたのだった。〈ディープ・ブルー〉はチェスをやるためだけに設計されたプロセッサをぎっしり詰め込んだ冷蔵庫サイズのシステムである。「力ずく」のアルゴリズムは、そのコンピュータの計算能力を余さず活用し、盤面の状況を踏まえて考えうるかぎりの手を考える。そうした可能な手の一つひとつに関して、ソフトウェアはさらに何手も先まで見通し、双方のプレーヤーがとる行動の可能性を検討しながら、可能な手の入れ替えを何度でも繰り返す――この労力を要する過程から、最終的にほぼ必ず最良の行動方針が導き出されるのだ。〈ディープ・ブルー〉は根本的に、純粋な数学的計算を行うものである。ゲームをするために必要な情報はすべて、コンピュータが直接処理できるマシン・フレンドリーなフォーマットで与えられる。機械が人間のチェスプレーヤーのように、周囲の環境に対処する必要はない。

しかし『ジェパディ！』では、まったく別のシナリオが展開する。チェスとはちがって、基本的に制限がない。教育のある人なら手の届くほぼあらゆるテーマ――ごく一部の例を挙げるなら、科学、歴史、映画、文学、地理、大衆文化など――が対象となる公明正大なゲームだ。さらにコンピュータは、ありとあらゆる恐ろしい技術上の難問に向き合わねばならない。その最たるものは、自然言語を理解することだ。コンピュータは情報を受け取り、他の人間の競争相手と同じフォーマットで解答を出す必要がある。『ジェパディ！』で勝つためのハードルがとりわけ高くなるのは、これがただフェアな競争というだけでなく、何百万というテレビ視聴者に向けた魅力的な娯楽のひとつでもあるからだ。番組の放送作家はしばしば手がかりのなかに、ユーモアや皮肉、わかりにくい言葉遊びをわざと織り込んでくる――つまり、ほぼ意図的にコンピュータから滑稽な解答を引き出そうとしているように見えるのだ。

〈ワトソン〉のテクノロジーを説明するＩＢＭの文書にはこうある。「私たちはnoseがrunしたり（鼻が垂れる）、feetがsmell（足が臭う）したりする。どうしてslim（やせた）チャンスとfat（太い）チャンスが同じ意味（どちらも「見込み薄」）になり、wise man（賢人）

とwise guy（知ったかぶり）が反対の意味になりうるのか？ 家がburn upすると同時にburn downする（どちらも「焼ける」）のはどうしてか？」[15]。『ジェパディ！』用のコンピュータは、この種のよくある曖昧な言葉遣いをうまく乗り切りつつ、総合的な理解力を示さなくてはならない。これはテキストの山に分け入って正答を掘り出すように作られたコンピュータアルゴリズムなどのレベルをはるかに超えている。一例として、「Sink it & you've scratched（それを沈めれば、スクラッチになる）」を考えてみよう。この手がかりは二〇〇〇年七月放送の番組で与えられたものだが、ゲームボードの一番目の列に現れた――つまり難易度がごく低いと見られているということだ。グーグルでこのフレーズを検索してみれば、ステンレススチール製のキッチンシンクについた引っかき《スクラッチ》傷を消す方法を教えるページのリンクがいくらでも見つかるだろう（過去の『ジェパディ！』の対戦を取り上げたウェブサイト内の完全に一致する文を除いたとして）。この場合の正しい解答は「ビリヤードの手玉とはどんなもの？」となるが、これはキーワードをベースとしたグーグルの検索アルゴリズムにはまったく引っかかってこない[b]。

　こうしたすべての難題を、最終的に〈ワトソン〉製作チームのリーダーを務めることになる人工知能の専門家、デヴィッド・フェルッチはよく理解していた。フェルッチはかつてIBMで、主に自然言語のフォーマットで出される問いかけに答えられるシステムを開発する研究者グループを率いていた。彼らはこのシステムを〈ピーカント〉と名付け、国立標準技術研究所主催のあるコンテストに出場させた──グーグルが勝った例の機械言語コンテストを後援していた機関である。このコンテストで競い合う各システムは、一〇〇万ほどの文書を一セットとしたものを与えられ、そこからいくつかの質問の答えを探し出してくるのだが、時間制限はまったくなかった。ときにはアルゴリズムが何分もかけて探し回ったあげく、やっと答えが出てくることもあった。[16] これは『ジェパディ！』とは比べ物にならないほど簡単な課題だ。『ジェパディ！』では、手がかりが無限とも思えるほどの知識を求めてきかねないし、機械が人間のトッププレーヤーに伍していくためには、常に数秒間で正しい解答を出さなくてはならない。

〈ピーカント〉は（他の出場チームと同様に）ただ遅いだけではなかった。不正確でもあった。〈ピーカント〉が正しい答えを出したのは、全体のわずか三五パーセント──グーグルの検索エンジンにただ質問を打ち込んで正解が得られる率とそう大差ない。[17] フェルッチのチームは〈ピーカント〉をもとに『ジェパディ！』用システムのプロトタイプを作ろうとしたが、結果は一様に悲惨なものだった。〈ピーカント〉がいつか『ジェパディ！』でケン・ジェニングスのようなチャンピオンに張り合えるなど、考えるのもおこがましかった。そこでフェルッチは、また一から始めなくてはならないと悟った──そしてこのプロジェクトが、たっぷり五年は要する大事業になるだろうということも。二〇〇七年にＩＢＭの経営陣からゴーサインをもらい、彼はいよいよ製作に取りかかった。本人の言葉を借りれば、「世界でも類を見ない、きわめて複雑なインテリジェントアーキテクチャ」[18]だった。そのために会社中から人材をかき集め、IBMだけでなくマサチューセッツ工科大学（MIT）やカーネギーメロンなどの一流大学からも人工知能の専門家を呼び寄せて、チームを作った。[19]

最終的にほぼ二〇人の研究者を擁するまでになったフェルッチのチームは、まず膨大なレファレンス情報の集積を作ることから始めた。これが〈ワトソン〉の解答の基礎となるもので、さまざまな辞書や参考書、文学作品、新聞記事、ウェブのページ、さらにウィキペディアの内容ほぼすべてなど、その量はおよそ二億ページに達した。次には『ジェパディ！』で過去に出されたクイズのデータを集めた。それまで放送された対戦で出された一万八〇〇〇以上の手がかりが〈ワトソン〉の機械学習アルゴリズムの素材となる一方で、人間のトッププレーヤーが見せるパフォーマンスの測定基準がコンピュータのベット戦略に磨きをかけるために用いられた。[20]〈ワトソン〉の開発には何千という別々のアルゴリズムが必要になる。それも一つひとつが特定の作業――たとえば、テキスト内を検索する、日付や時間や場所を比較する、手がかりの文法を分析する、生の情報を適当な形に整えて解答の候補を作るなど――を行うように作られたものだ。

〈ワトソン〉は最初に、手がかりの文をばらばらにし、それぞれの言葉を解析して、自分が何を探せばいいのかを理解しようとする。この一見単純な手順が、コンピュータにとっては途方もなく難しい。たとえば、「リンカーンのブログ」と題されるカテゴリーに表れた手がかりを考えてみよう。これは実際に〈ワトソン〉の訓練に使われもした。「チェイス長官がこれを私に差し出してきた。もう三度目だ。でもまあ、今度は受け取ろうと思う」。正しい答えを出すチャンスを得るために、〈ワトソン〉はまず、探すべき解答のプレースホルダー（代用語）の役割を果たす「これ」という言葉に置き換えられそうなものの例を理解する必要があった[21]。

手がかりについての基本的な理解が得られると、〈ワトソン〉は同時に何百ものアルゴリズムを動かしはじめた。その一つひとつが異なるアプローチをとって、コンピュータのメモリに蓄えられた参考資料の巨大なコーパスから可能な答えを引き出そうとする。先の例でいうなら、〈ワトソン〉はそのカテゴリーから、「リンカーン」は重要だが、「ブログ」という言葉は注意をそらせるものだと考える。人間とはちがってこの機械には、番組の放送作家が、もしエイブラハム・リンカーンがブロガーだったらと想像するようなことは理解できない。

検索アルゴリズムが互いに張り合って何百という可能な解答を引き出してくると、〈ワトソン〉はそれをすべてランク付けし、比較しはじめる。このときマシンが使う手法は、解答の候補を元の手がかりに挿入して言明《ステートメント》の形をなすようにし、参考資料に戻ってその言明の裏づけとなる文を探す。そして検索アルゴリズムのひとつが正しい解答の「辞表」にたどり着いたら、〈ワトソン〉はさらにそのデータセットを検索して「チェイス長官はリンカーンに辞表を三度差し出した」といった意味の言明を探す。このやり方だと、かなり正答に近い言葉が多く見つかるだろうし、その解答に対するコンピュータの自信も上がっていくだろう。解答の候補をランク付けするときに、〈ワトソン〉は大量の履歴データも参考にする。どのアルゴリズムがさまざまなタイプの問題について最高の記録を持っているかを正確に知っているし、トップ出演者たちの言うことをおそろしく熱心に聞いてもいる。正しい言葉で表現された自然言語の解答をランク付けし、そして『ジェパディ！』のブザーを押せるかどうかを判定する〈ワトソン〉の能力は、このシステムの決定的な特性のひとつであり、〈ワトソン〉を人工知能の最前線に位置づけるクオリティでもある。IBMのマシンは「わかって当然のことがわかる」のだ——人間には簡単に理解できるけれど、機械ではなく人間に向けられた非構造化情報の塊を普通のコンピュータが掘り起こすときには必ず抜け落ちてしまうもののことが。

二〇一一年二月に放送された『ジェパディ！』の二戦で、〈ワトソン〉はチャンピオンのケン・ジェニングスとブラッド・ラッターを下し、IBMが望んだとおりのすさまじい宣伝効果をもたらした。この目覚ましい勝利をめぐるメディアの熱狂が冷めやらぬうちに、またはるかに重要なストーリーが展開していった。IBMが〈ワトソン〉の能力を現実世界で活用するキャンペーンを開始したのだ。特に有望な分野のひとつは医療である。診断用ツールという新たな目的を持った〈ワトソン〉は、教科書や科学雑誌、臨床研究、果ては個々の患者についての医師や看護師のメモまで、気の遠くなるほどの量の医学情報から正確な答えを抽出する能力を提供する。収集された膨大なデータをくまなく調べ、そこにある決して明白とはいえない関係——その情報が複数の医療の専門分野にわたるようなソースから抽出される場合はなおさらだ——を突き止める〈ワトソン〉の能力には、どんな医師でもひとりでは太刀打ちできないだろう。[c] 二〇一三年になると〈ワトソン〉は、クリーブランド・クリニックやテキサス大学のMDアンダーソンがんセンターをはじめとする主要医療施設で、難しい診断や患者の治療計画の補助を行っていた。

〈ワトソン〉を実用的なツールにしようと努めるなかで、IBMの研究者たちはビッグデータ革命の最も重要な教義のひとつに向き合った——つまり、相関関係に基づく予測だけで十分ことたりるし、因果関係の深い理解は不可能なばかりか不必要である、という考え方だ。彼らが〈ワトソンパスズ〉と名づけた新しい特性は、ただ答えを提供するだけにとどまらず、〈ワトソン〉が参考にした特定のソースと、その評価を導くのに用いた論理、答えを生み出すまでに行った推論までも、研究者たちが見られるようにする。いいかえれば〈ワトソン〉は、あることがなぜ正しいかという知見をさらに与える方向へと次第に進んでいるのだ。また〈ワトソンパスズ〉は、医学生に診断技法の訓練を積ませるためのツールとしても利用されている。人間のチームが〈ワトソン〉を製作し訓練するのに成功してから三年もたたないうちに立場は逆転し、いまは人間たちが——少なくとも限られた範囲では——複雑な問題を出されたときにどう推論を下せばいいかをコンピュータから教わっているわけだ。[22]

〈ワトソン〉のシステムを明らかに応用している他の例は、カスタマーサービスやテクニカルサポートといった分野にも見られる。二〇一三年にIBMは、オンラインショッピングサービスとコンサルティング業の大手であるフルーイド社との提携を発表した。このプロジェクトの目的は、オンラインショッピングのサイトで、小売店で買い物客が物知りの店員から個別に得られるような自然言語による支援を再現することにあった。もしあなたがキャンプに行くためにテントが必要になったとしたら、「一〇月に家族を連れてニューヨーク州の北までキャンプに行くんだが、テントがほしいんだ。どうすればいいだろう？」などと言えばいい。すると、あなたはいずれかのテントを推薦され、加えて自分では思いつかなかったような他の品物も教えてもらえる。[23] 第1章でも触れたように、このタイプのサービスがスマートフォンを通じて可能になり、現実の店舗にいるあいだでも打ち解けた自然言語でのアシストを得られるようになるのは、もう時間の問題だ。

MDバイライン社は、最新の病院向け医療テクノロジーに関する情報と研究を専門に提供する会社である。病院は新しい設備を購入するときにきわめて専門的な質問をしてくるため、同社も〈ワトソン〉を活用してそれに答えようと計画中だ。製品の仕様、価格、臨床研究などを参照し、ただちに医師や調達管理者に具体的な製品の推奨を行う。[24] また〈ワトソン〉は金融業界にも働き場所を求めている。たとえば特定の顧客情報だけでなく、一般市場や経済状況についての豊富な情報も徹底的に調べて、金融のアドバイスをすることになるかもしれない。〈ワトソン〉をカスタマーサービスのコールセンターに配するというのも、近い将来に秩序破壊をもたらす見込みがきわめて高い分野だろう。〈ワトソン〉が『ジェパディ！』で勝ってから一年後、ＩＢＭはすでにシティグループと提携し、同社の巨大なリテール銀行子会社に〈ワトソン〉のシステムを応用できるかどうかの検討に入っていた[25]。

ＩＢＭの新しいテクノロジーは、まだ揺籃期にある。〈ワトソン〉も、いずれ確実に現れる競合相手のシステムも、組織の内部や顧客との対応で、どう質問しどう答えるか、どう情報分析を行うかといった分野に大変革をもたらす可能性を秘めている。だが、普通なら人間の知識労働者がするはずの分析を、この種のシステムが膨大な規模で行っているという現実からは逃れようがない。

クラウドのなかのビルディングブロック

二〇一三年一一月、ＩＢＭは〈ワトソン〉システムを、『ジェパディ！』で戦うためのシステムをホストしていた専用コンピュータからクラウドへと移した。要するに〈ワトソン〉はいま、インターネットと接続した膨大なサーバーの集積のなかに存在しているのだ。開発者たちはこのシステムに直接つながり、ＩＢＭの革命的なコグニティブ・コンピューティングテクノロジーをカスタムのソフトウェアアプリケーションやモバイルアプリに組み込むことができる。この〈ワトソン〉の最新バージョンは、『ジェパディ！』で戦っていた頃から二倍以上も速くなった。ＩＢＭは、スマートな自然言語のアプリケーション——すべて「パワード・バイ・ワトソン」のラベル付き——のエコシステムが急速に現れてくることを予見している。(26)

最先端の人工知能の能力がクラウドへ移転することは、ほぼ確実にホワイトカラー労働の自動化を強力に推進するだろう。クラウドコンピューティングは、アマゾンやグーグル、マイクロソフトなどの大手情報テクノロジー企業による激しい競合の焦点となっている。たとえばグーグルは開発者向けにクラウドベースの機械学習アプリケーションのほか、大規模なコンピュートエンジンを提供している。これは巨大スーパーコンピュータに似たサーバーのネットワーク上でプログラムを動かすことによって、計算能力に負担のかかる大きな問題でも解くことのできるものだ。アマゾンはクラウドコンピューティング・サービスの提供にかけては業界一である。サイクル・コンピューティングは、大規模コンピューティングを専門とする小さな企業だが、その会社が一台のコンピュータでなら二六〇年もかかる複雑な問題を、アマゾンのクラウドサービスを動かしているコンピュータ数万台を使うことで、わずか一八時間で解いてみせた。同社はクラウドコンピューティングの出現に先立って、この問題に取り組めるスーパーコンピュータを作るには六八〇〇万ドルの費用がかかると試算している。対照的にアマゾンのクラウドでは、一万台のサーバーを一時間あたり九〇ドルでレンタルできる(27)。

マシンの設計に用いられるハードウェアとソフトウェアのコンポーネントの価格が安くなるにつれて、ロボティクスの分野が爆発的成長へ向かっているように、同様の現象が、知的労働の自動化を推進するテクノロジーでも展開しつつある。〈ワトソン〉のようなテクノロジーやディープラーニング、ナラティブライティングのエンジンなどはクラウドにホストされると、事実上のビルディングブロック（基礎となる要素）となって、無数の新しい形で活用されるだろう。ハッカーたちが、マイクロソフトの〈キネクト〉を使えばロボットに三次元マシンビジョンを安く搭載できるとすぐに見破ったように、開発者たちもクラウドベースのビルディングブロックの思いがけない、そしておそらく革命的な活用を見つけ出すだろう。こうしたビルディングブロックはどれも、実質的には「ブラックボックス」である――つまり、そのコンポーネントがどのように機能するかを詳しく理解していないプログラマーでも使うことができるということだ。最終的な結果として、専門家たちが作り出した先駆的な人工知能テクノロジーも、確実にどこでも見られる、素人プログラマーたちにも手の届くものになるだろう。

ロボティクスのイノベーションは多くの場合、特定の職業と結びつきやすい有形の機械（たとえばハンバーガーをこしらえるロボットや、精密組み立て用ロボット）を生み出す。一方、ソフトウェア開発自動化の進歩は、一般の人たちの目にははるかに見えにくい。それはしばしば企業の壁の奥深くで起こり、組織や雇われている人たちに、より全体的《ホーリスティック》な影響を及ぼすだろう。ホワイトカラー労働の自動化といえば、情報テクノロジーのコンサルタントたちが大企業に押しかけ、企業の経営に革新をもたらす可能性を秘めた一〇〇パーセント自前のシステムを作ったものの、同時に数百か数千人にも及ぶ高スキル労働者たちから仕事を奪ったというような話がきわめて多くなるだろう。IBMが〈ワトソン〉テクノロジーを作り出したときの動機は、コンサルティング部門に競争上の優位を与えることとされていた——実際にこの部門とソフトウェアの売り上げとが、同社の収益の圧倒的大部分を占めている。しかしその一方で、起業家たちはすでに、同じクラウドベースのビルディングブロックを使い、中小企業に向けた手頃な価格の自動化製品を作り出す方法を見つけつつあるのだ。

クラウドコンピューティングはすでに、情報テクノロジー関連の職にはかなりの影響を及ぼしている。一九九〇年代のテクノロジーブームの時期には、あらゆる規模の企業や組織で、パーソナルコンピュータやネットワーク、ソフトウェアを管理しインストールするためにITのプロが必要とされ、膨大な数の高給取りの仕事が作り出された。しかし二一世紀に入って最初の一〇年間で、この傾向に変化が起こった。自社の情報テクノロジー関連の仕事を集中管理された巨大なコンピューティング・ハブにアウトソーシングする会社が増えはじめたのだ。

クラウドコンピューティング・サービスをホストする大きな施設は、途方もない規模の経済から恩恵を受けるし、かつて高スキルのIT労働者を必要とした管理部門の職は、いまでは高度に自動化されている。たとえばフェイスブックは、〈サイボーグ〉というスマートなソフトウェアアプリケーションを活用している。〈サイボーグ〉は何万というサーバーを絶えず監視し、問題を検出して、多くの場合は完全に自律的に修復を行える。二〇一三年一一月にフェイスブックのある幹部は、〈サイボーグ〉のシステムは、何もなければ手仕事で取り組まねばならない何千もの問題を日常的に解決しているし、テクノロジーのおかげで二万台ものコンピュータをひとりの技術者だけで管理できるのだと語った[28]。

クラウドコンピューティングのデータセンターは、土地、そして何より電力が安くてたっぷりある辺鄙な地域に作られることが多い。州政府や地元政府は、そうした施設を誘致しようとしのぎを削り、グーグル、フェイスブック、アップルといった企業に気前のいい税制上の優遇措置やその他、金融面でのインセンティブを提供している。その主な目的はもちろん、地元住民のための雇用を多く作り出すことだ――が、そうした希望が実現することはめったにない。二〇一一年のワシントン・ポスト紙に掲載されたマイケル・ローゼンウォルドの報告によると、一〇億ドルをかけたアップル社の巨大なデータセンターがノースカロライナ州の町メイデンに建設された。だが、そこで生まれたフルタイムの雇用の数はたった五〇だった。住民たちは、「何百エーカーにも広がる高価な施設なのに、どうしてそんなに勤め口が少ないのか理解できない」と失望を隠さなかった[29]。もちろん理由は、〈サイボーグ〉のようなアルゴリズムが力仕事を受け持っていたためだ。

雇用の影響はデータセンターそのものにとどまらず、クラウドコンピューティング・サービスを活用する企業にまで広がっていく。サンフランシスコのグッドデータ社は、アマゾンのクラウドサービスを使って六〇〇〇社に及ぶクライアントのデータ解析を行っているが、そのCEOローマン・スタネックは二〇一二年にこう言った。「以前ならどこの［クライアントの］会社でも、この仕事をするには少なくとも五人の人員が必要だった。全部合わせて三万人だ。私は一八〇人でそれをやっている。あの連中がいま何をしているのか知らないが、この仕事はもうやれないだろう。勝者ひとり占めの整理統合だ(30)」。

情報テクノロジー関連の高スキル労働が何千と消えていくのは、知識ベースの職業全体にはるかに広範な影響が及ぶ前触れといえるだろう。ネットスケープの共同創業者でベンチャーキャピタリストのマーク・アンドリーセンの有名な言葉だが、「ソフトウェアは世界を食い尽くしている」。ソフトウェアはクラウドにホストされることが非常に多い。その観点から見れば、ソフトウェアはいずれほぼあらゆる職場に侵入し、コンピュータの前に座って情報を操作するようなほぼあらゆるホワイトカラー労働を呑み込んでいくだろう。

アルゴリズムの最前線

コンピュータテクノロジーをめぐる神話のなかで、いますぐゴミ箱に放り込んだほうがいいものがあるとしたら、コンピュータはプログラムされたとおりのことしかできないという誤った通念だ。これまで見てきたように、機械学習のアルゴリズムは定期的にデータをかき回して調べ、統計的な関係を明らかにしたり、自分が突き止めたことに基づいて自らプログラムを書くようなこともできる。だが場合によっては、コンピュータがさらに進化を遂げ、これは人間の精神だけに残された領分だとほぼ誰もが考えるような領域にまで入り込むようになっている。機械が好奇心、創造性を示しはじめているのだ。

二〇〇九年に、コーネル大学のクリエイティブ・マシン研究所所長のホッド・リプソンと、博士課程在籍のマイケル・シュミットは、基本的な自然法則を独自に発見できるシステムを作り上げた。リプソンとシュミットは、最初に二重の振り子を設置した――ひとつの振り子に、もうひとつ別の振り子を接着して吊り下げた仕掛けだ。両方の振り子が揺れだすと、その動きはきわめて複雑な、一見でたらめなもののように見える。次にセンサーとカメラを使って、振り子の動きを捉え、一連のデータを作り出した。そして最後に、ソフトウェアに振り子の最初の位置を制御する能力を与えた。いいかえるなら、自ら実験を行う能力を持った人工の科学者を作り出したのだ。

彼らは何度も振り子を放すようにソフトウェアの制御を緩め、その結果生じる動きのデータをひたすら調べて、振り子の挙動を説明する方程式を導き出させるようにした。アルゴリズムはその実験を完全に制御していた。そのつど振り子をどこの位置で放すかを決め、しかもそれをランダムにはやらなかった――きちんと分析を行い、振り子の動きの根底にある法則について最も多く知見を与えてくれそうな特定のポイントを選び取っていた。リプソンはこう記している。このシステムは「ただじっと眺めているような消極的なアルゴリズムではない。自ら質問を発する。好奇心を持っているのだ[31]」。のちに〈ユリイカ〉と名付けられたこのプログラムは、ほんの数時間かけるだけで、振り子の動きを説明する多くの物理法則――ニュートンの第二法則も含めて――を導き出した。事前に情報を与えられずに、物理や運動の法則についてプログラミングもされずに、それをやってのけたのだ。

〈ユリイカ〉は、生物の進化にインスピレーションを得た遺伝的プログラミングという技法を使っている。このアルゴリズムは最初に、さまざまなビルディングブロックをランダムに組み合わせて方程式を作り、その方程式がどのデータにうまく適合するかをテストする。[d] テストに合格しなかった方程式は捨てられる一方、有望そうな方程式は取っておかれ、また新しく組み合わされて、この仕組みがやがて正確な数学モデルに収斂していくような形を模索しつづける[32]。この仕組みの自然な挙動を表現する方程式を見つけ出す過程は、決して瑣末なものではない。リプソンが言うように、「以前なら予測モデルひとつを編み出すのに、ひとりの科学者が学者人生すべてを懸けなくてはならなかった」[33]。シュミットはこう付け加える。「ニュートンやケプラーのような物理学者がコンピュータを使ってこのアルゴリズムを動かしていれば、落下するリンゴや惑星の運動を説明する法則を発見するのに、ものの数時間の計算で済んだだろう」[34]。

シュミットとリプソンが件《くだん》のアルゴリズムを紹介する論文を発表すると、二人のもとには他の科学者たちから、そちらのソフトウェアにアクセスしたいという要請が殺到した。二〇〇九年末、二人はインターネット経由で〈ユリイカ〉を使えるようにしようと決めた。それ以来、このプログラムは、さまざまな科学分野で数多くの有益な成果を生み出している。科学者がいまでも解明に苦労している細菌の生化学的作用を説明するための単純化された方程式などがその一例だ[35]。二〇一一年にシュミットはニュートニアン社を立ち上げた。ボストン地域を本拠とする、〈ユリイカ〉をビジネスにも学術研究にも使えるビッグデータ分析ツールとして商品化することを目的としたスタートアップ企業である。その結果、〈ユリイカ〉は――IBMの〈ワトソン〉のように――いまではクラウドホスティングされ、他のソフトウェア開発者たちにアプリケーション用ビルディングブロックとして活用されている。

ほとんどの人たちは、創造性の概念をごく当然のように、人間の脳とだけ結びつける傾向がある。しかし脳そのもの――これまでのところ、存在するかぎりで最も複雑な発明――も進化の産物だということは覚えておいていいだろう。そう考えると、創造的な機械を作ろうとする試みに遺伝的プログラミング技術がじつに多くの場合取り入れられるのは、そう驚くことではない。遺伝的プログラミングとはつまり、コンピュータアルゴリズムがダーウィン流の自然淘汰の過程を通じて自らをデザインできるようにするものだ。コンピュータコードは当初ランダムに生成されたあと、有性生殖を模した技法を用いて何度もシャッフルされる。その途中でときどきランダムな突然変異が投入され、この過程をまったく新しい方向へ押しやっていく。やがて新しいアルゴリズムが進化の末に出来上がると、それらは適合性テストにかけられ、結果として生き延びるか、あるいは死滅する――数の上では後者のほうがはるかに多い。コンピュータ科学者でスタンフォード大学の客員教授であるジョン・コザは、この分野の第一人者で、遺伝的アルゴリズムを「自動化された発明機械」として用いながら、幅広い活動を行っている。[e] 遺伝的アルゴリズムはさまざまな分野、たとえば電子回路の設計、機械システム、光学、ソフトウェアの修復、土木工学などで、人間のエンジニアや科学者の成果にも負けないデザインを生み出しているが、コザはそうした事例を少なくとも七六は手がけている。こうしたものは、アルゴリズムがただ既存のデザインを複製する例がほとんどだが、遺伝的プログラムが特許を申請できる新たな発明を行った例も、少なく見ても二つはある。[36] コザの主張では、遺伝的アルゴリズムには人間のデザイナーよりも有利な点があるかもしれないという。遺伝的アルゴリズムは先入観に縛られず、問題に対して独創的なアプローチをとれる可能性が高いからだ[37]。

〈ユリイカ〉は好奇心を示すというリプソンの言葉や、コンピュータは先入観を持たずに行動するというコザの主張には、創造性はすでにコンピュータの能力の範囲内にあるものだという可能性が示されている。そうした見方の究極の判定は、人間が芸術作品として受け止めるものをコンピュータが作り出せるかどうかを見ることではないだろうか。真の芸術的創造性は、他のどんな知的営為にも増して、私たちが人間の精神とのみ関連づけるものだ。タイム誌のレフ・グロスマンが言うように、「芸術作品の創作は、我々が人間のために、人間だけのためにとってある活動のひとつだ。それは自己表出の行為だ。自己を持っていなければできないとされるものだ[38]」。もしもコンピュータが真正な芸術家たりうる可能性を受け入れるとしたら、私たちは機械の本質に関わる前提を根本的に評価し直さなければならないだろう。

二〇〇四年の映画『アイ，ロボット』で、ウィル・スミス演じる主人公はあるロボットにこう問いかける。「ロボットが交響曲を書けるか？　ロボットがキャンバスに美しい傑作を描き出せるか？」。するとロボットは、「あなたはできるのですか？」と答える。つまり、大多数の人間にもそういったことはできないだろうというほのめかしだ。しかし二〇一五年の現実世界では、スミスの問いかけには、より力強い答えが返ってくるだろう――「イエス」と。

二〇一二年七月、ロンドン交響楽団が『移行――深淵の中へ』と題する楽曲を演奏した。ある批評家は「アーティスティックで魅力的」[39]と評した。これは名のあるオーケストラが初めて、すべて機械で作曲された音楽を演奏するイベントとなった。楽曲を作ったのは〈イアモス〉という、音楽に特化した人工知能アルゴリズムを動かすコンピュータである。鳥の言葉を解するとされるギリシャ神話の登場人物にちなんで名付けられた〈イアモス〉は、スペインのマラガ大学の研究者たちの手で設計された。このシステムには最初、その音楽を演奏する楽器のタイプといった最小限の情報だけが入力される。するとそれ以降は人間が介入しなくても、きわめて複雑な、しばしば聴衆に情緒的な反応を引き起こす楽曲をわずか数分で書き上げる。〈イアモス〉はすでに、現代音楽のスタイルのユニークな楽曲を何百万と作り出していて、将来的には別の音楽ジャンルにも適応すると見られている。〈ユリイカ〉のときと同様、〈イアモス〉もそのテクノロジーを商品化するためのスタートアップ企業を生み出した。メロミックス・メディア社の目的は、ｉＴｕｎｅｓのようなオンラインストアで音楽を売ることだ。違いといえば、〈イアモス〉の作った楽曲は使用料ゼロで提供される点にある。つまり購入者がその音楽を好きな形で使えるのだ。

コンピュータが作り出せる芸術の形式は、音楽だけではない。ロンドン大学のクリエイティブコンピューティングの教授サイモン・コルトンは、〈ペインティング・フール〉という人工知能プログラムを製作した。そして、いつかは立派な画家として認知させたいと考えて

図4・1　ソフトウェアが生み出したオリジナルの美術作品

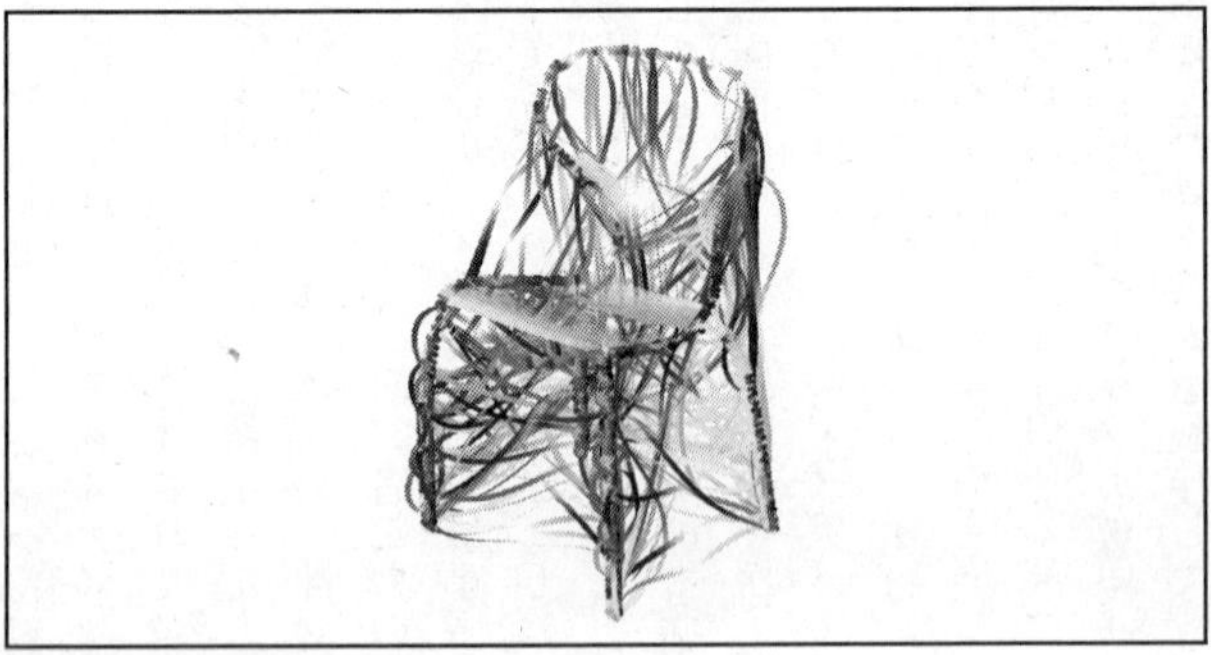

©ThePaintingFool.com

いる（図4・1を参照）。「このプロジェクトの目標は、写真を手で描いたように見せかけられるソフトウェアを作り出すことではない。それならフォトショップが何年も前からやっている」とコルトンは言う。「本当の目標は、ソフトウェアそれ自体が創造的であると認められるかどうかを確かめることだ[40]」。

コルトンは「鑑賞的行動、想像的行動」と呼ぶ一連の能力をこのシステムに組み込んだ。ソフトウェアの〈ペインティング・フール〉は、さまざまな人々の感情を識別し、その心の状態を伝える肖像画を描こうと試みる。遺伝プログラミングに基づいた手法を用いて架空の物体を生み出すこともできる。ソフトウェアなのに自己批判の能力まで備えているのだ。〈ダルシ〉という、ブリガムヤング大学の研究者たちが作った別のソフトウェアアプリケーションを組み入れることもできる。〈ダルシ〉はもともと人間によって「暗い」「悲しい」「霊感を与える」といったタグ付けをされた絵画のデータベースから始まった。そしてニューラル・ネットワークを訓練して関連づけ、それから新しい絵にも自分でタグ付けをするように解放した。〈ペインティング・フール〉は〈ダルシ〉から得られるフィードバックを用いて、自分の描いた絵の意図が表現されているかどうかを判断できるのだ(41)。

ここで私が言いたいのは、芸術家や作曲家の大多数が近いうちに職を失うといったことではない。むしろ、創造的なソフトウェアを作るのに使われた技法――その多くがこれまで見てきたように、遺伝的プログラミングに依拠している――は無数の新たな方法で再利用できるということだ。コンピュータが楽曲を作ったり、電子部品を設計したりできるのなら、近いうちに新しい法律戦略を編み出したり、マネジメントの問題への新しいアプローチを考え出したりできるかもしれない。当面のあいだは、特に高いリスクにさらされるホワイトカラー労働は最もルーティンかつ定型的な仕事であるという構図は変わらないだろう――だが、その限界は急速に押し広げられている。

そうした進歩の加速ぶりが最も露骨に表れている場所といえば、ウォールストリートをおいて他にはない。かつての金融取引は、人間同士のじかのコミュニケーション、つまり取引ピットのなかか電話経由でのやりとりに大きく依存していたが、いまでは光ファイバーリンクを通じてコミュニケートする機械に概ね支配されるようになっている。ある概算では、現在の株式市場の取引の少なくとも半分か、おそらくは七〇パーセントは自動化されたトレーディングアルゴリズムによって行われているのだ。こうしたロボットトレーダーの多くは、人工知能研究の最前線に位置づけられるようなテクニックを備えていて、単なるルーティンな取引以上のことを行うことができる。たとえば、ミューチュアルファンドや年金の運用マネジャーが始める大型取引を検出し、素早く分け前をかっさらって利益を上げようとする。システムにおとりの入札をしてほんの数分の一秒で引っ込めることで、他のアルゴリズムを出し抜こうとする。ブルームバーグもダウ・ニューズサービスも、こうした機械に読めるような特別仕様の商品を提供している――食欲旺盛なアルゴリズムはそうした金融ニュースをがつがつ平らげ、おそらくは数ミリ秒のうちに、利益の上がるトレードへとつなげるのだ。ニューズサービスはまた、リアルタイムの指標も提供していて、機械はそこからどの銘柄が最も注目を浴びているかを見きわめたりもする。[42] ツイッター、フェイスブック、ブロゴスフィアなども同様にすべて、こうした競合するアルゴリズムの食物だ。二〇一三年に科学雑誌『ネイチャー』に発表されたある論文では、ある物理学者グループがグローバル金融市場を研究し、「捕食性のアルゴリズムの『群れ』を特徴とする機械が争い合う生態系が出現している」ことを突き止め、ロボットトレーディングがそのシステムを設計した人間たちのコントロールを超えて――ときには理解不能なまでに――進んでしまったことを伝えている。[43]

アルゴリズムが絶えず争いを繰り広げるこうした領域では、人間としては最速のトレーダーにすら把握できないほどのペースで活動が展開する。たしかに速度こそ――一〇〇万分の一秒、場合によっては一〇億分の一秒の単位で計られる——アルゴリズムによる取引の成功には絶対不可欠なものだ。それが高じてウォールストリートの取引銀行は共同で数十億ドルを投資し、わずかな速度の優位性を生み出すためのコンピューティング施設と通信路を建設した。たとえば二〇〇九年、スプレッド・ネットワークスという会社は二億ドルもかけて、シカゴからニューヨークまで八二五マイルもまっすぐ延びる新しい光ファイバーケーブルのリンクを敷設した。発破を使ってアレゲーニー山脈を越える道を造るあいだも、競争相手を警戒させないように秘密裏に動いていた。この新しい光ファイバーの道がオンライン化されると、既存の通信路と比較しておそらく三〇〇〇分の一ないし四〇〇〇分の一秒の速度的優位性が生まれた。アルゴリズムによるトレーディングシステムが新たなルートを使って競争を制するには、それで十分だった。アルゴリズムによる殺戮に直面したウォールストリートの投資銀行は、回線容量をリースしようと列をなした——報道によると、元の低速度ケーブルの一〇倍の料金だった。大西洋を越えてニューヨークとロンドンをつなぐケーブルも工事中で、これが完成すると現在の実行時間が五〇〇〇分の一秒ほど短縮されるという[44]。

こうした自動化がもたらす衝撃は明らかだ。株式市場が上向きに推移していた二〇一二〜一三年にも、ウォールストリートの大手銀行は大量の一時解雇を発表し、しばしば何万もの職が失われた。二一世紀に入ろうとする時期、ウォールストリートの投資銀行はニューヨーク市に一五万人近い証券マンを雇用していた。二〇一三年には、その数は一〇万そこそこにまで減った――しかし取引の量と業界の収益はともに増加していた。(45) そして社会全般の雇用崩壊を背景に、ウォールストリートは少なくとも非常に際立った職をひとつ生み出した。二〇一二年、〈ワトソン〉の製作プロジェクトを率いたコンピュータ科学者デヴィッド・フェルッチはIBMを退職し、ウォールストリートのあるヘッジファンドで新しい仕事を得た。人工知能の最新の成果を生かして経済のモデルを作り――おそらくは自社のトレーディングアルゴリズムに競争優位性を持たせようとしているのだ。(46)

オフショアリングと高スキル職

ホワイトカラー労働の自動化が進む傾向が明らかになる一方、最も強烈な衝撃がまだこの先に控えている――とりわけ対象となるのは、本当に高いスキルが必要とされる職業だ。オフショアリングの実施、つまり知識の必要な仕事が電子的に低賃金の国に移転されるかどうかについては、必ずしもそれと同じとはいえない。弁護士や放射線科医、特にコンピュータプログラマーや情報テクノロジー労働者などの高学歴・高スキルの専門職の人たちは、すでに少なからぬ影響を感じている。たとえばインドでは、コールセンターの従業員やITのプロがごまんといるのに加え、アメリカの税法を熟知した税務申告代行人や、自国の法システムではなくアメリカの法律に特化した訓練を積んだ弁護士もいる。そして国内の訴訟を抱えたアメリカの企業のために、いつでも低コストの法律調査を行う態勢を整えているのだ。オフショアリングの現象は、コンピュータやアルゴリズムによって失われる雇用とはまったく無関係に思われるかもしれないが、事実はその正反対だ。オフショアリングは自動化の先触れとなることがきわめて多く、その結果、低賃金の国で生み出される雇用は、テクノロジーの進歩とともに短命に終わるだろう。そのうえ人工知能の進歩は、まだ自動化されていない職業をぐっとオフショアしやすくする可能性がある。

ほとんどの経済学者はオフショアリングの実施をグローバル貿易の一環とみなし、取引のどちらの側にも必ず好影響をもたらすと主張する。たとえばハーバード大学のN・グレゴリー・マンキュー教授は、ジョージ・W・ブッシュ政権の大統領経済諮問委員会の委員長を務めた人物だが、二〇〇四年にオフショアリングは「アダム・スミス以降の経済学者たちがずっと話題にしてきた、貿易のもたらす利益が最新の形をとったもの」だと語った。[47] だが、その逆の事実を示す証拠はたくさんある。有形製品の貿易は輸送、配送、小売りなどの分野にきわめて多くの周辺的な職を生み出す。また、グローバリゼーションの影響をある程度まで緩和しようとする自然の力も働く。たとえば中国に工場を移転しようとする会社は、輸送にかかるコストと、完成した製品が消費市場に届くまでのかなり大きな時間的遅れを背負い込む。だが対照的に、電子的なオフショアリングの場合、雇用は低賃金の地域へ、ほぼ即座に最小限のコストで移転される。周辺的な職が生み出されたとしても、それは労働者が居住する国の側であることがほとんどだ。

これは私の意見だが、オフショアリングを「自由貿易」というレンズを通して見るのは間違いだろう。むしろバーチャルな移民というほうがはるかに近い。たとえば、カスタマーサービスのコールセンターがサンディエゴの南のメキシコ国境からすぐのところに造られたとしよう。何千人という低賃金労働者が「日雇い労働者」用通行証を発行され、国境の向こうからバスで運ばれてきて、毎朝コールセンターでの仕事に就く。そして就業日が終わると、バスが労働者たちを乗せて走り去っていく。この状況と（まちがいなく移民の問題とみなされるだろう）、インドやフィリピンへ電子的に労働が移転されることにどんな違いがあるだろう。どちらの場合も、労働者がアメリカに事実上「入国」し、明らかにアメリカの国内経済に向けたサービスに従事しているのだ。ただし最も大きな違いは、メキシコ人日雇い労働者の計画はおそらく、カリフォルニアの経済にはかなりためになるだろうということだ。バス運転手の仕事や、国境のアメリカ側で巨大な施設を維持するための仕事もできるし、なかには店へ昼食をとりにいったり仕事中にコーヒーを買ったりして地元の経済に消費需要を持ち込む労働者もいるかもしれない。このカリフォルニアの施設を所有する会社は固定資産税も払うことになるだろう。しかし雇用がオフショアされ、労働者がバーチャルにアメリカに入国するだけでは、国内経済はこうした恩恵を何ひとつ受けられない。アメリカの保守派はよく、移民が入ってこないよう国境を固めるべきだと言って譲らないが、しかし移民たちが就くのはほとんどのアメリカ人が望まないような職業だ。その一方で、バーチャルな国境がすっかり開いて高スキルの外国人労働者たちが続々入国し、アメリカ人たちがたしかに望むような職業に就いていても、保守派たちがおよそ無頓着なのはいささか皮肉ではある。

オフショアリングは、その実施によって苦しんだり利益を得たりするさまざまな人々のグループにきわめて不均衡な影響をもたらす。もちろん、マンキューのようなエコノミストたちの主張は、そうした影響をすべてひっくるめて測定したものだ。その一方で、比較的少人数だが重要なグループ――数百万人の数にのぼる可能性もある――は、所得や人生の質、将来への見通しが大きく落ち込むという状況にさらされるかもしれない。こうしたグループには教育や訓練にかなりの投資をしてきた人たちが多い。なかには所得をすべて失いかねない人たちもいる。これがマンキューなら、消費者が受ける恩恵の総和がそうした損失を埋め合わせると言うだろう。だが悲しいかな、消費者はオフショアリングの結果として物価が下がれば恩恵があるかもしれないが、その節約分は何千万人、何億人という人口に振り分けられることになる。だから出費が減ったとしてもほんの少額で、個々の人間が享受できる効果は取るに足りないものだろう。そしていうまでもなく、恩恵がすべて消費者に行くわけではない。そのかなりの割合がすでに裕福な重役や投資家や企業経営者の懐に入ることになる。この非対称的な影響は、平均的な労働者のほとんどが直感的に理解しているが、予想どおりというべきか、エコノミストの多くはわかっていないらしい。

オフショアリングが断絶的破壊をもたらす可能性を認識しているごく少数のエコノミストのひとりが、連邦準備制度理事会の副議長だったアラン・ブラインダーだ。ブラインダーは二〇〇七年のワシントン・ポスト紙に「自由貿易はすばらしい、だがオフショアリングは不安だらけだ」と題する署名入り記事を書いた。[48] ブラインダーはオフショアリングが将来に及ぼす影響の再評価を目的とした調査を数多く行い、そして三〇〇〇万〜四〇〇〇万のアメリカの職――労働人口のおよそ四分の一が雇用される――が海外に移転される可能性があるという概算を出した。彼によれば、「我々はこれまで、オフショアリングという氷山の頂点をわずかに見てきたにすぎず、その最終的な規模は恐ろしいものになるかもしれない」。[49]

主として情報の処理に関わる職業はほぼすべて、たとえば、顧客と対面してのやりとりが求められる職業のように、なんらかの形で特定の土地に縛られることがないものは、比較的近い将来にオフショアリングや、さらには完全自動化の危険にさらされる恐れがある。完全自動化は論理的に考えて次にくる段階だ。テクノロジーが進歩すれば、いまはオフショアの労働者たちがやっているルーティンな作業は、いずれ全面的に機械が引き受けるようになると予想される。これはコールセンターのオペレーターにはすでに起きていることで、音声自動化テクノロジーに取って代わられつつある。IBM〈ワトソン〉のような本当に強力な自然言語システムがカスタマーサービスの分野に入ってくれば、オフショアされたコールセンターの仕事は大量に消えてなくなるだろう。

　このプロセスが始まれば、収益性と成功を得る手段としてオフショアリングに投資してきた会社――および国家――は、競争力を維持するために流れに乗っていかざるをえなくなるだろう。ルーティンな仕事がさらに自動化されていくと、高スキルな専門職も次第にオフショアリングの視野に入ってくる。私の見るところ、人工知能の進歩の程度はもちろん、ビッグデータ革命が触媒のような役割を果たし、はるかに広範な高スキル職がオフショアリングの対象になりうるということも、いまだに過小評価されているようだ。これまで見てきたように、ビッグデータによるアプローチの教義のなかには、アルゴリズム解析から収集できる知見はいずれ人間の判断や経験に取って代わりうる、というものがある。進歩する人工知能は、まだ全面的自動化の域にまで達しなくても、ビジネスに競争優位性をもたらす分析的知性と制度的知識を包含した強力なツールとなるだろう。若くて賢明なオフショアの労働者が、そうしたツールを使いこなせれば、先進国で高給を取っているはるかに経験豊富なプロたちにもすぐに競合できるようになるかもしれない。

　オフショアリングを自動化と組み合わせて見てみれば、それが雇用に及ぼしうる影響の総量はぞっとするほどのものになる。二〇一三年、オックスフォード大学マーティン・スクールの研究者たちが、アメリカの七〇〇を超える職種を詳細に調査した結果、その五〇パーセント近くがいずれは機械による完全自動化へ向かっていくという結論に達した。(50) プリンストン大学のアラン・ブラインダーとアラン・クルーガーはオフショアリングに関連して同様の分析を行い、アメリカの職の二五パーセントがいずれ低賃金の国へと移転される恐れがあることを明らかにした。[51] この二つの概算の範囲がなるべく重なり合っていることを祈ろうではないか！ 実際に職名や職務内容という観点から見れば、かなりの重なりが見られる。ただし、時間という要素を加味すれば、話は違ってくる。オフショアリングは往々にしてまず先にやってくる。そして、かなりの程度まで自動化の影響を加速させ、高スキル職を危険ゾーンへと引きずり込むだろう。

強力な人工知能をベースとしたツールのおかげで、オフショアの労働者が先進国の高賃金の同業者と競合できるようになれば、先進テクノロジーはどういったタイプの職ならオフショア可能かという私たちの最も基本的な前提の多くまでひっくり返すだろう。たとえば、環境を物理的に操作するような職業はずっと安全だと、誰もがそう思う。しかし米軍のパイロットたちはアメリカ西部にいながら、アフガニスタンでドローン（無人飛行機）を飛ばしている。同じように、遠隔制御の機械が視覚の鋭敏さと手先の器用さを備えたオフショアの労働者に操作され、自律ロボットに取って代わられるのを免れるという状況も容易に想像できる。顧客との対面接客は、職をその場所につなぎとめられそうなもうひとつの要素だ。しかしこの分野でも、テレプレゼンス・ロボットがその限界を押し広げていて、すでに韓国の学校がフィリピンの人々に英語を教えるオフショア教育に利用している。そう遠くない将来にはバーチャルリアリティ環境の進歩によって、労働者がシームレスに国境を越え、顧客やクライアントと直接関わり合うことがずっと容易になるだろう。

オフショアリングが加速するにつれ、アメリカをはじめとする先進国の大卒者たちは、賃金だけでなく、認識能力の面でも恐ろしい競争に直面することになるかもしれない。インドと中国の人口を合わせればおよそ二六億人――アメリカの人口の八倍以上だ。認知能力の点から見て、上位五パーセントは一億三〇〇〇万人――これはアメリカの全人口の四〇パーセント以上に当たる。要するに、正規分布という避けがたい現実にかんがみると、インドと中国には非常に頭のいい人々がアメリカよりもはるかに大勢いるということだ。これはもちろん、この両国の国内経済がそうした賢い労働者全員の就業機会を作り出せているかぎり、特に心配種にはならない。しかしこれまでのところ、そうでないことは明らかだ。インドは国策として、アメリカやヨーロッパの雇用を電子的に奪い取るための産業を構築している。そして中国は、その経済成長率で世界の羨望の的となりつづけているにもかかわらず、増える一方の新たな大卒者のためのホワイトカラー職を作り出そうと躍起だ。二〇一三年の半ばに中国当局は、この年の自国の新卒者がおよそ半分しか職にありついていない一方、前年の大卒者たちの二〇パーセント以上がまだ就職できていないことを認めた――しかもこの数字は、臨時やフリーランスの仕事のほか、大学院への進学や政府の失業対策事業の仕事なども完全雇用とみなしているために、かなり水増しされたものだ。[52]

これまでのところ、英語などのヨーロッパの言語に熟達していないせいで、中国の高スキル労働者がオフショアリング業界へ積極的に打って出ることはあまりなかった。だが例によって、テクノロジーがいずれこの障壁を打ち壊す可能性は高い。ディープラーニング、ニューラル・ネットワークといったテクノロジーは、SFの領域にあった機械音声による同時通訳を現実の世界へ持ち込もうとするものだ――これはあと数年で現実化するかもしれない。二〇一三年六月、グーグルの〈アンドロイド〉の部門副社長だったヒューゴー・バラは、直接の対話にも電話を介しての対話にも使える「ユニバーサル通訳機」が数年以内に実用化されると述べた。バラはまた、グーグルはすでに、英語とポルトガル語の「ほぼ完全な」リアルタイムの音声翻訳を実現したと言っている[53]。世界中の国々で定型的なホワイトカラー職がどんどん自動化され、機械の手が届かない領域にある残り少ない雇用をめぐっての競争が激しさを増すのは避けられなさそうだ。とびきり優れた人たちは大いに優位に立つだろうし、彼らは国境の外へ目を向けることをためらいはしないだろう。バーチャルな移民には障壁が存在しない以上、先進国にいるエリートとはいえない大卒労働者たちの雇用見込みはかなり暗いものになる恐れがある。

教育と機械との協力

テクノロジーが進歩し、多くの職が自動化の影響を受けるようになっても、従来からの解決策は常に、労働者にさらに教育と訓練を受けさせ、新たな高スキルの役割に就けるようにするというものだった。第1章で見たように、ファストフードや小売りといった分野では、ロボットやセルフサービス・テクノロジーがどんどん入り込みはじめ、何百万という低スキルの職が危機に瀕している。そうした労働者には、さらに教育と訓練を受けさせることが主要な解決策になると、私たちは思い込んでいる。ところがこの章で見てきたように、テクノロジーと教育のあいだで続けられてきた競争はついに大詰めを迎えつつある。機械は高スキルの職にも襲いかかろうとしているのだ。

この流れに注目するエコノミストたちのあいだでは、従来の知見に新しい味付けを加えたものが生まれつつある。未来の仕事には機械との協力が不可欠になるというのだ。MITのエリック・ブリニョルフソンとアンドリュー・マカフィーはとりわけこの考えを熱心に提唱し、労働者は機械を相手に競争するのでなく、「機械とともに競争する」ことを学ぶべきだとアドバイスしている。

これは賢明な助言ではあるだろうが、とりたてて新しいものではない。支配的なテクノロジーを受け入れて働くことを学ぶことは、以前からキャリア戦略としては優れていた。かつては「コンピュータスキルを身につける」などとよく言ったものだ。それでも、情報テクノロジーが急激に膨張しつづけているいま、新たにそうしたことを繰り返すだけで十分な解決策となるかどうかについては、強い疑いを持つべきだろう。

機械と人間の共生という発想の申し子として作られたものに、それほど知られてはいないゲームだが、フリースタイルのチェスがある。ＩＢＭの〈ディープ・ブルー〉がチェス世界チャンピオンのガルリ・カスパロフを破ってから一〇年以上がたち、コンピュータと人間が一対一で戦えば機械が絶対的に強いと一般には信じられるようになっている。しかしフリースタイルのチェスは、チームスポーツだ。グループの人間一人ひとりは、必ずしも世界クラスのチェス指しとはいかなくても、お互いに競い合い、コンピュータのチェスプログラムを自由に参考にしながら、一手一手を評価していく。二〇一四年時点では、複数のチェス・アルゴリズムにアクセスできる人間のチームは、いかなる単独のコンピュータにも勝つことができた。

人間と機械の協力という発想には、むしろ全面的な自動化以上に明らかな数多くの問題があり、将来の職場ではどこででも直面するようになるだろう。ひとつめは、フリースタイル・チェスで人間－機械の混成チームが今後ずっと優位に立っていられるかは決して定かでないということだ。私の見るところ、こうしたチームが用いるプロセス——さまざまなチェス・アルゴリズムの結果を評価・比較した上で最善の手を決める——は、ＩＢＭの〈ワトソン〉と気味が悪いほどよく似ている。〈ワトソン〉も何百という情報検索アルゴリズムを解き放って、その結果をうまくランク付けしていた。だから、複数のアルゴリズムにアクセスできる「メタな」チェス用コンピュータなら、いずれは人間のチームも負かせるようになるかもしれない――スピードが重視される場合は、なおさらだ。

二つめの重要な問題は、人間－機械のチームによるアプローチが実際に少しずつ有利さを増す方向に進んでいくとしても、雇用する側がその有利さを生かすために必要な投資を進んで行うかどうかということだ。企業は従業員に向けてあれこれモットーやスローガンを発するものの、現実には概ねルーティンな仕事しか求められない業務で、仮に従業員が「世界クラス」の業績を上げたとしても、たいていの企業にはそれに見合った褒賞金を払う用意はない。もしそのことで何か疑問がおありなら、あなたの電話会社に電話して聞いてみるといいだろう。企業は必ず自社のコア・コンピテンシー、つまり競争上の優位が得られる活動にとって不可欠な分野に投資しようとする。もう一度言うが、このシナリオは新しいものではない。そしてさらに重要なのは、ここには新しい人間がほぼまったく関わってこないということだ。企業が雇おうとし、また手に入る最良のテクノロジーとうまく協力できるのは、いま現在でも失業とはほぼ無縁な人たちばかり。つまり少数のエリート労働者だ。エコノミストのタイラー・コーエンが二〇一三年に刊行した著作 *Average Is Over*（邦題『大格差』）には、フリースタイル・チェスのある関係者の言葉が引用されている――最高のプレーヤーとは「遺伝上の突然変異のような存在」である。[54]となれば、機械との協力というアイデアは、ルーティンの仕事から締め出される大量の人々を救う抜本的な解決策にはならないと言っていい。しかもすでに見てきたとおり、オフショアリングの問題もある。インドや中国の二六億もの人々が、そうしたエリート職のどれかを自分がつかもうと意気込んでいるのだ。

機械と協力する仕事の多くが比較的短命に終わるという予想には、十分な理由がある。ワークフュージョンの例と、同社の機械学習アルゴリズムがフリーランスの労働者たちの仕事を徐々に自動化していった経緯を思い出してほしい。要するに、もしあなたがスマートなソフトウェアシステムと一緒に、あるいはその指示のもとに働いているとしたら、まず十中八九あなたは——たとえ気づいていようといなかろうと——そのソフトウェアをいずれ自分に取って代わるように訓練しているのだ。

さらに多くの場合、機械と協力する仕事に就きたがるそうした労働者たちは「自分の望むものに気をつけろ」という啓示を受けることになると見られる。一例を挙げるなら、法的証拠開示における現在の傾向を考えてみよう。企業は訴訟に関与すると、膨大な数の内部文書を選り分けて、どれが係争中の事例に関係してくる可能性があるかを判断しなくてはならなくなる。規則によって、そうした関連文書は訴訟の相手側にも渡さねばならず、もし何かしら提出を怠れば、法的にかなりの処罰を科せられかねない。ペーパーレスのオフィスが抱えるパラドクスのひとつは、とりわけeメールという形をとったそうした文書が、タイプライターや紙の書類の時代よりも格段に増えたことだ。その圧倒的な量に対処するために、いまの法律事務所は新しい手法を用いている。

ひとつめの手法は、完全な自動化を含むものだ。いわゆるeディスカバリーソフトウェアは、数百万単位の電子文書を分析して関連のある文書を自動的に引き出すアルゴリズムをもとに作られている。こうしたアルゴリズムは、単純なキーワード検索をはるかに超えて、しばしば特定のフレーズが存在しないときでも関連のあるコンセプトを識別できるような機械学習の手法を組み込んでいる[55]。その直接の結果として、かつて紙の書類が詰まった段ボール箱をせっせとかき回していた弁護士や補助員などの仕事の多くが消えることになった。

　第二の手法は、すでに広く用いられている。法律事務所がこうした文書探しの仕事を、法科を出たばかりの若手を大勢雇っている専門家にアウトソーシングするのだ。そうした若者はたいてい、法科大学院バブルの被害者である。まともな弁護士の職に就くことができず、またしばしば学生ローンの多額の負債を抱えているため、文書探しの調査員として働かざるをえない。彼らはひとりずつモニターの前に座り、そこに絶えまなく映し出される文書に目をこらす。文書のそばには「関連あり」「関連なし」という二つのボタンがある。法科大学院卒の新米たちは、スクリーンに映った文書をスキャンし、結果に応じてボタンを押す。するとまた新しい文書が現れる[56]。そうして一時間あたり八〇の文書をカテゴリー分けするという作業を課される[57]。こうした若い法律家たちには、法廷での経験も、職業的に成長するような機会も得られない。あるのはただ、何時間もひたすら続く「関連あり」「関連なし」のボタンの流れだけだ[f]。

　この競合する二つの手法については、明らかな疑問がひとつある。協力のモデルは持続可能かどうかということだ。このように若い労働者を比較的（弁護士にしては）低い賃金で働かせたとしても、自動化の手法のほうがはるかに費用対効果が高いように見える。こうした職務の質の低さに関して、私がことさらに自論に有利になる暗い例を取り上げているのでは、と思われるかもしれない。そもそも機械との協力が求められる仕事の大半では、人間がコントロールする側になるだろう——労働者は機械を監督するというやりがいのある仕事に従事するのであって、機械化されたプロセスの歯車として働くようなことにはならないのではないか？

こうした希望的観測に問題があるとしたら、それはデータの裏づけがないということだ。二〇〇七年の著作*Super Crunchers*（邦題『その数学が戦略を決める』）で、イェール大学の教授イアン・エアーズは、アルゴリズムによるアプローチは常に人間の専門家より優れた結果を出すという研究結果をこれでもかとばかりに引用している。人間はコンピュータとは違い、プロセスすべての監督を任されると、結果はほぼ必ず悪くなる。人間の専門家たちが、あらかじめアルゴリズムによる結果を知ることができる立場にあっても、やはり彼らの生み出す結果は、機械が自律的に動いたときよりも劣ったものになってしまう。つまり人間がこのプロセスの価値を高める役割を果たすには、人間にすべてのコントロールを与えるのではなく、人間に特定の情報をシステムに入力させるほうがよいのだ。エアーズの言うように、「専門家と［アルゴリズムの］知識を結びつける屈辱的、非人間的なメカニズムの有利さを示す証拠がどんどん積み重なっている」[58]。

私がここで言いたいのは、人間と機械が協力する仕事はたしかに存在するだろうが、その数は比較的少なく、また短命に終わりそうだということだ。また、やりがいのない非人間的な仕事であるような例もきわめて多くなるのではないか。だとすれば、多くの人々がそうした仕事に就けるような教育を専門的に施すよう努めるべきだと主張するのは、たとえその訓練がどんな結果をもたらすかが正確に把握できるとしても、やはり難しくなるだろう。大体においてこうした議論自体、私にはひどく古いタイヤに継ぎを当てて（労働者にさらに職業訓練を施すということ）、もう少しだけ走れるようにしようとする発想に思える。いずれ最終的には断絶的破壊に向かい、はるかに大がかりな政策対応が必要になるだろう。

ホワイトカラー労働の自動化現象に最初に巻き込まれる仕事にはまちがいなく、新卒者が就く初心者レベルの仕事が含まれてくる。第2章で見たように、このプロセスはすでにかなり進んでいることを示す証拠がある。二〇〇三年から二〇一二年にかけて、学士号を取得したアメリカの大卒者初任給の中央値は、二〇一二年のドルの価値で計算して、およそ五万二〇〇〇ドルから四万六〇〇〇ドルにまで下落した。その同時期、学生ローンの負債総額はおよそ三〇〇〇億ドルから九〇〇〇億ドルへと三倍に膨らんでいる[59]。

近年の大卒者の就職難はじつに厳しく、いまの大学生はほとんどが、学位を持った人間でもコーヒーショップに勤めるのが当たり前だと感じているようだ。二〇一三年三月に、カナダ人エコノミストであるポール・ボードリー、デヴィッド・A・グリーン、ベンジャミン・M・サンドは、「スキルおよび認知的作業に対する需要の大規模な逆転」という題名の学術論文を発表した(60)。この題名の意味することを煎じつめるとこうなる。彼らが明らかにしたところでは、アメリカでの高スキル労働者の需要は二〇〇〇年頃にピークに達し、その後急速に低下した。その結果、新しい大卒者は次第に比較的低スキルの職へと追いやられていき、その過程で非大卒労働者に取って代わることも多くなっている。

科学や技術分野の学位を取得した大卒者にすら、大きな影響が及んでいる。これまで見てきたように、とりわけ情報テクノロジーの労働市場は、クラウドコンピューティングへ向かう傾向と結びついた自動化に加え、オフショアリングによっても変質を遂げている。エンジニアリングやコンピュータ科学の学位は職業を保証すると広く信じられていたが、これは総じて神話にすぎない。二〇一三年四月にシンクタンクの経済政策研究所が行った分析から、アメリカの大学では、エンジニアリングとコンピュータ科学の学位を持った新卒者の数が、実際にこうした分野で職を得た新卒者の数を五〇パーセントも上回っていることがわかった。つまりこの調査の結論は、「産業界における大卒者の供給は、需要よりもかなり多い(61)」ということだ。高等教育を追い求めるという点に関して、多くの人たちはたしかに正しいことをしているが、それでも将来の経済への足がかりを見つけられずにいるのが実情なのである。

歴史データの領域を綿密に調べることに力を注いでいるエコノミストたちの一部も、先進テクノロジーの影響が高スキル職に及んでいることをようやく認識しはじめているが、その傾向を将来へと敷衍することにはたいてい慎重だ。人工知能の分野にいる研究者は、もっとはっきり述べることが多い。日本の国立情報学研究所の数学者、新井《あらい》紀子《のりこ》は、東京大学の入学試験に合格できるシステムの開発プロジェクトを率いている。もしもコンピュータが日本の最高学府に入るのに必要な自然言語適性と分析スキルの組み合わせを発揮できれば、そのコンピュータがいずれ、大卒者が就く仕事の多くをこなせるようになる可能性はきわめて高いというのが、新井の考えだ。今後一〇年から二〇年以内には、大規模な雇用転換が起こるのではないかと、新井は予測する。彼女のプロジェクトの眼目のひとつは、人工知能が労働市場に及ぼす影響を定量化できるかという点にある。高スキル労働者の一〇~二〇パーセントが自動化によって置き換えられるだけでも「破局」であり、「それが五〇パーセントだとどういうことになるのか想像もつかない」と新井は言い、さらにこうも言葉を継ぐ。「それは破局をはるかに超えたものになるだろうが、もしも人工知能の働きがよければ、将来的にはそうした数字になる可能性を否定できない[62]」。

歴史的に見れば、高等教育の産業そのものが、高スキル労働者の主要な雇用部門の一角でありつづけてきた。特に博士号を取ろうとする人たちにとっての出世のとば口は、まずは新入生として大学にたどり着くこと――そしてその道から外れずに歩みつづけることだった。

しかしこの産業もまた、多くの職業とともに、技術上の断絶的破壊に瀕しているのかもしれない。次の章ではそうした点を見ていこう。

第5章 様変わりする高等教育

二〇一三年三月、主に英語を専門とする教授とライティングの教師からなる小規模な学者グループが、標準テストでの作文の成績が機械で判定されるようになるというニュースを受けて、ネット署名を始めた。「結果責任を伴う試験での機械による採点に反対する専門家たち」[1]という名称が、このグループの主張を反映している――いわく、作文をアルゴリズムで判定するのは、何よりもあまりに単純かつ不正確な上、根拠が薄く差別的である、採点を行うのが「じつは読むことのできない装置」であることはいうまでもない。すると二ヵ月足らずのあいだに、四〇〇〇人近い教育の専門家から署名が集まり、そのなかには著名な知識人、たとえばノーム・チョムスキーなども含まれていた。

コンピュータを使ってテストを採点するというのは、もちろん目新しい話ではない。多項式選択テストの採点といった単純な作業は何年も前からコンピュータで行われているし、そうした意味では省力化に役立つものと見られている。ところが、人間のスキルや判断に大きく依存すると考えられる分野にアルゴリズムが入り込んでくると、多くの教師がそのテクノロジーを脅威とみなしはじめるのだ。機械による作文の採点は、先進的な人工知能の技術に頼るところが大きい。生徒の作文を評価するのに使われる基本戦略は、グーグルのオンライン翻訳ときわめてよく似たものである。機械学習のアルゴリズムはまず、人間の指導員による評価済みの作文のサンプルを大量に使って訓練される。それから実地に利用されることで、新しい作文をほぼ瞬時に採点することができる。

「機械による採点に反対する専門家たち」の主張は、採点をする機械が「文章を読めない」という点ではたしかに正しい。だが、他のビッグデータや機械学習が応用されている分野で見てきたように、じつはその点は問題にはならない。統計上の相関関係の分析に基づいた手法はほとんどの場合、人間の専門家が最善を尽くした結果に勝るとも劣らないものだ。実際に二〇一二年のアクロン大学教育カレッジでの分析で、機械による採点と人間の指導員がつけた点数を比較したところ、機械は「ほぼ同じレベルの正確性を達成した上に、場合によってはソフトウェアのほうがより信頼性が高いこともあった」。この研究には、機械採点を行う企業九社が参加し、アメリカの六州に及ぶ公立学校の生徒一万六〇〇〇人の未採点の作文が使用された。(2)

マサチューセッツ工科大学（MIT）のライティングプログラムの元責任者レス・ペレルマンは、機械による採点を最も積極的に批判しているひとりだ。ペレルマンは、実際は意味をなさないにもかかわらず、採点用アルゴリズムの裏をかいて高い点数をつけさせられる作文の実例をいくつも作り出してみせた。しかし考えてみれば、ソフトウェアを騙すためのがらくたを組み立てるのにもスキルが必要なわけで、そのスキルがまともな作文を書くのに必要なスキルにおおよそ一致するとしたら、このシステムは簡単に裏をかけるというペレルマンの主張にはいささか無理が出てくる。本当の問題は、まっとうな作文を書く能力に欠ける生徒が採点用ソフトウェアを騙せるかどうかであり、アクロン大学の研究結果はそれを否定しているように思える。しかしペレルマンの指摘にも、少なくともひとつ妥当なものがある。生徒が特にアルゴリズムに気に入られるような文章を書くことを教わった結果、「長い文や饒舌な表現に対して不相応に高い評価が与えられる」という懸念だ。(3)

アルゴリズムによる採点は、常に論争と切り離せないものの、各学校がコスト削減の手段を求めつづける以上、次第に普及していくのはまずまちがいない。評価を待つ作文が山を成している状況では、この方式は明らかに有利だ。スピードやコストの低さだけでなく、ふつうなら複数の人間の採点者が必要になる場合でも、アルゴリズムによる採点は客観性や一貫性を保証してくれる。さらに生徒はその場でフィードバックが受けられるし、教師にはなかなか細かく見ている余裕のない家庭での課題などにも、こうしたテクノロジーはぴったりだといえる。たとえば、コミュニケーションの教科では毎日日誌をつけることが求められたり奨励されたりすることが多いが、アルゴリズムならボタンひとつクリックするだけですべての書き込みを評価し、おそらく添削指導までしてくれる。自動採点システムは、少なくとも近い将来には、基本的なコミュニケーションスキルを教える入門課程を任せられるようになると考えてもよいだろう。英語の大学教授が、上級クリエイティブライティングのゼミにアルゴリズムが侵略してくることを恐れる理由はほとんどない。しかし入門課程にアルゴリズムが投入されることで、いまそうしたルーティンの採点業務を行っている大卒の助手がいずれ押しのけられるようになってもおかしくはないのだ。

こうしたロボットによる作文の採点をめぐる騒ぎも、進歩しつづける情報テクノロジーがいずれ全力で教育部門に襲いかかったときに確実に起こるであろう反発の小さな一例でしかない。生産性の大幅な増大は多くの産業を変質させてきたが、これまでのところ、大学はまだ総じて影響を受けずにいられている。情報テクノロジーの恩恵はいまだに高等教育部門には広く行き渡っていない。そのことが、ここ数十年で大学教育の費用が異様に上がっていることの少なくとも部分的な説明にはなる。

だが、いろいろな徴候を見るかぎり、明らかに状況は変わろうとしている。最も破壊的な影響は、まちがいなくエリート機関が提供するオンライン講座からやってくるだろう。こうした講座は大量の入会者を呼び寄せ、結果的に授業および採点の自動化の推進役になる可能性が高い。エデックスは無料のオンライン講座を提供するために創設されたエリート大学のコンソーシアムだが、二〇一三年初めに、自分たちの作文採点用のソフトウェアを、希望があればどこの教育機関でもアクセスできるようにすると発表した。(4) いいかえるなら、アルゴリズムによる採点システムは、高スキル労働の自動化をさらに加速させる、インターネットをベースとしたソフトウェアのビルディングブロックの一例なのだ。

ムークの興隆、そしてつまずき

エデックスがインターネットを通じて提供しているような無料の講座は、MOOC（ムーク、大規模公開オンライン講座）へと向かうトレンドの一部だ。二〇一一年夏の終わり頃、スタンフォード大学の二人のコンピュータ科学者セバスチャン・スランとピーター・ノーヴィグが、自分たちの人工知能入門の授業をインターネット経由で誰もが無償で受けられるようにすると発表し、それをきっかけにムークへの一般の関心は一気に盛り上がった。講師はどちらもその分野の有名人で、グーグルとの強い結びつきを持っている。スランは同社の自動運転車の開発プロジェクトを率い、ノーヴィグは同社の研究本部長を務めながら、優れた人工知能の教科書を共同で執筆している。発表からわずか数日で、一万人を超える人たちが登録した。その年の八月にニューヨーク・タイムズ紙のジョン・マーコフがこの講座について書いた記事が第一面に載ると、[5] 登録者数はさらにぐんと伸び、一九〇ヵ国で一六万人を超えた。リトアニア一国のオンライン受講者の数だけで、スタンフォード大学の学生および大学院生の数を上回った。下は一〇歳、上は七〇歳までの人々が人工知能の基礎を、同分野の傑出したふたりの研究者から学ぼうとしていた――以前にはスタンフォードの二〇〇人の学生にしか開かれていなかった得がたい機会である。[6]

一〇週にわたる講座は、わずか数分続くだけの短い節に分かれていて、教育ウェブサイトのカーン・アカデミーが作って大成功を収めた中高生向けのビデオをおおよそのモデルにしている。私も講座のいくつかの単元をやってみたところ、この方式は効果的で魅力のある学習手段だとわかった。視覚の面で特に驚くような技術を使っているわけではない。代わりに主としてスランまたはノーヴィグがトピックを紹介しながら、その内容をノートに書きつけていく。そして短い節ごとにインタラクティブなクイズが入る――こうした工夫は、講座を進めるにつれ重要な概念が蓄積されていくのを保証してくれるものだ。そしておよそ二万三〇〇〇人がこの授業を修了し、最終テストを受け、スタンフォード大学から達成証を受け取る。

数ヵ月がたつと、ムーク現象を取り巻くまったく新しい産業が現れた。セバスチャン・スランはベンチャーキャピタルから資金をかき集め、ユダシティという新会社を作って無償または低料金のオンライン講座の提供を始めた。やはりスタンフォードの教授のアンドリュー・

ウンとダフネ・コラーは二二〇〇万ドルの初期投資を行ってコーセラ社を創設し、スタンフォード、ミシガン、ペンシルベニア、プリンストンの各大学とのパートナーシップを結んだ。ハーバードとMITも急遽六〇〇〇万ドルを投資し、エデックスを創設した。コーセラ社もそれに応じて、さらにジョンズホプキンズ大学、カリフォルニア工科大学など一〇以上の大学を加え、一八ヵ月以内に全世界で一〇〇を超える機関の協力を取り付けるに至った。

二〇一三年初頭には、ムークをめぐる宣伝は講座の登録者数と同じ勢いで爆発的に増えつつあった。オンライン講座は、エリートのための教育が無償または低料金で受けられる新たな時代の到来を告げるものだという認識が広まった。アフリカやアジアの貧しい人々がまもなく、安価なタブレットやスマートフォンを通じて、アイビーリーグの大学の講義に出席できるようになるのだ。ニューヨーク・タイムズ紙のコラムニストのトーマス・フリードマンは、ムークを「グローバルなオンライン高等教育における革命の萌芽」と呼び、オンライン講座は「何十億もの頭脳を解き放つことで、世界中の最大の難問を解決できるようになる」可能性があると述べた。[7]

しかし現実は、二〇一三年一二月にペンシルベニア大学が発表した二つの研究結果という形で一撃を加えた。ひとつの調査では、コーセラ社が提供する講座に登録した一〇〇万人に注目したところ、ムークには「活発なユーザーは比較的少ないこと、ユーザーの〝取り組み〟が──特に講座が始まって一、二週間たった頃に──がくんと落ちること、最後まで受講するユーザーはほとんどいないこと」がわかった。[8] 講座の登録者のうち、講義を一回でも視聴したのはたった半数で、講座の修了者が全体に占める割合は二～一四パーセント、平均四パーセントにすぎなかった。またムークは総じて、誰が見てもいちばん恩恵を受けるはずの貧しい低学歴の人たちを引き寄せられずにいた。講座の登録者の八〇パーセントは、すでに大学の学位を持っている人たちだったのだ。

その数ヵ月前に、話題をさらったユダシティとサンノゼ州立大学とのパートナーシップも、やはり期待どおりの結果が得られなかったことが判明していた。二〇一三年一月、セバスチャン・スランとカリフォルニア州知事ジェリー・ブラウンが記者会見に臨み、恵まれない学生にオンラインによる数学の補習、大学レベルの代数学、統計学入門の講座を安価で提供するプログラムを発表した。州立大学の授業料の高騰と学生過多の解決策となる、という謳い文句だった。初回に受講したグループが講座を修了するまでにかかる料金はわずか一五〇ドルで、指導員がオンラインで個人的な補助も行うということだったが、結果は散々だった。代数学の授業を取った学生の四分の三、また高校を出て直接登録した学生にいたっては九〇パーセントが、講座の途中で脱落したのだ。しかもムークの学生たちは総じて、サンノゼ州立大学の従来の授業に登録した学生よりも成績が悪かった。それ以降大学はこのプログラムを、少なくとも当面は停止している。[9]

ユダシティは現在、幅広い層向けの教育を重視することはやめ、労働者に特定の技能スキルを教える方向に力を入れている。たとえば、グーグルやセールスフォース・ドットコムといった企業が手がけているのは、ソフトウェア開発者に自分たちの製品をどう扱うかを教える講座だ。ユダシティはまた、ジョージア工科大学と提携して、ムークをベースにしたコンピュータ科学の修士課程講座を提供している。三学期にわたるそのプログラムの授業料は、わずか六六〇〇ドル――従来の通学講座による学位よりも八〇パーセントも安い。プログラムの開設費用を出資したのはAT&Tで、このプログラムに自社の従業員の多くを送り込む計画があるという。ジョージア工科大学の学生のなかで受講するのは、当初は三七五人だが、いずれ数千人が登録できるようにプログラムを拡大するのが目標だ。

ムークが進化、改善しつづけるにつれ、グローバル革命によって何億もの貧しい人々に上質な教育をもたらすという希望がやがて実現するかもしれない。だが短期的に見れば、こうしたオンライン講座は、すでにより高い教育を受けようという気概に満ちた学生を引き寄せる可能性のほうがずっと大きいと思われる。つまりムークは、何もなければ従来型の講座に登録していたはずの人たちを求めて争うことになるのだ。そして、登録者たちがムークは価値のある証明書を発行してくれると判断するようになれば、やがてこの動きは高等教育部門全体に劇的な破壊を引き起こす可能性がある。

大学の履修証明と学力保障の証明書

スランとノーヴィグが二〇一一年に行った人工知能の講座の結果を集計したところ、満点を取った受講者は二四八人に上った。試験問題にひとつとして不正解を出さなかった生徒たちだ。また、そのエリート集団にスタンフォードの学生はひとりも入っていないこともわかった。それどころか、スタンフォード大生のなかでの最高点を上回ったオンライン受講者が四〇〇人もいたのだ。それでも、こうした優秀な生徒がスタンフォードの正式な履修証明や修了証明書を取得できるわけではなかった。

数ヵ月前にスタンフォード大学が、この講座への登録者数がぐんぐん増えているのを初めて知ったとき、大学当局は教授たちを何度も招集して会合を持ち、オンライン受講者にどういった性質の証明書を発行すべきかを議論した。懸念材料には、スタンフォードの名声が何万という人々——しかも誰ひとりとして、通常の学内生が支払っている年間およそ四万ドルもの学費を請求されない——に行き渡って薄められることだけでなく、遠隔地にいる生徒の身元が確認できないという点もあった。最終的に大学職員は、インターネット講座の修了者にただの「修了報告書」なるものを発行することで合意した。スタンフォード当局はこの文言の正確な使い方に強くこだわり、あるジャーナリストがこの講座に関するコラムで「証明書」という言葉を使ったときには、すぐさま訂正を要求した。

オンライン学生の身元確認についてのスタンフォード大学当局の懸念は、たしかに根拠のないことではない。実際、ムークに大学の履修証明なり正式な証明書なりを提供するなら、履修証明が実際に講座を修了して試験を受けた人のところへ確実に行くようにすることは特に重要な問題となる。きちんとした身元確認の手続きがなければ、たちまち講座を修了した、試験を受けたと詐称したい人間のための産業が生まれてくるだろう。実際のところ、別人でも金と引き換えにオンライン講座を受けられるよう斡旋するウェブサイトがすでに数多くできているのだ。二〇一二年末には〈インサイド・ハイアー・エド（高等教育の裏側）〉というウェブサイトの記者が、生徒のふりをしてそうしたいくつかのサイトに問い合わせたところ、ペンシルベニア州立大学の経済学入門のオンライン講座を修了できるという情報を得た。要求される料金は七七五ドルないし九〇〇ドルで、最低でも「B」の成績を保証された。しかも、これは同大学に従来からある学位を授与するオンライン部局だった。したがって生徒の身元確認は、膨大な数の参加者がいる公開講座よりもはるかに簡単なはずだ。[10] このプログラムの登録者は全体で、ペンシルベニア州立大学の学生および院生六〇〇〇人ほどにすぎない――人気のあるムークの講座ひとつに登録する人たちと比べてごく微々たる数だ。

不正行為もオンライン講座に関わる重大な問題となっている。二〇一二年、コーセラ社の人文系講座には、数十件に及ぶ論文盗用の苦情が寄せられた。こうした講座では生徒の成績評価を、アルゴリズムではなく相互採点システムに頼っているため、苦情に対応する講座管理者は、盗用が蔓延しているという可能性だけでなく、その訴えの少なくとも一部が誤っている可能性にも対処しなければならない。SFおよびファンタジー創作のある講座では、生徒たちの作文がウィキペディアや以前発表された他のソースから写したものだというクレームが入り、当の講座を担当するミシガン大学の英語学教授エリック・ラブキンは三万九〇〇〇人の学生たちに手紙を送り、他者の作品の盗用をしないよう警告すると同時に、「剽窃の告発はきわめて重大な行為なので、具体的な証拠がないかぎり行うべきではない」とも指摘した[11]。これらの事件に関して注目すべき点がひとつある。こうした講座では例外なく履修証明が付与されないということだ。もちろん受講者のなかには、「ただ可能だから」不正をするという者や、おそらく規則がわかっていないという者もいるだろう。いずれにしろ、こうしたオンライン講座で正式な履修証明が得られるとなれば、不正行為に及ぼうとする動機は格段に増すはずだ。

身元確認と不正行為の問題には技術上の解決策がたくさんある。なかでも単純なのは、毎回授業の最初に質問をして、当人しか知らないパーソナルデータを要求するものだ。もしあなたが誰かに頼んで、自分の名前で授業を受けさせようと目論んだとしても、その相手に社会保障番号を教えるのには二の足を踏むのではないだろうか。だが、このタイプの戦略を世界的に実施するのは難しいだろう。遠隔から監督をするという解決策には、コンピュータ上でカメラがアクティブになっていて管理者が生徒をモニターできることが必要になる。二〇一三年にはエデックス――ハーバードとMITが創設したムークのコンソーシアム――が、追加料金を払ってウェブカメラで監視されながら授業を受ける学生に、本人確認のもとで証明書を発行しはじめた。この証明書は求人先に提示することはできても、正式な学科の履修証明書としては使えない。監督官による監視はコストが高くつくため、無料の講座を受ける何万人もの人々には適用しきれないが、現在フェイスブックの写真のタグ付けに利用されているような顔認識アルゴリズムが、いずれそうした役割を担うようになる可能性もある。他にも、学生のキーストロークのリズムを分析することで本人かどうかを確認したり、課題の作文と既存の膨大な文章のデータセットを自動的に比較することで剽窃を根絶する、といったアルゴリズムの利用法がある。[12]

ムークに学科の履修証明を付与する方策として特に有望なのは、学力保障の証明書を発行することだろう。この方式では、学生は授業を受けるのではなく、独立した評価テストを受け、特定の分野での能力を示すことで履修証明を得るのだ。この学力保障教育（CBE）の先鞭をつけたのは、ウェスタン・ガバナーズ・ユニバーシティ（WGU）というオンライン機関である。一九九五年にアメリカ西部の一九州の知事が出席したある会議で、初めてその構想が提案された。そして一九九七年には運営を開始し、二〇一三年には四万人の学生を集めるようになった。その多くは、何年も前に始めた学位取得プログラムを修了したいと思っているか、新たなキャリアを模索している社会人だ。二〇一三年九月にはウィスコンシン大学が、学位取得につながる学力保障プログラムを導入すると発表したことで、CBEの方式は大きな後押しを受けることになった。

このようにムークとCBEの相性がよく見えるのは、両者の組み合わせが基本的に、講座と証明書とを切り離すものだからだ。学生の身元確認や不正行為などの問題は、評価テストのときにだけしっかり取り組めばいい。それならベンチャー支援企業も、講座を提供するという面倒でコストの高いビジネスは完全に避けて通りつつ、そうしたテストや証明書の発行だけを請け負うビジネスに参入できるかもしれない。最初からやる気のある学生は、利用可能なリソースをなんでも無料で使えるだろう――ムークを使うこともできるし、独学したり、従来どおりの授業を受けたりもできる。そうして能力を身につけてから、会社が実施するテストに合格して証明書を交付されればいいのだ。このテストは完全に厳格な、実質的にエリート大学の入学審査課程に匹敵するぐらいのものになるのではないか。そしてこうしたスタートアップ企業が、優秀な卒業生にのみ証明書を発行するという確固たる評価を打ち立てることができ、そして――これが最も肝心なところだろう――一流の雇用主と強固な結びつきを作り、そこの卒業生が積極的に登用されるということになれば、高等教育産業が一挙にひっくり返るほどの可能性を秘めているだろう。

アメリカの三〇〇〇近い大学の幹部たちを対象に毎年行われている調査から、ムークの将来性に関する期待感は、二〇一三年のうちに大きく低下したことがわかった。調査の回答者の四〇パーセント近くが、大規模なオンライン講座には持続可能な教育のメソッドがないと答えていた。その前年の調査では、同じ見方をとる大学管理者は四分の一しかいなかった。教育専門の週刊新聞クロニクル・オブ・ハイアー・エデュケーション紙も、どちらかといえば否定的な中間報告を寄せている。「ムークは過去一年間、高等教育での既存の証明書発行システムに関しては目立った進展を示していない。一部のウォッチャーたちが当初考えたように、現状に対して秩序破壊的なものになるのかについては疑問がある」[13]。

ムークに関連したパラドクスのひとつは、大衆教育のメカニズムとしては実際的な問題が山ほどあるとはいえ、やる気満々で自分を律せられる生徒たちにはきわめて効率的な学習メソッドだということだ。スランとノーヴィグが人工知能のクラスをオンラインで提供しはじめたとき、二人が驚いたことがあった。実際にスタンフォードのキャンパスに来ていた聴講生たちがたちまち講義から姿を消していき、最終的に二〇〇人中三〇人ほどしか定期的に出てこなくなったのだ。学生たちはどうやら、オンラインで授業を受けるほうが好きらしかった。また新しいムークのフォーマットは、通学生たちの試験の平均点を、前年まで同じクラスを取っていた学生と比較してかなり高く押し上げるという結果を生んでいる。

私としては、ムーク現象が完全に行き詰まったと断定するのは、時期尚早だと考えている。むしろ単純に、新しいテクノロジーにはつきものの初期段階のつまずきだと考えていいのではないか。たとえば、マイクロソフト・ウィンドウズが成熟して業界を支配する勢力となったのは、やっとバージョン3・0が出たあとのことで、最初の製品が発売されてから少なくとも五年はかかっている。実際のところ、ムークの将来的な持続可能性について大学管理者たちが悲観的なのは、こうした講座が自分たちの組織や高等教育部門全般に経済的影響を及ぼしかねないという見方と結びついているためだと考えられる。

断絶的破壊の瀬戸際

ムークによる断絶的破壊がまだ顕在化していないとしても、年間収入五〇〇〇億ドル、雇用者三五〇万を要する一大産業には大きな衝撃がもたらされるだろう。[14] 一九八五年から二〇一三年にかけて、大学の学費は五三八パーセントも跳ね上がった。同時期の消費者物価指数の上昇は一二一パーセント。医療費ですらおよそ二八六パーセントの上昇で、[15] 高等教育の費用増加にははるかに及ばない。そして学費の大半は学生ローンでまかなわれているが、その負債総額はアメリカでは少なくとも一兆二〇〇〇億ドルに達している。アメリカの大学生の七〇パーセントは借金をしていて、卒業時の平均負債額は三万ドル弱に上る。[16] 特筆すべきは、学士課程の大学生で六年以内に卒業する学生は約六〇パーセントにすぎず、残りの学生は学位も取得できないままで借金を返さなくてはならないということだ。[17]

さらに注目すべきなのは、大学が実際に教育にかけるコストは、こうした全般的なコストの高騰のなかで比較的小さな割合しか占めていないということだ。ジェフリー・J・セリンゴは二〇一三年の著作 *College Unbound*（『足枷を外された大学』）で、デルタ・コスト・プロジェクトという小さな研究機関——ただし高等教育産業の分析では高い評価を得ている——が集めたデータを引用した。二〇〇〇年から二〇一〇年にかけて、大規模な公立大学は、学生へのサービスにかける支出を一九パーセント、経営にかける支出を一五パーセント、維持管理にかける支出を二〇パーセント増やした。それより大きく後れをとっているのが実際の授業にかける支出で、一〇パーセントの伸びにとどまっている。[18] カリフォルニア大学の各校では、二〇〇九年から一一年にかけて、学生の登録が三・六パーセント増えたにもかかわらず、教職員の雇用は二・三パーセント減少した。[19] 教員にかかるコストを抑えるために、大学はますますパートタイムに多くを頼るようになっている。パートタイムつまり非常勤の講師は、講座ごとに給与を受け取るが、学期につき二五〇〇ドルという少額の場合もあり、しかも従業員給付は受けられない。とりわけ教養課程では、こうした非常勤の職が、かつては終身在職権を持つ教授職を目指していた大量のオーバードクターの終着駅となっている。

教員にかかるコストが総じて抑えられる一方、経営にかかる支出は急騰した。多くの大学で、理事の数が教員の数を上回っている。カリフォルニア大学では教職員の数が二パーセント以上減ったのと同じ二年間に、管理職は四・二パーセント増加した。学生のために個人カウンセリングやアドバイスを行う専門家にかかる支出もぐんと増えたが、この種の職は現在、アメリカの主要大学における専門職のほぼ三分の一を占めている。[20] 高等教育産業は、価値ある証明書を発行してくれる半ば永続的な職業養成機関となっているように見える――ただしそれは、学生が本当に職に就くための教育を求めていればの話だ。そうでもない主要な営利志向の大学は、豪華な学生寮やレクリエーション、スポーツ施設などへの投資に異常なまでの熱意を傾けてきた。セリンゴはこう書いている。「ばかげたサービスの最たるものは〝レイジー・リバー〟だろう。これは学生たちが筏に乗って川を下るというもので、基本的にはテーマパークのウォーターライドと同じだ」[21]。ボストン大学、アクロン大学、アラバマ大学、ミズーリ大学の管理者たちは、こうした経験を大学生活において欠かせないものだと考えている。

最も重要な要因はもちろん、学生やその家族が中流階級の仲間入りをするのに不可欠な（実際にそうなるかは保証の限りではないが）チケットのために、高騰しつづける一方の費用を負担しようとするかどうかだ。そのとき少し気になるのは、高等教育が「バブル」になったという見方を口にする識者が多いことである。あるいは少なくとも、不相応に大きくなった砂上の楼閣で、すでに新聞・雑誌業界を変質させたのと同じデジタルによる殺戮がいつ起きてもおかしくないという見方もある。エリート機関が提供するムークは、ある業界がデジタル化するときに逃れられない「勝者ひとり占め」のシナリオを最も押しつけてきそうなメカニズムだとみなされているのだ。

アメリカには二〇〇〇以上の四年制大学がある。二年制も含めればその数は四〇〇〇を超える。そのなかで学生を選べる大学は二〇〇～三〇〇ぐらいだろうか。全国的に評判の高い、あるいは本物のエリート校といえる大学は、もちろんはるかに少ない。どんな大学生でもハーバードやスタンフォードの教授が教える無料のオンライン講座を取得して、就職や大学院進学に際しても有効な証明書を発行される未来を想像してほしい。もしそうなったら、誰が好きこのんで借金をしてまで、学費のかかる三流や四流の学校に入るだろうか？

ハーバード経営学大学院のクレイトン・クリステンセン教授は、業界における破壊的イノベーションの専門家だが、そうした疑問に答えて、何千という教育機関にとって暗い未来がやってくると予言した。二〇一三年のインタビューでクリステンセンは、「今後一五年間で、アメリカの大学の半分が破産するかもしれない」と言った[22]。大半の大学がなんとか持ちこたえたとしても、入学者と収入が激減すると同時に、管理者も教職員も大量に解雇されるという事態は容易に想像できる。

多くの人たちは、破壊はピラミッドの最上層から生じる、つまりアイビーリーグの大学が提供する講座に学生たちが押し寄せることで起こると思っている。だが、そこには「教育」がいずれはデジタル化される一次産品だという前提がある。ハーバードやスタンフォードなどの大学が進んで授業を無料で公開していること自体、基本的にそうした機関のビジネスとは、知識を伝えることではなく証明書を発行することであるという証左だ。エリートの証明書は、たとえばデジタルの音楽ファイルと同じように増えていくものではない。むしろ限定版の複製絵画や、中央銀行が発行する紙幣に似ている。多く出回るほど、価値は下がるのだ。だからこそ本当の最上層の大学は、有意味な証明書を発行することにはきわめて用心深い姿勢を崩さないだろう。

断絶的破壊が生じるのはその次の層、とりわけ主要公立大学からではないだろうか——こうした大学は高い学問的評価と多くの卒業生に加え、アメリカンフットボールやバスケットボールのプログラムに支えられたブランドを擁しながら、州による予算削減の余波のなかで収入を求めて苦闘するようになっている。ジョージア工科大学はユダシティ社と提携して、ムークをベースとしたコンピュータ科学の学位を付与しているし、ウィスコンシン大学が実験的に実施している学力保障の証明書は、近々さらに大規模でやってくるものの前触れかもしれない。また先ほども触れたように、純粋に評価テストのみに基づく就職を前提とした証明書を発行することで、この市場に大きく関与しようとする民間企業もちらほら出てくるかもしれない。

たとえムークが発展して、学位や市場価値のある証明書に直接つながるルートになったとしても、やはりクラス分けをベースとした多くの大学のビジネスモデルを損なう可能性はある。経済学や心理学といった課程の大規模な入門講座は、比較的少ないリソースで数百人の学生を教えられるため、大学にとってなくてはならないドル箱だ。通常なら学費を全額払ってくれる学生たちがある時点で、エリート機関の有名教授が教える無料または低コストのムークに切り替えられるという選択肢を手にすれば、それだけでも多くの低ランク大学の財政には大打撃となりかねない。

ムークが発展を続けるにつれ、膨れ上がった入会者の数自体がイノベーションの重要な牽引力となるだろう。講座に参加した学生たちのデータや、彼らがどうして成功または脱落するかといったデータが膨大な量で収集されつつある。これまで見てきたとおり、ビッグデータの手法がもたらす重要な知見の所産は、時間がたつほど改良されていく。たとえば適応学習システムは、ロボット指導員ともいうべきものを生み出した。こうしたシステムは個々の学生の進歩をフォローし、一人ひとりに合わせた指示やアドバイスを与えてくれる。また、学生の能力に合わせて学習のペースを調節することができる。こうしたシステムはすでに成功を収めているのだ。あるランダム化実験研究が、六つの大学で行われる統計学の入門講座に注目した。あるグループの学生たちは従来と同じフォーマットの課程を取り、他のグループの学生たちはロボットによる指導が主で教室での講義が従となる課程を取った。そして調査の結果、どちらの学生たちも「合格率、最終試験の点数、統計学の能力を測る標準テストの成績」が同じレベルだったことがわかった(23)。

高等教育産業がいずれデジタルテクノロジーの襲来に屈するとしたら、その変化は両刃の剣となる可能性がきわめて高い。大学の証明書はいまほど高価でなくなり、多くの学生の手の届くものになるだろう。だが同時に、高学歴労働者の雇用の大きな拠り所となってきたこの産業が、テクノロジーによって破壊されかねない。すでに見てきたように、他のあらゆる産業では、自動化ソフトウェアの進歩が多くの高スキル職に影響を及ぼしつづけている。作文の採点アルゴリズムやロボット指導員が生徒にライティングを教えるのに役立っている一方で、ナラティブ・サイエンス社が開発したようなアルゴリズムが、すでに多くの分野でルーティンな初級レベルのライティングを自動化しているかもしれない。

ムークの台頭と、知識ベースの職のオフショアリングの実施には、自然とシナジー効果が生まれる可能性もある。大規模なオンライン講座が最終的に大学の学位に結びつくのなら、こうした新しい証明書を受け取る人たちの多く、また成績優秀な人材のきわめて多くが途上国世界から出てくるのは避けられないだろう。この新しい体制で教育を受けた労働者を雇うことに雇用主たちが慣れてくれれば、求人に際しても次第に世界に目を向けたアプローチをとろうとするかもしれない。

高等教育はこれまでのところ、アメリカのなかでも、進歩するデジタルテクノロジーの影響から比較的無縁でいられた主要産業のひとつだ。それでもムークのようなイノベーションや自動化された採点用アルゴリズム、そして適応学習システムは、いずれは断絶的破壊へとつながる可能性がかなり高いだろう。やはりテクノロジーの普及を拒んできた産業、すなわち医療については、次の章で見ていくが、そこにはロボットが直面するさらに大きな難問が表れている。

第6章　医療という難問

二〇一二年五月、五五歳のある男性患者がドイツのマールブルク大学のクリニックに搬送されてきた。患者には、発熱と食道の炎症、甲状腺ホルモンの数値低下、そして視力の低下が見られた。それまでにも何人もの医師にかかっていたが、誰もがその症状を見て首を傾げるばかりだった。そしてマールブルクの病院に来た時点で、視力はほとんどなく、心臓も停止寸前だった。その数ヵ月前、海を隔てた大陸では、デンバーのコロラド大学メディカルセンターで心臓移植手術を受けた五九歳の女性に、それときわめてよく似た謎の症状が起きていた。

この両患者の謎の病の正体は、じつは同じものであることがわかった。コバルト中毒だ。[1]どちらの患者も以前に金属製の人工股関節を入れる手術を受けていた。その金属のインプラントが時間とともに磨耗し、コバルトの粒子を放出して患者を慢性的な中毒に陥らせていたのだ。驚くべき偶然の一致で、この二つの症例を紹介する論文が、二〇一四年二月のほぼ同じ日に、二つの主要な医学雑誌に発表された。ドイツの医師の報告によると、アメリカの医療チームが手術に頼ったのに対し、ドイツのチームは思いも寄らないところから謎を解明した。それは医療の訓練によるものではなく、ひとりの医師がテレビ番組『ハウス』の二〇一一年二月の放送分を見ていたおかげだった。その回のエピソードで、主人公のグレゴリー・ハウス医師は同じような患者に接し、ある独創的な診断を下した――金属製の人工股関節インプラントによるコバルト中毒である、と。

二つの医師団が同一の診断を下すのに苦労することがあるという事実――そしてその謎の答えをプライムタイムのテレビで何百万人もの視聴者が見ていたという事実は、医療知識と診断のスキルがいかに個々の医師の頭のなかで細分化しているかを示す証拠だった。インターネットのおかげで、医師間の協力や情報へのアクセスが前例のないほど可能になった現代でも、こういうことは起こる。そして結果的に、医師たちが病気を診断し治療する際の根本的なプロセスは、重要な意味で比較的変化していない。この昔ながらの問題解決へのアプローチを覆し、個々人の頭のなかにしまいこまれたままの情報や、無名の医学雑誌に発表されただけの情報を残らず引き出せることが、人工知能やビッグデータの医療への適用で実現される最も重要な利点のひとつだろう。

総じて見ると、他の経済領域で断絶的破壊を引き起こしている情報テクノロジーの進歩も、これまでのところ医療部門にはあまり食い込んでいないようだ。とりわけ、テクノロジーが効率性全般の改善に役立っているという証拠はなかなか見つけにくい。一九六〇年の時点で、医療がアメリカ経済に占めるのは六パーセント未満だった。[2] それが二〇一三年にはおよそ一八パーセントと、三倍近くまで成長し、アメリカ国内の一人あたり医療支出は他の先進国と比べておよそ二倍の水準に達している。今後考えられる最大の危険は、テクノロジーが非対称な影響を及ぼしつづけ、一国のほとんどの分野で賃金を引き下げ失業を生み出す一方で、医療費は上がりつづけるという事態だ。この危険はある意味、医療ロボットが多すぎるのではなく、少なすぎるためだといえる。もしテクノロジーが医療の問題に対処できなければ、結果的に個々の家計と経済全体にかかる負担はどんどん重くなり、やがては支えきれなくなる公算が大きい。

医療分野の人工知能

医師が特定の患者の診断を下したり、最適な治療戦略を立てようとするときに役立ちそうな情報を集めていくと、その総量は膨大なものになる。医師は新しい発見や革新的な治療法、世界中の医学雑誌や科学雑誌に発表される臨床研究などの奔流に絶えずさらされている。たとえば、米国国立医学図書館が運営しているオンラインデータベース〈メッドライン〉は、五六〇〇を超える雑誌──そのどれもが年に数十から数百に及ぶ研究論文を掲載している──を取り込んでいる。さらに何百万もの医療記録、患者病歴、事例研究があり、そのなかのどこに重要な知見が隠れていてもおかしくない。ある概算によると、こうしたデータの総量は五年ごとに二倍になるという(3)。そんな関連情報のうち人間ひとりが蓄積できる量は、たとえごく一部の医療分野に限ったとしても、ほんの微々たるものだろう。

第4章でも見たように、医療はIBMの〈ワトソン〉が変革的な影響をもたらすと予想される主要な分野のひとつだ。IBMのシステムは異質なフォーマットの膨大な情報もかき回して調べ、そしてほぼ瞬時に、誰より注意深い人間の研究者でも思いつかないような推論を組み立てることができる。近い将来にそうした診断ツールが、少なくとも特に難しい症例に直面した医師にとって欠かせないものになることは想像に難くない。

テキサス大学のMDアンダーソンがんセンターの病院はヒューストンにあり、一年に一〇万人の患者を扱う、アメリカでも最高のがん治療施設として評価されている。二〇一一年、IBM〈ワトソン〉のチームはMDアンダーソンの医師たちと共同で、白血病の症例に取り組む腫瘍学者の支援のためにカスタマイズされたシステムの製作を始めた。証拠に基づく最良の治療法のさまざまな選択肢を推奨したり、患者に治験をマッチングさせたり、起こりうる危険や特定の患者を脅かすかもしれない副作用を指摘したりできる、インタラクティブなアドバイザー役を作り出すのが目的だった。このプロジェクトの進展は、当初はチームの予想よりいくぶん遅かった。理由は主として、複雑ながんの診断・治療に取り組むことのできるアルゴリズムのデザインに関してさまざまな難問があったことにある。がんは『ジェパディ！』よりも手ごわい相手なのだ。それでも二〇一四年一月には、ウォールストリート・ジャーナル紙に、MDアンダーソンで〈ワトソン〉をベースとする白血病用のシステムが実用化に向けて「再び軌道に乗った」という記事が掲載された。(4) 研究者たちはこのシステムを拡張し、今後二年の内には他の種類のがんも扱えるようにしたいと考えている。IBMがこの試験的なプログラムから得たさまざまな知見を生かし、〈ワトソン〉のテクノロジーを今後効果的に実行できるようになる可能性は非常に高い。

このシステムがスムーズに機能するようになったら、MDアンダーソンのスタッフは、それをインターネット経由でどこからでも利用できる強力なリソースにしようと計画中だ。白血病の専門家コートニー・ディナード博士によれば、〈ワトソン〉のテクノロジーは、あらゆる医師が「最新の科学知識やMDアンダーソンの経験にアクセス」できるようにすることで「がん治療を民主化する」可能性を秘めているという。「白血病の専門家でない医師にとって」、このシステムは「専門家によるセカンドオピニオンとして機能し」、この国でも最高のがん治療センターが信頼しているのと「同じ知識や情報を利用することができる」。またディナードは、このシステムは特定の患者へのアドバイスを与えるだけにとどまらず、「さまざまな疑問を作り出し、仮説を探究して、重要な研究課題の答えを出すために用いられる最良の研究プラットフォームを提供するだろう」とも考えている[5]。

いまのところは〈ワトソン〉が、医療に活用された人工知能のなかでも特に有名で野心的な例だが、他にも重要な成功例はある。二〇〇九年にミネソタ州ロチェスターにあるメイヨー・クリニックの研究者たちが、心内膜炎の症例の診断に用いるための人工ニューラル・ネットワークを製作した。心内膜炎は通常、プローブを患者の食道に差し込まなければ、炎症の原因が命に関わる恐れのある感染かどうかを診断できない。しかしこの方法は不快な上に料金も高く、処置そのものが患者に危険を及ぼす可能性もある。メイヨーの医師たちはその代わりにニューラル・ネットワークを訓練し、ルーティンなテストや観察可能な徴候のみに基づく、侵襲的処置の必要のない診断方法を考え出した。一八九人の患者を対象にした研究によると、このシステムは当時九九パーセント以上の正確性を誇り、そのおかげで患者の半数以上が必要のない侵襲的な処置を受けずに済んだという[6]。

人工知能が医療にもたらした最も重要な恩恵は、診断でも治療でも致命的な誤りを避けられるようになったことだろう。一九九四年、二児の母である三九歳のベッツィ・レーマンは、ボストン・グローブ紙に健康関連の問題についての記事を寄稿するコラムニストとしても有名な人物だったが、乳がんとの闘病を続けていた。そして三回目の化学療法を受けるため、MDアンダーソンと並んでアメリカ有数のがんセンターと目される、ボストンのダナ＝ファーバーがん研究所に収容された。レーマンに指示された治療プランは、シクロフォスファミドの積極的な投与だった――がん細胞を死滅させることを目的とする、きわめて毒性の高い薬剤だ。だが、その投薬指示を書いた研究フェローが単純な数字上の誤りを犯し、結果的にレーマンは、実際に必要とされる薬剤の四倍の量を投与されることになった。一九九四年一二月三日、レーマンは薬物の過剰摂取で死去した。(7)

レーマンは、アメリカで防止可能な医療過誤の直接的結果として命を落とす年平均九万八〇〇〇人の患者のひとりにすぎない。(8)米国医学研究所の二〇〇六年の報告書によると、被害をこうむったアメリカ国民は医療ミスだけで少なくとも年間一五〇万人に及び、そうしたミスの結果としてかかる追加の医療費は年間三五億ドル以上に達する。(9)患者の詳細な病歴だけでなく、薬物治療やそれに関わる毒性および副作用を含めた情報にもアクセスできる人工知能システムがあれば、複数の薬物が相互に作用するようなごく複雑な状況下でも、過誤が起こるのを防げるかもしれない。こうしたシステムは医師や看護師にとって双方向のアドバイザー役を果たし、投薬が行われる前に安全と効果の両面を即時に検証するだろう――特に病院スタッフが疲れていたり気が散っていたりする状況では、患者の命を守るだけでなく、無用な不安や出費を取り除いてもくれる。

人工知能の医療分野での活用が進み、一貫して上質なセカンドオピニオンを提供できる本物のアドバイザーとして機能するまでになれば、このテクノロジーは医療過誤の責任に関連した高額な出費を抑えるのにも役立つだろう。いまの医師の多くはいわゆる「防衛的医療」を行う必要性を感じ、訴訟を起こされた場合におのれを守ろうとして、考えられるかぎりの検査を指示する。だが、最良の実施基準を熟知した人工知能システムからセカンドオピニオンが文書で得られるとしたら、医師はそうした訴えに対抗するための「避難場所」を持つことができる。その結果、無用な医学検査やスキャンにかかる出費が減ると同時に、医療過誤保険の掛け金も低下するだろう。[a]

さらにその先へ目を向ければ、人工知能が医療サービスの提供の仕方にも確かな変化をもたらすところが容易に想像できる。機械が正確な診断を下し、効果的な治療を施せることがいったん示されれば、医師がすべての患者との接触を直接的に監督する必要はなくなるだろう。

二〇一一年に〈ワトソン〉が『ジェパディ！』のクイズに勝ちを収めてからまもなく、私はワシントン・ポスト紙の論説記事に、いずれ医療の分野に新しい専門家階層が生まれる時が来るかもしれないと書いた。おそらく四年制大学や大学院で教育を受け、主に患者と意思疎通して診察を行い、さらにその情報を標準化された診断および治療システムに伝える訓練を受けた人たちのことだ。[(10)] この低コストの新しい専門職は、多くのルーティンな患者を相手にし、このところ劇的に増えている肥満や糖尿病などの慢性疾患の患者を管理するために配置されるだろう。

もちろん医師たちのグループは、こうした教育程度の低い競争相手の流入に反対を唱える可能性が高い[b]。しかし現実には、医科大学院卒業者の大多数は、家庭医療に進むことにとりたてて興味があるわけではないし、この国の僻地での勤務に関心を持つケースはさらに少ない。さまざまな研究によると、今後年配の医師が引退するにつれて、一五年後には二〇万人の医師が足りなくなると予測される。また医療費負担適正化法の計画によって、三二〇〇万人もの新しい患者が健康保険制度に加入する上、高齢化する人口はますます多くのケアを求めるようになる[11]。特に不足しそうなのは、医科大学院を卒業した一次診療医だ。彼らは学生ローンの重い負担を負っていることが多く、より実入りのいい専門職の道を選ぼうとするだろう。

こうした医療の新しい専門家は、標準化された人工知能システムを利用する訓練を積んでいる。このシステムは、医師たちが一〇年近くにわたる集中的な訓練の時期に獲得してきた知識の多くが詰め込まれたものだ。この専門家たちはルーティンな患者を扱う一方で、専門的なケアの必要な患者は正式な医師にゆだねる。大卒者たちはこうした新たなキャリアの道が拓かれることで大いに恩恵をこうむるだろう。労働市場の他部門での就業機会を知的なソフトウェアが次第に蝕んでいる現状であればなおさらだ。

医療の一部の分野、特に患者との直接の交流が必要でない分野では、人工知能の進歩は大幅な生産性の増大と、おそらくは最終的な全面自動化を推し進めることになる。たとえば放射線科医は、さまざまな医療スキャンから得られる画像を読み取る訓練を積んでいる。画像処理・認識テクノロジーは急速に進歩していて、まもなく放射線科医の従来の役割を奪い取るかもしれない。ソフトウェアはすでに、フェイスブックに投稿された写真のなかの人間を認識でき、空港に現れたテロリストを発見することにすら役立てられているのだ。二〇一二年九月、連邦食品医薬品局（ＦＤＡ）は女性の乳がん検査に自動化された超音波システムを用いることを認めた。Ｕ－システムズが設計したこの機器は、胸部の組織が密なせいで通常のマンモグラムでは効果の得られない女性たちから、およそ四〇パーセントの割合でがんを検出できるよう作られている。それでも人間の放射線科医がその画像を解読する必要はあるが、いまではそれにかかる時間はたった三分ほどだ。これが通常のハンドヘルドの超音波機器で作り出される画像だと二〇～三〇分はかかってしまう[12]。

自動化システムはまた、実用的なセカンドオピニオンを提供してくれる。がんの検出率を高めるためのきわめて効果的な、だが高くつく方法は、ふたりの放射線科医が別々にすべてのマンモグラムを読み取り、それぞれの医師が突き止めた異常と思われるものについて議論した上で合意を導き出すというやり方だ。この「ダブルリーディング」戦略はがんの検出率をかなり改善すると同時に、再度検査のために呼び出さなくてはならない患者の数を大幅に減らした。そしてニューイングランド・ジャーナル・オブ・メディスン誌に掲載された二〇〇八年のある研究から、機械がその第二の医師の役割を担えるということがわかった。放射線科医がコンピュータに補助された検出システムと組んだときの結果は、二人の医師が別々に画像を見て解釈した場合とちょうど同じだった。[13]

病理学は人工知能がすでに侵食しているもうひとつの分野である。毎年、世界中で一億人を超える女性たちが子宮頸がん発見のためのパップテストを受けている。このテストでは子宮頸部の細胞を顕微鏡のスライドグラスに乗せ、技師または医師が検査して腫瘍の有無を見きわめなくてはならない。労働集約性の高いプロセスで、テスト一回につき一〇〇ドルかかることもある。しかし臨床検査室の多くは現在、ニュージャージーに本社のある医療機器会社、BDが製造した強力な自動イメージングシステムに目を向けている。二〇一一年にはフアハド・マンジューが、職の自動化を扱ったスレート誌の連載記事のなかで、BDのフォーカルポイントGSイメージングシステムを「医用工学の奇跡」と呼んだ。その「画像検索ソフトウェアは高速でスライドをスキャンし、異常な細胞の一〇〇以上に及ぶ視覚標識を探す」。それから「病変のありそうな確率に従ってスライドをランク付けし」、最後に「人間がじっくり調べるべき箇所を各スライドにつき一〇ヵ所見つける」[14]。この機械を使うと、人間による分析だけの場合よりもがんの症例を発見する率はぐんと高まり、しかも検査をこなす速度はおよそ二倍になった。

病院と薬局のロボティクス

サンフランシスコのカリフォルニア大学医療センターの薬局は、毎日およそ一万人分の薬を調剤しているが、薬剤師が錠剤や薬びんに触れることはまったくない。大規模なオートメーションシステムが何千種もの薬剤を管理し、大量の医薬品の貯蔵や回収から個々人用の錠剤の調剤および包装まで、何もかも引き受けている。ロボットアームがずらりと並んだびんから絶え間なく錠剤を取り出し、ビニールの小袋に入れていく。そうした薬がさらに別々の袋に詰められ、薬剤の内容とそれを受け取る患者を示すバーコードのラベルが貼られる。さらに機械は、各患者の薬を毎日摂取しなければならない順番に並べ直し、それをまとめて束ねる。その後、投薬を管理する看護師が、薬の袋と患者のリストバンド双方のバーコードを読み取る。もしそれが一致しないか、あるいは薬の投与時間が誤っていたら、アラームが鳴り響く。また他にも、注射用の薬の調剤を自動的に行う専用ロボットが三台ある。そのなかの一台は、毒性の高い化学療法用の薬剤だけを扱う。このシステムは全工程から人間をほぼ完全に排除することで、人為的なミスの可能性を実質的にゼロにしているのだ。

このカリフォルニア大学医療センターの自動システムは、価格七〇〇万ドルという、薬局業界で展開中のロボットによる変容のひときわ華々しい実例のひとつにすぎない。それよりもずっと安価な、自動販売機と大差ない大きさのロボットが、食料品店兼ドラッグストアのなかにある小売薬局を侵しつつある。アメリカの薬剤師は長期間の訓練（四年間の博士課程）が必要な上、難しい検定試験に合格しなくてはならない。その代わり稼ぎはよく、二〇一二年の平均年収は一一万七〇〇〇ドルだった。だが、とりわけ小売薬局ではそうだが、仕事の大半は基本的に決まったことの繰り返しで、最優先されるのは致命的なミスを避けることだ。要するに、薬剤師がやっていることの大半は、自動化にほぼうってつけなのである。

患者のための薬が病院の薬局を離れると、あとは配送ロボットにお任せというケースも次第に増えてきそうだ。そうした機械がすでに、巨大な医療施設を巡回し、薬やラボの試料、患者の食事、清潔なリネン類を配って回っている。ロボットは障害物を迂回し、エレベーターを使うこともできる。二〇一〇年にはカリフォルニア州マウンテンビューにあるエル・カミノ病院が、エーテオン社の搬送ロボットを一年あたりおよそ三五万ドルの料金でリースした。ある病院の管理者によれば、人間を雇って同じ仕事をさせるとしたら、年間一〇〇万ドルのコストがかかるだろうという[15]。二〇一三年初めにゼネラルエレクトリックは、手術室で用いられる何千という外科用道具の洗浄、滅菌、配送ができる移動式ロボットを開発する計画を発表した。こうしたツールには無線ＩＣタグ（ＲＦＩＤ）を付けることで、ロボットが見つけやすくすることができる[16]。

薬局や病院のロジスティクスおよび配送といった特定の領域以外では、自律ロボットはこれまでのところ、あまり医療分野に食い込んでいない。外科用ロボットは広範囲に使われているが、実際は外科医の能力を補助するためのもので、ロボット外科手術は従来どおりの処置よりもむしろ費用がかかる。だが、さらに野心的な外科用ロボットの製作に向けた試験的な活動も始まっている。たとえば、I－SURプロジェクトは、EUが支援するヨーロッパの研究者たちのコンソーシアムで、刺す、切る、縫うといったごく基本的な処置を自動化しようと試みている。[17]それでも近い将来に患者が、医師がその場でいつでも介入できる態勢をとっていない状態で侵襲的な処置を受けられるようになるとは想像しづらい。だからそうしたテクノロジーがたとえ実現したとしても、費用節減はよくいってもささやかなものにしかならないだろう。

高齢者介護ロボット

すべての先進国だけでなく、多くの途上国でも、国民の高齢化が急速に進んでいる。アメリカでは二〇三〇年には六五歳以上の高齢者が七〇〇〇万人を超え、全人口の一九パーセントを占めるようになると考えられる。二〇〇〇年の一二・四パーセントからの大幅な増加だ。[18]日本では出生率の低下もあいまって、高齢化はさらに極端で、二〇二五年には全人口の三分の一が六五歳以上になるだろう。日本にはまた、この問題を緩和できそうな移民の増加に対する嫌悪感ともいうべきものがある。その結果、日本ではすでに、高齢者のための介護労働者が少なくみても七〇万人不足している——そしてこの不足は、今後数十年でさらに深刻になっていくだろう[19]。

この世界的な人口動態上の不均衡の拡大は、しかしロボティクスの分野にはきわめて大きな好機を生み出しつつある。高齢者介護を支援する手頃な価格の機械が開発されているのだ。二〇一二年の映画『素敵な相棒』は、ある老人とロボットのヘルパーが繰り広げるコメディーだが、今後予想される発展をきわめて楽観的に取り上げたものだ。映画の幕開けでは、その舞台が「近未来」であることが視聴者に伝えられる。それからロボットは並々ならぬ敏捷さを見せ、知的な会話を行い、総じて人間とほぼ変わらない行動をする。コップがテーブルから叩き落とされたときには、ロボットがそれを空中で摑んでみせる。だが私の見るところ、あいにくこれは「近未来」のシナリオとはならないだろう。

実のところ、現時点で存在する高齢者介護用ロボットの大きな問題は、すべてをひっくるめてやるのは無理だということだ。初期に大きく進歩したのは、ほとんどがパロのようなセラピー用のペットだった（パロは赤ちゃんアザラシ型の癒しロボットで、価格は五〇〇〇ドルにもなる）。他には高齢者の体を持ち上げて動かし、人間の介護労働者の消耗を大きく減らしてくれるロボットもある。だが、こうした機械は高価で重たい――自分が持ち上げるお年寄りの一〇倍の重さがある――ため、主として養護施設や病院に置かれることになるだろう。安価な、それでいて排泄や入浴を手伝えるだけの器用さを備えたロボットを作るのは、いまだにとてつもない難問だ。特定の作業ができる実験的な機械はいくつか現れている。たとえば、ジョージア工科大学の研究者たちは、患者を寝かせたままやさしいタッチで洗ってくれるロボットを開発した。しかし手頃な値段で複数の仕事をこなせ、ほぼ完全に他人に依存している人たちを自律的に支援できる高齢者介護用ロボットを実現するには、今後まだまだ時間がかかるだろう。

こうした圧倒的な技術上のハードルがあるために、理論的には大きな市場機会があるにもかかわらず、高齢者介護用のロボットに特化したスタートアップ企業はほとんどなく、この分野に流れ込むベンチャーキャピタルもきわめて少ない。最も明るい希望は、ほぼ確実に日本から現れそうだ。この国は高齢化によって国家的危機の寸前にあり、またアメリカとはちがって、産業と政府が直接協力し合うことへのアレルギーがないに等しい。二〇一三年に日本政府は、高齢者やその介護者を支援する、安価なシングルタスクのロボット装置の開発に関わる費用の三分の二を国が負担するというプログラムを開始した[20]。

日本で開発された高齢者介護用のイノベーションでこれまでのところ最も注目すべきなのは、ハイブリッド・アシスティブ・リム（HAL）だろう――SFの世界からそのまま飛び出してきたような外骨格型パワード・スーツである。筑波大学の山海嘉之《さんかいよしゆき》教授が開発したHALは、二〇年に及ぶ研究・開発の成果だ。スーツ内部のセンサーが脳からのシグナルを感知し解釈することができる。このバッテリー駆動のスーツを着用した人物が立ち上がろう、歩こうと考えると、強力なモーターがたちまち作動しはじめ、機械的なアシストを行う。上半身だけに使えるタイプもあり、介護者が高齢者の体を持ち上げるのを助けてくれる。車椅子生活の高齢者もHALの助けを借りて、立ち上がり、歩くことができる。山海が立ち上げたサイバーダイン社は、二〇一一年に大事故を起こした福島第一原子力発電所の瓦礫撤去を行う作業員が使えるように、外骨格型スーツをさらに丈夫にしたバージョンも設計した。同社によるとこのスーツによって、作業員は一三〇ポンドの重さのあるタングステンの放射能防護服を身につけなくても済むようになる。HALは日本の経済産業省が初めてお墨付きを与えた介護用ロボットなのだ。年間わずか二〇〇〇ドル以下でリースでき、すでに三〇〇ヵ所を超える病院や療養院で使用されている。(21)

他に近々実現しそうなのは、移動をアシストするロボット歩行車や、薬を運んだり、水を汲んできたり、メガネなどよく置き忘れるものを持ってきてくれたりする安価なロボットだろう（これは品物に無線ICタグを付けることでうまくいきそうだ）。認知症の人々を追跡・監視できるロボットも出現している。医師や看護人が遠く離れた患者と交信できるテレプレゼンス・ロボットも、すでに一部の病院や養護施設で使用中である。この種の機器が比較的開発しやすいのは、敏捷さという難しい問題を避けられるからだ。近い将来の看護用ロボットは、主としてコミュニケーションを支援したり監視したり可能にしたりする機械として利用されることになる。自分で独立して、本当に有益な作業をこなすことのできる手頃な価格のロボットは、そう早くは実現しないだろう。

本当の意味で有能かつ自律的な高齢者介護用ロボットが近い将来に出現しそうにないとすれば、療養施設の従業員や在宅医療助手の不足によって、経済の他の部門で起きているテクノロジー主導の雇用喪失はかなりの程度まで相殺されるだろう。雇用は単純に、医療および高齢者介護へと移動するかもしれない。労働統計局の推定では、二〇二二年には個人介護助手の新しい雇用が五八万、正看護師が五二万七〇〇〇（これはアメリカで最も伸び率の高い職業の二つ）に加え、在宅医療助手が四二万四〇〇〇、看護助手が三一万二〇〇〇[22]と、すべて合計しておよそ一八〇万の雇用が生まれることになる。

これは大きな数のように思える。だが、ここで考えてみてほしい。経済政策研究所の概算では、二〇一四年の時点で、アメリカはまだ大不況の余波のために七九〇万の雇用が不足していた。そこには停滞の時期に失われて戻らなかった一三〇万の雇用のほか、一度も生み出されなかった六六〇万の雇用が含まれている[23]。つまり、先の一八〇万の雇用がたったいますべて現れたとしても、空いた穴の四分の一しかふさがらないのだ。

加えてもうひとつ、こうした職は低賃金の上に、多くの人たちにはあまり適したものではないという要素がある。労働統計局によると、在宅医療助手と個人介護助手はともに、二〇一二年の平均所得が二万一〇〇〇ドル未満で、必要とされる教育程度は「高校未満」だった。

労働者の大多数にはこうした職で成功するのに必要な気質が欠けているのではないか。もしある労働者が、細かいパーツを機械で打ち抜く職が嫌いだとしても、そう大したことではない。しかし寝たきりのお年寄りの世話が嫌いだとしたら、それは大きな問題だ。労働統計局の見込みが正しく、そして介護や看護の職が大量に生まれたとしても、誰がそうした労働者たちの費用を負担するのかという問題も出てくる。数十年にわたる賃金の停滞と、確定給付型年金からしばしば資金不足となる確定拠出年金（４０１ｋ）プランへの移行とがあいまって、アメリカ国民の大半が退職後は比較的不安定な状態に置かれるだろう。高齢者の大多数に毎日の個人的支援が必要になる時期がやってきても、個人で在宅医療助手を雇う手段のある人の数は、たとえそうした職の賃金が非常に低いとしても、比較的少ないはずだ。結果的にそうした職は、メディケアやメディケイドのようなプログラムから資金が提供される半ば政府がらみの職になり、そのために解決策というよりは問題として見られるだろう。

データの力を解き放つ

第４章で見たように、ビッグデータ革命は、新たなマネジメントの知見と効率性の大幅な改善を約束している。実際のところ、こうしたデータの持つ重要性が増していることは、健康保険部門を整理統合するべきだ、でなければ保険会社や病院などの医療供給者間でデータを共有するメカニズムを作り出すべきだという主張の強力な論拠となるかもしれない。より多くのデータにアクセスできることが、さらなるイノベーションにつながる。ターゲット社がある顧客の商品購入パターンから妊娠したことを予測できるように、病院や保険会社も膨大なデータセットにアクセスすることで、コントロール可能な特定の要因と患者の良好な予後との相関関係を見つけ出せる可能性がある。電話会社のAT&Tは、二〇世紀に情報テクノロジーの最も重要な進歩の多くを担ったベル研究所を後援していたことで有名だ。ある程度の規模を持った健康保険会社も、それと同じような役割を果たせるかもしれない——ただしこの場合、イノベーションが得られるのは研究所での手仕事からではなく、患者や病院の詳細なデータを絶えず分析することからである。

患者の体に埋め込んだり装着したりする医用センサーも、重要なデータ源となるだろう。こうした機器から絶え間なく流れてくるバイオメトリック情報は、診断にも慢性病の管理にも使うことができる。今後特に有望な研究分野のひとつは、糖尿病患者の血糖値をモニターできるセンサーの製作だ。このセンサーがスマートフォンやその他の外部機器と連係し、もし血糖値が安全な範囲を超えて下がればすぐに患者に知らせることで、不快な血液検査の必要をなくせるのだ。多くの会社がすでに、患者の皮膚の下に埋め込むタイプの血糖値モニターを製造している。二〇一四年一月にはグーグルが、小型のグルコース検知機とワイヤレスチップ入りのコンタクトレンズの開発に取り組んでいることを発表した。このレンズは涙を分析することで絶えず血糖値をモニターしつづける。もしレンズを着けている人の血糖値が高すぎたり低すぎたりすれば、小さなLEDライトが即座に点灯して警報を知らせる。二〇一四年九月に正式に発表されたアップルウォッチのような消費者デバイスも、やはり健康関連のデータを続々ともたらすだろう。

医療費と機能不全の市場

二〇一三年三月四日発行のタイム誌のカバーストーリーは、スティーヴン・ブリルを筆者とする「苦い薬」という題名の記事だった。記事は高騰する一方のアメリカの医療費の裏で働いている力を追及し、露骨な価格つり上げとしか考えようのない事例につぎつぎ焦点を合わせていた。たとえば、地元のドラッグストアやウォルマートで買える市販のアセトアミノフェン（鎮痛解熱剤）と同じ錠剤に一万パーセントのマージンを取られた。メディケア（高齢者および障害者向け公的医療保険制度）ならおよそ一四ドルで済む血液検査の料金が二〇〇ドル以上にまで上がった。メディケアならおよそ八〇〇ドルのCTスキャンに六五〇〇ドル以上もかかった。心臓発作だろうかと心配したもののただの胸やけと診断されたが、それだけで一万七〇〇〇ドルも請求された――しかも医師の診察料を別にしてだ。[24]

その数ヵ月後、ニューヨーク・タイムズ紙のエリザベス・ローゼンタールが、それとほぼ同じ趣旨の連載記事を書きはじめた。裂傷で三針縫っただけで二〇〇〇ドル以上かかった。幼児の額に軟膏を塗っただけで一六〇〇ドル以上とられた。インターネットでなら五ドルで買える局所麻酔薬一びんに八〇ドル近く請求された。病院はこうした医薬品を大量に仕入れ、はるかに低い額しか支払っていないと、ローゼンタールは書いている。(25)

そして両記者とも、こうした請求額の高騰は概ね「チャージマスター」と呼ばれる大規模かつ不明瞭な、しばしば秘密主義でもある価格リストから生じていることを突き止めた。チャージマスターに載っている価格には根拠がなく、現実のコストとも連動していないように見える。チャージマスターに関して確実に一貫していえることは、その価格がとんでもなく高いということだけだ。ブリルもローゼンタールもともに、チャージマスターが乱用された悪質な事例の大半は、患者が保険に入っていないときに起こっていることを突き止めた。病院はたいてい、こうした人たちがリストに記載されている料金を満額支払うことを期待する。もし患者が支払えないか支払おうとしない場合、すみやかに取り立て人を差し向けたり、訴訟を起こすことも多い。そして大手の健康保険会社ですら次第に、チャージマスターの価格をベースにした割引率で請求を行うようになっている。要するに、コストがまず高騰し――多くの場合一〇倍か、一〇〇倍になった例もある――そこから保険業者との交渉の結果に応じて、三〇ないし五〇パーセントの割引が適用されるのだ。ミルク一ガロンのリスト記載価格が四〇ドルのところ、五〇パーセント割引の交渉をして、二〇ドルで買ったと想像してみればいい。そう考えると、病院の請求する料金が、アメリカの医療費を絶えず増加させている最も重要な動因だったとしても驚くには当たらない。

歴史が教える重要な教訓は、テクノロジーの進歩と、正しく機能する市場経済には強い共生関係があるということだ。健全な市場はさまざまなインセンティブを生み出し、それが有意義なイノベーションと生産の増加をもたらす。それこそが私たちの繁栄を陰で支える原動力なのだ[d]。知性のある人間なら概ね理解できることである（そしてその点を議論するときには、スティーヴ・ジョブズとアイフォーンの話を持ち出すだろう）。問題なのは、医療がすでに壊れてしまった市場だということ、そしてこの業界の構造的問題が解決されないかぎり、いくらテクノロジーが発達しても医療費はおそらく下がらないということだ。

また私の見るところ、医療市場の性質に関しても、また市場での効率的な価格決定のメカニズムはどこで作用すべきかという点についても、大きな混乱があるように思う。多くの人が、医療も通常の消費市場のひとつだと考えたがる。もしも保険会社を、そしてとりわけ政府を厄介払いし、代わりにさまざまな決定やコストを消費者（つまり患者）が担えるようになれば、他の産業で見てきたものと同じようなイノベーションや成果が得られるだろうと（ここでもスティーヴ・ジョブズの話が出てくるかもしれない）。

ところが実際には、医療は消費者製品やサービスを扱う他の市場とは単純には比べられないし、そのことは半世紀以上も前からよく知られていた。ノーベル賞を受賞した経済学者ケネス・アローは、一九六三年のある論文で、医療が他の製品やサービスとは一線を画していることを詳述した。特にアローが強調したのは、医療費はきわめて予測が難しく、しばしば非常に高額にのぼるため、ふだんの収入から支払ったり、他の大きな買い物をするときのようにあらかじめ計画を立てたりできないという点だった。また医療は、購入前にテストをすることもできない。携帯電話のショップへ行ってスマートフォンを全機種試してみる、というようにはいかないのだ。そしてもちろん非常時には、患者が意識をなくしているか、瀕死の状態にあるかもしれない。またどのみち、きわめて複雑で、おそろしく専門的な知識が求められるこの分野では、一般人がそうした決定をまともに下せるとは期待できない。医療供給者と患者は、決して対等といえるような存在ではないし、アローが指摘するように、「どちらの側もこの情報格差に気づいている。そして両者の関係は、そうした意識によって特徴づけられる」[26]。要するに結論としては、医療サービスや入院サービスの高い費用、予測の難しさ、そして複雑さを踏まえると、なんらかの保険モデルが医療業界には不可欠になってくるということだ。

また、医療にかかる支出が少数の重篤な患者に集中していることも重要な点だろう。全米衛生管理研究所の二〇一二年の報告によると、人口のわずか一パーセントに当たるきわめて重篤な患者が、国内の医療費全体の二〇パーセント以上を占めていることがわかった。二〇〇九年には、全支出の半分近い六二三〇億ドルほどが、人口の五パーセントに当たる重病患者に費やされた(27)。実のところアメリカの医療費は、所得と同じような格差に冒されているのだ。これをグラフにすれば、第3章で説明した「勝者ひとり占め」のロングテール分布にきわめて似た曲線になるだろう。

こうした医療費の集中が持つ意味は、いくら強調してもしすぎることはないだろう。私たち国民がこれだけの大金を費やしている少数の重病患者たちが、料金のことを医療供給者と交渉できるような立場にないのは明らかだ。また、こんな膨大な財政的責任をそうした人たちの手に委ねたいわけでもない。私たちが機能させなくてはならない「市場」は、医療供給者と患者のあいだではなく、供給者と保険会社のあいだに存在するものだ。ブリルとローゼンタールの書いた記事の本当の教訓は、この市場が保険業者と医療供給者のあいだのパワーバランスが崩れたために機能しなくなっていることにある。個々の消費者の目に、健康保険業者が強大で傲慢な存在に映るのも無理はないが、現実の保険会社は——病院や医師や製薬会社といった供給者と比較すると——きわめて脆弱である場合がほとんどだ。この不均衡は、医療供給者の整理統合の波が押し寄せつつあるなか、どんどん悪化している。ブリルの記事には、病院が次第に「医師の業務や競合する病院を買い取るにつれて、保険会社に対する影響力は増しつつある」と書かれている(28)。

近い将来、医師が高性能のタブレットコンピュータを使い、タッチスクリーンをポンポンと触っただけでさまざまな医学的検査やスキャンを発注できるようになったとしよう。そうして検査が終わると、その結果がすぐに手元の装置に送られてくる。ある患者にCTスキャンや、場合によってはMRIが必要なら、その結果には人工知能アプリによる詳細な分析も一緒についてくる。このアプリはスキャン画像に見られるどんな異常も指摘し、膨大な患者病歴のデータベースにアクセスして同様の症例を見つけ出した上で、今後の方針についてアドバイスしてくれるのだ。医師のほうは同様の患者たちがどんな治療を受け、どんな問題が持ち上がり、最終的にどうなるかを正確に知ることができる。この状況はもちろん、便利な上に効率もよく、患者にとって良い結果をもたらすはずだ。こういったシナリオにテクノロジー楽観論者たちは興奮し、医療の分野でまもなく革命が起こると考えているのである。

今度はその医師が、金銭的な理由から、検査やスキャンを請け負う診断専門の会社に興味を持ったとしよう。あるいはやはり、病院がその医師の業務を買い、検査機関も所有するようになったらどうか。検査やスキャンの料金は、こうしたサービスの実際の費用とはほとんど関係がなく——なにしろチャージマスターに設定されているのだ——そしてきわめて利ざやが高い。つまり、医師はタッチスクリーンを触るたびにお金を生み出しているようなものなのだ。

こうした例は、いまのところ想像上のものでしかないが、しかし新しい医療テクノロジーが生産性の改善ではなく、より多くの出費につながるという証拠はいくらでもある。その主な理由は、効率性の改善をうながす効果的な価格決定メカニズムが存在しないことだ。市場からの圧力がないために、供給者は効率より収入を増やすためのテクノロジーに投資し、また実際に生産性が高まったときも、料金を下げるのでなくただ自分たちの利益を守ろうとしがちになる。

医療費高騰の要因となっているテクノロジー投資の最たるものは、前立腺がんの治療のために建設されている「陽子線」治療施設だろう。二〇一三年五月のカイザー・ヘルス・ニュース誌のジェニー・ゴールドの記事にはこうある。「医療費をコントロールしようと努める一方で、病院はいまだにこぞって新しい高価な技術を導入しようとしている――そうした装置が必ずしも、より安価なものより効果があるとはいえない場合であっても」[29]。記事はある陽子線治療施設のことを、「セメントで固めたフットボール場ほどもある巨大な建物で、二億ドルを超える値札が付いている」と評している。この高価な新テクノロジーの発想は、患者が放射線を浴びる量を減らすということなのだが、さまざまな研究結果からは、陽子線テクノロジーがはるかに安価なテクノロジーと比べてより良い効果を患者にもたらすという証拠は見つかっていない[30]。医療の専門家エゼキエル・エマニュエル博士は言う。「医療的観点から見て、陽子線治療が必要だという根拠はない。ただ利益を生み出すためだけに行われているのだ[31]」。

私の目には、アメリカ国民にとってはファストフード業界より、医療部門で技術的破壊が起きたほうがよほど恩恵があるのは明らかだ。なんといっても、医療の料金が下がって生産性が改善されれば、人生の質が上がり寿命も長くなるだろう。ファストフードが安くなれば、むしろ逆のことが起こる可能性が高い。とはいえ、ファストフード産業は健全に機能している市場だが、医療部門は違う。いまの状況が続くようなら、ただテクノロジーが進歩するだけで医療費の上昇が抑えられると楽観視できる理由は、ほとんどない。こうした現実を踏まえ、テクノロジーの話から少し回り道をして、保険業者と医療供給者とのパワーバランスを是正するための二つの代替戦略を取り上げてみよう。うまくすれば、私たちの望む社会的変容をもたらしてくれるような、市場とテクノロジーの相乗作用が可能になるかもしれない。

［業界を統合し、健康保険を公益事業にする］

医療供給者が請求する料金を分析してみてわかる主な事実は、メディケア（六五歳以上の人たちに向けた政府の保険制度）はこれまでのところ、この国の医療システムで最も効率的に機能しているものだということだ。ブリルの報告にあるように、「もしメディケアに守られていなければ、医療市場は市場の体すらなさない。先の見えない賭け同然だ」。医療費負担適正化法（オバマケア）の施行は、以前なら保険に入れなかった人たちにはたしかに状況の改善になるだろうが、病院費を抑制する役にはあまり立たない。代わりに料金の高騰のツケは保険業者に、そしていずれは、中低所得者が健康保険に入れるようにするための補助金という形をとって納税者に還ってくる。

実際にメディケアは、患者に関連した出費の大半を抑えるのに効果的である一方、民間の保険業者と比べて管理費や間接費の支出がはるかに少ない。そのことが、このプログラムを国民全員に拡張し、事実上の単一支払者医療制度を作ればいいという議論の根底にある。これは他の多くの先進国が採っている方式だ——そうした国ではすべて、医療にかかる費用はアメリカよりはるかに少なく、平均寿命や乳幼児の死亡率などの指標でも良い結果が出ている。単一支払者医療制度は政府が運営するもので、論理的にいっても支持する根拠はあるが、このアイデアは、イデオロギー的に人口のおよそ半分から嫌われるという逃れがたい現実もある。またこうした制度を実施すれば、おそらく民間医療保険部門のほぼすべてが壊滅するだろう。この業界が政治に及ぼしている巨大な影響力を考えれば、そんなことは起こりそうにない。

単一支払者医療制度は、現実には例外なく政府が運営するものとみなされるが、理屈の上ではそうとは限らない。民間保険会社を統合してひとつの国営会社にまとめ、それを厳しく統制するというやり方も考えられる。このモデルの実例は、一九八〇年代の破綻以前の旧AT&Tだろう。ここで重要になってくるのは、医療は多くの点で通信サービスに似ているという考え方だ。要するに公益事業である。下水道や国の電気施設のように、医療制度も単独では存在できない。医療は系統的な産業であり、その効率的な運営は経済にも社会にも必要不可欠だ。公益サービスの提供は多くの場合、自然な形の独占というシナリオにつながる。

いいかえるなら、市場でただ一社が活動しているときが最も効率的だということだ。

その点でいうなら、さらに効率的なパターンは、少数の競合する大手保険会社に実質的な寡占を許すことかもしれない。そうすれば、競争の要素が体制のなかに組み入れられる。つまり各保険会社は、十分な市場支配力を持てる程度の大きさを保ちながら、医療提供者との交渉に臨むことができる。また、自社の評判で成功いかんが決まってくるため、ほぼ否応なく、上質なケアを実現できるかどうかに基づいて競い合うことになる。業界の厳しい統制のために値上げは制限され、好ましくない慣行、たとえば、特に若くて健康な層から「良いところ取り」をするような保険プランを作ったり、保護が不十分なプランを提供したりすることなどに頼るわけにもいかない。その代わり、ひたすらイノベーションと効率性に集中せざるをえなくなるだろう。

既存の保険会社を統合して、ひとつないし二つの規制された「医療公益事業」を立ち上げれば、単一支払者医療制度の利点の多くを提供しながら医療業界を存続させられる。各民間保険会社の株主たちも一巻の終わりというわけではなく、業界全体の再編でもたらされるものを利益として見ることも可能なのではないか。実際にこうした統合が行われるとして、その道筋はもちろん、簡単には見えてこない。政府が少数の営業許可を発行してもいいだろうし、さまざまな電磁気通信事業の場合のようにオークションにかけるのもいいかもしれない。[e]

「オールペイヤー」制度における価格を決める

それに代わる、より実現可能性の高い戦略は、「オールペイヤー」（全員支払い）制度の実施だろう。このシナリオでは、基本的に政府が、医療供給者が請求する価格の一覧表を定める。メディケアが支払い額を決めるように、オールペイヤー制度は、患者がどの供給者からケアを受けてもすべて同じ額を支払うように定めるのだ。この方式はフランス、ドイツ、スイスなど多くの国々の医療制度で用いられている。アメリカでは、メリーランド州が病院にこの制度を取り入れていて、他の州よりも病院費の上昇が比較的低く抑えられている。[32] オールペイヤー制度も、実施するにあたっての細かな点はまちまちだ。レートは、供給者と支払者との集団交渉で決まったり、特定の病院で実際にかかった費用を分析したあとで規制委員会が決定したりする。

オールペイヤー制度はすべての患者に同額の料金を強制するため、アメリカでは民間保険に入っている患者と、公共の制度（低所得者のためのメディケイドと、六五歳以上の高齢者のためのメディケア）でカバーされている患者とのあいだで起こるコスト転嫁が重要な影響を持つ。単一の価格が決められると、公共制度の価格がかなり上がり、納税者にかかる負担は重くなる。民間保険の患者と、とりわけ保険未加入の患者たちは公共プログラムにかかわる費用を負担せずに済むので、価格が低くなれば恩恵を受ける。メリーランド州のプログラムはそうした実例だ。[f]

私の見るところ、それよりもずっと単純な、しかもすぐに節約効果のありそうな方法は、具体的な価格ではなくオールペイヤーの上限を定めることではないだろうか。たとえば、メディケアの料金に五〇パーセント加えたものを上限に定めたとしよう。ブリルの記事にあった例でいえば、メディケアが一四ドルと決めている血液検査の料金を、二一ドルまでならいくらでもかまわないというように——ただし決して二〇〇ドルなどにはならないように——定める。十分な市場支配力を持った保険会社は、上限よりも低い価格でなら自由に交渉ができる。この戦略なら上限を超えたひどく高い料金はすぐに排除できるし、上限がある程度高く定められていれば、医療供給者には収入が確保される。米国病院協会が発表した二〇一〇年の報告書によると、メディケアは「二〇〇九年に、メディケアの患者のための病院医療にかかる金額の九〇パーセントを支払った」[33]。もし医療業界を代弁するロビー団体が、メディケアは病院費の九〇パーセントをカバーしているというなら、上限をメディケアのレートよりいくらか高く設定すれば、失われた一〇パーセントを穴埋めできるだけのコスト転嫁が可能になるはずだ。[g] オールペイヤーの上限設定はまた、すでに発表されたメディケアの価格に直接基づいているため、実施するのも非常にたやすい。

医療コストを抑えるのに最も有望な方法のひとつには、現在の状況から幾分追い風が吹いている。「診療ごとの支払い」モデルから「説明責任のある医療」制度へ移行していくことだ。定められた料金の支払いを受けた医師や病院が、患者の健康状態すべてを管理するシステムである。このやり方の重要な利点のひとつは、イノベーションへ向かおうとする動機が新たになることだ。ただ固定的な費用曲線に従ってより高い料金がかかる新しい方法を提供するというのではなく、次に出現するテクノロジーは、コストを削減しケアをさらに効率化できるかという観点から見られるようになるだろう。しかしそのためのカギは、患者のケアにつきまとう金銭上のリスクを保険者（あるいは政府）から遠ざけ、病院や医師やその他の医療供給者に転嫁することにある。要するに、説明責任のある医療への移行をめざすために、保険者と医療供給者のあいだにしばしば存在する価格支配力の不均衡に取り組まねばならないということだ。

絶えず高騰するアメリカの医療費を制御するためには、これまでざっと説明してきた二つの総合的戦略のどちらかを進めることが必要だろう。政府あるいは大手民間業者のひとつないし複数が医療保険市場で価格決定権を行使する単一支払者医療制度に向かうか、でなければ規制機関が医療提供者に支払われる料金の直接的なコントロールを行わなくてはならない。どちらのシナリオでも、説明責任のある医療モデルへと積極的に向かうことが、解決策では最も重要だ。この二つの方式はともに、他の先進国ではさまざまな組み合わせで活用され、成功を収めている。要するに、純粋な「自由市場」方式、つまり政府を蚊帳の外に置いて、患者が食品やスマートフォンを買う消費者のように振る舞うことを期待するようなやり方は、決してうまくはいかない。ケネス・アローが五〇年以上も前に指摘しているように、医療はわけが違うのだ。

ただし、どちらの方式にも深刻な危険が伴うようなことはない、と言っているわけではない。どちらの戦略も、成否は規制機関による保険料のコントロール、もしくは医療サービス供給者に支払われる料金設定に拠っている。明らかなリスクは「規制の虜」となること、つまり有力な企業や業界が影響力を行使して政府の政策を自分たちの有利になるようにねじ曲げることだ。こうした影響力に対する試みは、メディケアについてはうまく行われてきた。メディケアは、その市場支配力を生かして医薬品の価格の交渉を行うことを明確に禁じられている。こうした状況は世界でもアメリカにしかない。他の国の政府はどこも製薬会社と価格交渉をしている。その結果アメリカ国民は実質的に、世界の他の国々の医薬品の価格を下げるための助成を行っているのだ。二〇〇六年から〇九年にかけての三年間に、アメリカでの「処方箋の放棄」率は六八パーセントも上昇した[34]。これはつまり、患者が処方箋を書いてくれと要請したにもかかわらず、その価格を見て買わずに行ってしまうということだ。これが、なぜもっと多くのアメリカ人の、とりわけ草の根保守の人々を当惑させないのか、私にはいささか謎だ。なんといってもティーパーティーは、CNBCのパーソナリティであるリック・サンテリの有名な煽り文句から始まった。サンテリは、返済しきれない住宅ローンを抱えた人たちを納税者が支援しなくてはならない状況を非難したのだった。だとしたら、アメリカの一般市民はなぜ、自分たちが世界の他の国々の医薬品の負担を肩代わりしていることに腹を立てないのだろう?——そうしたなかには、一人あたりの収入がアメリカよりかなり高い国も含まれているというのに。

この問題があるにもかかわらずメディケアは、ばらばらに分かれた民間保険部門よりずっと低いコストで高質の医療を提供している。だから、完璧を期すあまり目的を見失ってはいけないともいえる。だがそれでも、メディケアが製薬業界との交渉を禁じられていることは、もっと世間から大きな注目を浴びてもよいのではないか。アメリカの医薬品価格の上昇は今後の研究に資金を回すために必要だ、と製薬業界は主張する。しかし医薬品研究の資金を調達するには、もっと効率的で、まちがいなくもっと公正な方法があるはずだ。[35]h 食品医薬品局による新薬の検査および認可の手続きを改革・合理化できる余地もたしかにある。

メディケアのもうひとつの問題は、本書の主題に直接関わってくるもので、高齢者への製品の直接広告によって浪費が安易に引き起こされることだ。高齢者たちは広告を真に受け、医師に処方箋を書くよう圧力をかける。そしてメディケアがその費用のほぼ全部を負担するのだ。ある政府の監査からわかったところでは、メディケアによってまかなわれている移動用スクーターの八〇パーセントは、それを受け取った高齢の患者にとって本当に必要なわけではなく、むしろその健康に害を及ぼしている可能性があるという。スクーター製造の最大手二社が二〇一一年にメディケアの受給者向けに費やした宣伝広告費は、一億八〇〇〇万ドル以上だった。[36] こうした問題にも綿密な調査が必要になるのは、これまで見てきたとおり、高齢者への在宅ベースの支援にロボット機器がほどなく普及しはじめるはずだからだ。この進歩は高齢者たちの人生の質を改善しつつ、ケアの費用も削減する大きな可能性を秘めている――だが、不必要な、あるいは有害ですらあるようなテクノロジーにお金を割いているようでは、それはおぼつかない。何百万人もの高齢者がゆったりと腰かけて、メディケアはテレビのリモコンを取ってきてくれるロボットの費用を進んで支払いますという宣伝を眺めているようでは困るのだ。

人工知能やロボティクスの医療分野での近年の活用ぶりは目覚ましく、さらに急速に進みつつあるが、その一方で病院費用の問題は、大体において、まだごく一部に手がつけられはじめたばかりだ。薬剤師やおそらくは医師、画像や検体の分析を専門に行う技術者を例外としても、特に高スキルの医療従事者が行う職務をある程度自動化することすら、いまだに恐ろしく難しい状態にある。自動化が比較的及びにくそうな職業を求める人たちにとっては、患者との直接的な交流が必要な高スキルの職がやはり選択肢として有力となる。しかしこうした予想ももちろん、遠い将来には変わっているかもしれない。いまから二、三〇年たったときに技術的にどんなことが可能になるか、本当の確信をもっていうことはできないだろう。

もちろん、考慮すべき点はテクノロジーだけではない。医療は他のどの経済部門にもまして、政府やFDAといった機関や、医薬品を認可する機関が課している複雑な網の目のような規制や法律に従わなくてはならない。そしてあらゆる行動、あらゆる判断が、もし過誤が

——あるいは単なる不運な結果でも——あったときに起こされる訴訟の脅威のせいでゆがめられる。小売薬局などでも、自動化が雇用に及ぼす影響はとりたてて認められない。その理由はおそらく規制にあるのだろう。ジャーナリストのファハド・マンジューがインタビューしたある薬剤師はこう言った。「ほとんどの薬剤師は、薬を売るには薬剤師がいなくてはならないと法律で決められているおかげで、職にありついているんです」[37]。これは少なくとも当面のあいだは、おそらく誇張といっていい。新たに生み出された薬剤師にとって、雇用の見通しはここ一〇年間で大きく悪化している。二〇一二年の分析では、「薬科大学院の新卒者に迫る就職難」が確認され、失業率は二〇パーセントに達するだろうといわれている[38]。しかしこれは、薬科大学院が大幅に入学者を増やしたために、労働市場に参入する新卒者の数が大幅に増えたことに原因があるだろう。」他のほとんどの職業と比較して、医療関連の専門職は、職の自動化に関する技術上の難問などとはまったく無関係な要因の結果、破格といっていい雇用保障を与えられているのだ。

これは医療労働者には良い知らせかもしれないが、テクノロジーが他の雇用部門には断絶的破壊をもたらしても、医療コストには控えめな影響しか及ぼさないとしたら、私たちが直面する経済的リスクはさらに増大するだろう。このシナリオでは、医療コストの上昇による負担はどんどん重くなり、テクノロジーの進歩は失業とさらなる格差の拡大を生み出しつづけ、他の産業の労働者もほとんどが所得の停滞または低下に苦しむようになる。そうした見込みから、保険者と医療供給者のあいだの市場支配力の不均衡を是正するための有意味な改革の実現は、テクノロジーの進歩を医療部門全体の効率性を高めるメカニズムとして活用できるようにするためにも、ますます不可欠になってくる。そうでなければ、市場経済がやがて非効率な部門に支配され、とりわけ市場としてまったく機能しなくなる危険を冒すことになるだろう。

医療費の負担を抑えることがとりわけ重要なのは、このあとの第8章でも見ていくが、アメリカの家庭が何よりもいやがるのが、自由裁量の可処分所得を減らしつづける支出であるからだ。実際に、所得の停滞と格差の拡大はすでに、経済成長の維持に不可欠な消費需要を広く蝕みつつある。

これまでは、テクノロジーがどのように既存の雇用部門を変容させると考えられるかに主に焦点を合わせてきた。次の章では、時間を一〇年かあるいはその先まで飛んで、まったく新しいテクノロジーと産業で形成される未来の経済がどういうものであるかを想像してみるとしよう。

第7章　テクノロジーと未来の産業

ユーチューブは二〇〇五年、三人の人間によって創業された。それから二年足らずのうちに、約一六億五〇〇〇万ドルの価格でグーグルに買収される。このときユーチューブに勤務していた従業員は六五人だが、その大半が高スキルのエンジニアだった。従業員一人あたり二五〇〇万ドル以上の評価である。二〇一二年四月にはフェイスブックが、画像共有アプリのスタートアップ企業インスタグラムを一〇億ドルで買った。同社の従業員はそのとき一三人。一人あたりおよそ七七〇〇万ドルだ。さらに二年後の二〇一四年二月、フェイスブックが再び積極的に打って出て、今度はワッツアップという企業を一九〇億ドルで買収した。ワッツアップの雇用者は五五人——従業員一人あたりの評価額は驚くなかれ、三億四五〇〇万ドルとなる。

従業員一人あたりの評価額が跳ね上がるのは、情報テクノロジーおよび通信テクノロジーの進歩の影響であり、数少ない従業員でも莫大な投資価値や収入を生み出せるようになったことのたしかな証明だ。さらにいえば、テクノロジーと雇用の関係がどう変化したかを示す有力な証拠にもなる。これは広く信じられている、少なくとも産業革命にまでさかのぼる歴史的証拠に基づいた見解だが、テクノロジーはたしかに雇用や企業、場合によっては産業そのものを破壊しかねない。しかし一方で、まったく新しい職業を作り出しもする。そして継続する「創造的破壊」のプロセスは結果的に、しばしば想像もしていなかった分野で、新しい産業や雇用部門の出現をもたらす。二〇世紀初頭の自動車産業の勃興と、それに伴う馬車製造に携わっていた会社の消滅が、その典型例だ。

しかし第3章で見たとおり、情報テクノロジーはいまや、電気などに非常によく似た事実上の公益事業と考えられるほどの到達点まできている。新しい産業が現れて成功をめざす上で、この新しく強力な公益事業に加え、それに付随する分散型人工知能をフル活用しないなどということはまず考えられない。その結果、新興の産業が現れたとしても、労働集約性が高くなることはめったにない。雇用全般に及ぶ脅威とは、創造的破壊が進むにつれ、その「破壊」が主として小売りや食品調製といった従来からある労働集約性の高い分野に降りかかる一方で、「創造」が生み出す新しいビジネスや産業は多くの人々を雇わないということだ。要するに経済は、雇用創出が完全雇用に必要な水準に常に達することがない転換点へと向かっていると考えられる。

先ほど取り上げたユーチューブやインスタグラム、ワッツアップはもちろん、情報テクノロジー部門から直接引いてきた例だが、この部門は従業員の数が少ないわりに、企業価値と収入は大きいと誰もが予想する業界だ。同様の現象がさらに広い前線でどのように展開するかを具体的に説明するために、将来大きく伸びる可能性を秘めた二つのテクノロジーに注目してみよう——3Dプリンティングと自動運転車だ。どちらも今後一〇年か十数年のうちには影響力を強め、労働市場だけでなく経済全般にも劇的な変化をもたらす可能性がある。

3Dプリンティング

三次元(3D)プリンティングは付加製造とも呼ばれ、コンピュータ制御のプリントヘッドを利用して、素材の薄い層を何度も重ねることで立体的亜物体を作り上げるものだ。この層に層を重ねる方式によって、3Dプリンターは、従来の製造法では困難もしくは不可能であるような曲線や空洞を持った物体を容易に作り出すことができる。最もよく使われる素材はプラスチックだが、機械によっては金属のほか、高強度の合成物、柔軟性のあるゴムのような物質、果ては木なども含め、何百という素材をプリントできるものもある。最も進んだプリンターだと、十数種類もの素材を含んだ製品を作ることも可能だ。特にすごいのは、つながり合う部品や動く部品を含んだ複雑なデザインでもひとつのユニットとしてプリントでき、あとで組み立てる必要が省けることだろう。

3Dプリンターはデザインによって、あるいは3Dレーザースキャナやコンピュータ断層撮影（CTスキャン）のような先進的なツールを使い既存の物体をただコピーすることによって、素材の層を重ねていく。テレビの深夜番組のコメディアン、ジェイ・レノはクラシックカーのマニアだが、この技術を用いて自動車の交換部品を作っているという。

3Dプリンティングは、カスタマイズ性の高い「一回限り」の製品を作るにはもってこいといえる。すでにこのテクノロジーから、歯にかぶせる歯冠や骨インプラント、さらには義肢まで作られているのだ。またデザインのプロトタイプや建築モデルにも盛んに用いられている。

3Dプリンティングをめぐる宣伝の量はすさまじいが、とりわけ従来からの工場生産ベースの製造モデルを覆す可能性があるといった話はかまびすしい。こうした憶測の多くは、比較的安価なデスクトップマシンの出現に焦点を合わせたものだ。将来には製造が広く分散して行われ、誰もが3Dプリンターを持ち、それを使って何でも必要なものを作り出せる時代が来るという熱狂的な予測もある。また、新たな手工業ベースの経済——小企業が大規模な工場生産に取って代わり、より個人個人に合わせた製品が各地で作られる——の台頭を予想する声も聞かれる。

だが私は、こうした予測には懐疑的になるのが当然だと思う。最も重要な理由は、３Dプリンティングによってカスタマイズが容易になる陰で、規模の経済が犠牲になるということだ。ある書類の写しを何部か印刷しなくてはならないというときには、家庭用レーザープリンターを使うかもしれない。だが、もし一〇万部必要なら、商業用プリンターを使うほうがはるかに費用対効果が高い。「３Dプリンティングvs従来からの製造」という図式も、基本的には同じトレードオフの関係だ。プリンター自体の価格がどんどん下がったとしても、そのプロセスで使われる材料については同じことはいえない。プラスチック以外のものが必要になるとしたらなおさらだ。機械のスピードの遅さも問題で、家庭用３Dプリンターを使って丈夫でしっかりした物体を作るには数時間かかる。私たちが使う製品の大半は、必ずしも一から一〇までカスタマイズすればいいというわけではない。むしろ標準化することで重要な利点が得られることが多いのだ。３Dプリンティングはアイフォーンのカスタムケースを作るにはうってつけかもしれないが、アイフォーンそのものをプリントして作ることはまずありえない。[a]

安いデスクトッププリンターが広く普及すれば、そうした機械で作られる最終製品の市場は破壊される可能性が高いだろう。代わりに価値は全面的に、その製品のデジタルデザイン・ファイルのなかに存在するようになる。そうしたデザインを販売して成功を収める起業家もいるだろうが、市場はほぼ確実に、他のデジタル製品およびサービスと共通の特徴である「勝者ひとり占め」のシナリオへ進んでいくだろう。無料またはオープンソースのデザインも多数――おそらくは考えうる製品のほぼすべてが――ダウンロードできるようになる。要するに、個人用3Dプリンティングはインターネットとそっくりになっていく。つまり、無料または安価な消費者向けのものが大量に出回るものの、大多数の人々がそこそこの収入を生み出せるチャンスはほとんどないに等しいということだ。

ただし、3Dプリンティングが変革的なテクノロジーになることはない、と言っているわけではない。本物の変化は産業規模で起こる可能性が高い。3Dプリンティングは従来の製造法に取って代わるのではなく、むしろそこに統合されていくだろう。実際、それはすでに起こりつつある。このテクノロジーは航空宇宙産業に大きく進出し、できるだけ軽量の部品を作るのによく使われているのだ。ゼネラルエレクトリックの航空機部門には、3Dプリンティングで二〇二〇年までに最低でも一〇万の部品を作る計画があり、実現すれば航空機のエンジン一基の重量が一〇〇〇ポンド軽減できる見込みだ(1)。すべてのエンジンが半トン軽くなることで、どれだけの燃料の節約になるか。例をとって考えてみると、二〇一三年にアメリカン航空が、コックピットに備えつけた紙の操縦マニュアルをアップルのアイパッドに取り替えた。それで飛行機一機の重量を平均で三五ポンド減らせることができ――年間の燃料費が一二〇〇万ドルも節約できたのだ(2)。もし一機あたりの重量を平均三〇〇〇ポンド減らせれば、年間一〇億ドル以上の節約になる。GEがプリントしようとしている部品のなかには燃料ノズルもあるが、これは二〇個の独立した部品から組み立てられるのが普通だ。しかし３Ｄプリンターは、すべての部品をひとつの完全に組み立てられたユニットとしてプリントすることができる。(3)

第1章で見たように、製造業は今後より柔軟になっていくだろうし、工場が消費市場に近い場所に作られるケースも多くなると思われる。そうした移行の過程で、３Ｄプリンティングは一定の役割を担うだろう。このテクノロジーは最も費用対効果の高いところ、たとえばカスタマイズの必要な部品を作るとか、普通なら多くの組み立て工程が求められる複雑な部品をプリントするといったときに使われるだろう。体積の大きな部品を直接作るのに３Ｄプリンティングが使えないところでは、従来の製造法で必要になる型や道具をすみやかに作り出す役割を果たす。要するに３Ｄプリンティングは、ファクトリーオートメーションの一形態になる可能性が高いということだ。製造用ロボットと産業用プリンターは同調して働き──次第に人間の労働者が関わる余地をなくしていくだろう。

３Ｄプリンターは実質的にどんなタイプの材料でも扱えるし、製造以外にも多くの重要な用途が生まれつつある。おそらく最も風変わりな使い方は、人間の臓器のプリンティングだろう。サンディエゴに本社のあるオルガノヴォ社は、バイオプリンティング専門の企業だ。まだ実験的にではあるが、人間の細胞を含んだ３Ｄプリンティングの素材を使い、すでに人間の肝臓と骨の組織を作った。同社は二〇一四年の末までに完全にプリントされた肝臓を作りたいと考えている。こうした初期の努力は研究や治験のための臓器を生み出すためのもので、移植に適した臓器ができるまでにはまだ最低一〇年はかかるだろうが、そうしたテクノロジーが実現すれば、アメリカだけでおよそ一二万人いる臓器移植待ちの人々には天地がひっくり返るほどの朗報だろう[4]。臓器不足に取り組むだけでなく、3Dプリンティングは患者自身の幹細胞から臓器を作り出し、移植後の拒絶反応の危険を回避することもできる。

フードプリンティングも人気の高い利用法だ。ホッド・リプソンは二〇一三年の著作*Fabricated: The New World of 3D Printing*（邦題『2040年の新世界——3Dプリンタの衝撃』）で、デジタル料理が3Dプリンティングの「キラーアプリ」になるかもしれないと書いている——つまり、そのアプリがきっかけとなって大勢の人々が家庭用プリンターを買いに走るようなもののことだ[5]。フードプリンターは現在、高級なクッキーやペストリー、チョコレートを作るのに使われているが、材料を独自の方法で組み合わせてこれまでにない味や触感を生み出すこともできる。いずれは3Dフードプリンターがどこの家庭やレストランの厨房でも見られるようになり、達人のシェフたちも、いまプロの音楽家たちが直面しているのと同じ「勝者ひとり占め」のデジタル市場の洗礼を受けることになるだろう。

そして最大の断絶的破壊が訪れるのは、3Dプリンターの規模が建築物のサイズにまで拡大するときだろう。南カリフォルニア大学の工学教授、ベロク・コシュネヴィスは、わずか二四時間で家を建てられる巨大な3Dプリンターを製作中だ。この機械は建設現場の一辺に沿って一時的に作られたレールの上を動きながら、コンピュータ制御された巨大なプリンターノズルからコンクリートの層を積み上げていく。このプロセスは完全に自動化されていて、結果的に出来上がった壁は、従来の工法で造られたものよりずっと強度が高い(6)。住宅やオフィスビル、超高層ビルの建設にまで使えるのだ。現在のところ、このプリンターは構造物のコンクリート壁を造れるだけで、あとは人間の労働者がドアや窓やその他の家具を取り付けなくてはならない。しかし、将来的に建設用プリンターが改良され、複数の素材を扱えるようになることは容易に想像できる。

３Ｄプリンティングが製造業に及ぼす影響が比較的穏やかなものになりそうなのは、工場の自動化が高度に進んでいるからというだけのことだろう。だが建設業界では、話はまったく違ってきそうだ。木造枠組みの住宅の建設は、経済のなかでも最も労働集約性の高い、そしていまだに比較的低スキルの労働者にも就業機会を与えてくれる数少ない分野のひとつである。建設部門にはアメリカだけでも六〇〇万人の人たちが雇用されており、国際労働機関の概算によれば、世界中で建設に従事する労働者は一億一〇〇〇万人近くに及ぶ(7)。建設用３Ｄプリンターはいずれ、さらに良質で安い住宅を生むだけでなく、新たな建築の可能性ももたらすかもしれない――だが同時にこのテクノロジーは、何百万もの雇用を消し去ってもおかしくないのだ。

自動運転車

二〇〇四年三月一三日、自動運転車はSFの領域から日常的な現実に向かって最後の直線に入った。この日、第一回DARPAグランド・チャレンジが行われた——米国防総省国防高等研究事業局（DARPA）主催の、自動運転で動く軍用車両の開発を促すためのレースだ。カリフォルニア州バーストウ近郊のスタート地点から、一五台のロボット運転車が走り出し、モハーベ砂漠を横断する一五〇マイルのコースを蛇行しながら進んでいく。最初にゴールラインを越えた出場チームには一〇〇万ドルの賞金が出る。しかし、結果は期待はずれだった。

どの車もコースの一〇分の一すら走りきれなかったのだ。最もましな走りを見せたのはカーネギーメロン大学の改造型ハンビーで、わずか七・五マイル行ったところで道路からはずれ、土手に突っ込んだ。DARPAはレース不成立を宣言し、賞金は出されなかった。

それでも主催者は希望を見てとった。再戦のスケジュールを組み、賞金も二〇〇万ドルにアップした。第二回のレースが行われたのは二〇〇五年一〇月八日。各ロボット運転車は一〇〇以上の急カーブを曲がり、三つのトンネルを通り、左右が崖になっているうねうねとした土の路面の山道を抜けていかなくてはならない。第一回からの進歩は目を見張るものだった。たった一八ヵ月のあいだに絶えず改良が続けられた結果、参加チームのうち五台が文字どおりゼロからゴールへと飛躍した。優勝したのは、スタンフォード大学のセバスチャン・スラン率いるチームが製作した改造型フォルクスワーゲン・トゥアレグで、ちょうど七時間を切るタイムで完走した。カーネギーメロン大学の改造型ハンビーは、そのおよそ一〇分後にゴールラインを越えた。そして半時間のうちに次の二台が続いた。

二〇〇七年一一月、DARPAは三度目のレースを開催した。今回主催者がコースに設定したのは都市部の道路で、そこを各ロボット運転車は、プロのドライバーが運転するフォード・トーラス三〇台と一緒に走る。自動運転車は交通法規に従いつつ、渋滞に入ったり駐車したり、交通量の多い交差点を抜けたりしなくてはならない。最後まで完走できたロボット運転車は三五台中、六台だった。スタンフォード大学の車がまたも一位でゴールラインを越えたが、その後審判がデータを解析し、カリフォルニア州の運転法に照らしての違反ポイントを差し引いた結果、二位に降着となった(8)。

やがて、グーグルの自動運転車プロジェクトが二〇〇八年にスタートした。その一年前、〈ストリートビュー〉プロジェクトのために同社にやってきたセバスチャン・スランが責任者の任に就き、グーグルはDARPAのレースに参加した車両に取り組んでいた最高のエンジニアたちをどんどんかき集めはじめた。そして二年のうちにこのチームは、改造型トヨタ・プリウスを製作した――各種カメラや独立した四つのレーダーシステム、車の周辺環境の完全な3Dモデルを作り出せる八万ドルのレーザーレンジファインダーなど、精巧な装置のぎっしり詰まったものだ。この車両は、他の車両や物体、歩行者などを追跡し、信号を読み取り、ほぼあらゆる運転シナリオを処理することができる。二〇一二年の時点でグーグルの自動運転車は、のべ三〇万マイルの路上を、たとえばのろのろとしか動けない渋滞の高速道から、曲がりくねった坂道で有名なサンフランシスコのロンバード通りに至るまで、まったく無事故で走り通していた。二〇一三年一〇月の同社発表のデータによると、グーグルの車両は、なめらかな加速とブレーキングのほか、事故防止のための総合的な運転行動の観点から見て常に、一般的な人間のドライバーよりも良い成績を上げていた(9)。

グーグルのこのプロジェクトは自動車業界に活性化の効果を及ぼした。その後、ほぼすべての大手自動車メーカーが、少なくとも半自動の運転システムを十数年以内に開発するという計画を発表した。現時点でのリーダーはメルセデス・ベンツだ。すでに二〇一四年型のSクラスは、自動で都市部の渋滞のノロノロ運転をこなしたり、アウトバーンを時速一二〇マイルで走ったりできる。車線を分けるラインに乗ったり前方の車に近づいたりするとロックするし、ステアリング、加速、ブレーキングも制御できる。それでもメルセデス・ベンツはまだ慎重な姿勢を崩しておらず、ドライバーには常にハンドルから手を放さないよう求めている。

実際のところ、自動車産業の内部で開発中のこうしたシステムは、ほぼ例外なく部分的な自動化を志向している――人間のドライバーが常に最終的なコントロールを保つという発想だ。事故が起こったときの責任の所在は、完全に自動運転化された車をめぐって起こりうる最も難しい問題のひとつだろう。一部のアナリストからは、誰が責任を負うかについては曖昧な点が多いのではないかという指摘がある。グーグルの自動運転車プロジェクトを率いるエンジニアのクリス・アームソンは、二〇一三年に開かれた自動車業界の会議で、こうした懸念は筋違いなものであり、現在のアメリカの法律に照らせば事故の責任が自動車メーカーにあることは明らかだと発言した。自動車業界が何をますます恐れるようになっているかは、想像に難くない。富裕な自動車メーカーは否応なく、製造物責任の主張を振りかざす弁護士たちのターゲットになるだろう。しかしアームソンは、自動運転車は運転中のデータを絶えず収集・蓄積していて、事故の瞬間に至るまでの車周辺の画像が残るため、いい加減な訴訟を起こしても勝つのはまず不可能だと主張する。(10) とはいえ、一〇〇パーセント信頼できるテクノロジーは存在しないし、自動運転システムもいずれは事故の原因となり、そのメーカーが責任を問われて苦境に立つこともあるだろう。考えられる解決策は、そのような訴訟に合理的な制約を設ける法律をつくることだ。

だが、半自動運転の方式もそれなりの問題を生み出しはする。あらゆる状況を処理できるシステムはいまだにできていない。二〇一二年のグーグルの企業ブログには、自動運転車の進歩は順調であるものの「まだまだ道のりは長い」こと、同社の車は「雪に被われた路面をうまく走り、一時的な〝工事中〟の標識を解釈し、多くのドライバーがぶつかるその他の特殊な状況を処理」しなくてはならないことが書かれている。[11] 車が自分では制御できない状況にぶつかっていることを認識し、ドライバーにきちんとコントロールを委ねることが求められるようなグレーゾーンは、おそらくこのテクノロジーが最も弱点とするところだろう。このシステムに取り組んでいるエンジニアによれば、ドライバーに警告を発して車のコントロールを取り戻させるまでには一〇秒ほどの時間がかかるという。いいかえるなら、このシステムは車が実際にトラブルに陥るずっと前から、その問題が起こる可能性を予期しなければならないということだ。高い信頼性をもってそれを達成するのは、技術的には大変な難問である。

もし自動運転中にドライバーがハンドルに手を置いていることを求められなければ、さらに事態は悪くなる。アウディも自動運転システムを開発中だが、同社のある担当者は、このシステムが稼働しているときもドライバーは「眠ったり新聞を読んだり、ノートパソコンを使ったりすることはできない」と言っている。[12]しかし、どのようにしてそれを強制するのだろう――あるいは、スマートフォンを使ったり映画を観たり、その他の気晴らしをしたりするのが許されるようになるのかも不明だ。

こうしたハードルさえ乗り越えられれば、自動運転車は素晴らしい可能性をもたらすだろうし、特に安全面での寄与は計り知れない。アメリカでは二〇〇九年に一一〇〇万件の交通事故が発生し、三万四〇〇〇人が衝突で命を落としている。世界全体の交通事故の死者は年間でおよそ一二五万人にのぼる。[13] 国家運輸安全委員会の概算では、事故の九〇パーセントは主に人間の過失によるものだ。いいかえるなら、本当に信頼できる自動運転テクノロジーがあれば、膨大な数の人命が救えることになる。準備段階のデータによれば、現在一部の車で採用されている衝突回避システムはすでに良い影響を及ぼしつつある。交通事故損害データ研究所が行った保険金請求の研究によると、そうしたシステムを搭載したボルボの一部のモデルは、このテクノロジーを持たない同種の車と比較して事故がおよそ一五パーセント少なくなっている。[14]

自動運転車を支持する人たちは、事故回避の他にも数多くの利点が考えられると指摘する。自動運転車はお互いにコミュニケーションをとり、協力することも可能だ。隊列を組んで移動し、お互いの風よけになりながら燃料を節約できる。高速道路での走行のストレスも軽減できるし、交通渋滞も事実上解消できるかもしれない。だが私には、この種の利点はすべてネットワーク効果に大きく依存しているように思える。つまり、道路を走っている車の相当数が自動運転車でなければ意味がないということだ。現実には明らかに、大多数のドライバーが自動運転テクノロジーに対して、よく言ってもどっちつかずの態度でいる。要するにみんな、運転するのが好きなのだ。モーター・トレンド誌やカー・アンド・ドライバー誌といったマニア向け自動車雑誌になぜ何百万人もの購読者がいるのか。自分で運転をしないのなら、「究極のドライビングマシン」を所有する意味がどこにある？　このテクノロジーを受け入れたドライバーたちのあいだですら、普及はかなりゆるやかに進みそうだ。所得格差が拡大し、数十年にわたって所得が停滞した結果、新車は大部分の人たちにとって次第に手の出ないものになりつつある。実際に最近のデータによると、アメリカの消費者は自動車を買い替えるのを急がなくなっているという。二〇一二年にアメリカの道路を走っていた車の製造後の年数は、平均一一年である――これは米国史上の最長記録だ。

人間のドライバーとロボットのドライバーが混じり合うことで問題が起こるというケースも出てきている。あなたがこの前出くわした攻撃的な車を考えてみよう――前にいきなり割り込んできたり、高速道路の車線をやたら変えたりするドライバーだ。そうしたドライバーが、どんな状況でも防御的に動くようプログラムされているとわかっている自動運転車に混じって路上を走ったら、どうなるだろうか。こうした「羊の群のなかの狼」というシナリオが、さらに危険な運転態度を呼び起こしてもおかしくない。

自動運転車テクノロジーを推進する楽観論者たちは、五年から一〇年以内に大きな波が来ると予想している。だが私には、技術上の難問や社会的な容認、責任や法律に関する障害などを考えると、そうした見通しは楽観的すぎるように思える。いずれ本当の意味での自動運転――すなわち「ドライバーレス」――の車が出現することは、ほぼ疑いないだろう。実際にそうなったとき、このテクノロジーは自動車業界のみならず、私たちの経済や労働市場の全部門、さらには人間と自動車の根本的な関係にまで大変革をもたらす可能性を秘めている。

あなたの車が完全に自動化する未来がどういうものか、それを理解するにあたって最も重要なのは、その車はおそらくあなたのものではないということだ。自動運転車の最適な役割を真剣に考えている人たちの意見は、少なくとも人口稠密《ちゅうみつ》な地域では、車は共有のリソースになるだろうということでほぼ一致している。グーグルのもともとの意図もそうだった。グーグルの共同創業者セルゲイ・ブリンは、ニューヨーカー誌のブルクハード・ビルガーにこう説明している。「外を見て、駐車場を横切って、多車線の道路を渡ってごらんなさい。どこも交通インフラだらけ。土地に対して莫大な負担をかけているんだ」(15)。

グーグルの意図は、自動車のオーナーが運転するという現在の通念となっているモデルを打ち壊すことにある。将来的には、スマートフォンなど接続された機器に手を伸ばすだけで、必要なときにいつでも自動運転車を呼び出せるようになるだろう。どの車も九〇パーセント以上の時間を駐車しっぱなしにしておくのでなく、はるかに稼働率を高められる。こうした変化だけで、都市部には不動産革命が起きるだろう。現在、駐車場のために取っておかれている広大なスペースが、他の用途に使えるようになるのだ。たしかに自動運転車とはいえ、使わないときにはどこかに置いておく必要はあるだろうが、ランダムに出し入れする必要はない。どの車もぎっしり詰めておくことができる。車が欲しいとき、あなたのいる場所の近くの路上に見当たらなければ、ずらりと並んでいる車列の次の車を簡単につかまえられるのだ。

だが、都市部の自動車が進化していずれは公共のリソースになるかと問われれば、懐疑的になる理由はもちろんある。ひとつは、自動車産業が掲げる、「各家庭に最低でも車を一台」という目標と真っ向から食い違うこと。もうひとつは、このモデルが機能するためには、通勤者たちがラッシュのピーク時に一台の車に相乗りせざるをえないことだ。そうでないと忙しい時間帯には車が不足して料金が上がり、とても乗れないという人も大勢出てくるだろう。それに関連して、他人同士が相乗りした車の安全の問題もある。自動車のソフトウェアがロジスティクスの問題を解決し、効率的でタイミングのよいサービスを提供できたとしても、やはり小さな車のなかはバスや列車と比べて、赤の他人と共有するには親密すぎる空間だ。しかし、この問題の解決策を思い描くことは難しくない。たとえば、ひとりで移動する乗客が相乗りすることを前提して設計された自動車は、単純に仕切りで分ければいいのではないか。そうすれば相乗り中の他人を見ることもないし、意識すらせずに済むだろう。狭いなかに閉じ込められているという感覚を打ち消すために、仕切り壁にバーチャルな窓を取り付けてもいい。そして高解像度スクリーンに、車の外部に取り付けたカメラで捉えた映像を映し出すのだ。自動運転車が日常的に用いられるようになる頃には、こうした状況を実現するハードウェアはぐっと安価なものになっているだろう。車が停止し、どれかのドアについた緑のライトが点滅すると、あなたは乗り込み、ひとりで移動している感覚で目的地まで乗っていける。実際は相乗りだとしても、専用のバーチャルな通勤用ポッドのなかにいるのだ。それとはまた別に、グループの乗客（もしくは社交的な〝お一人様〟の乗客）を乗せるように設計された車両もあってもいい。そのときは同意のもとに仕切りがスライドして引っ込められる。[b]

あるいはまた、通勤ポッドは「バーチャルな」ものでなくてもよいかもしれない。二〇一四年五月にグーグルは、自動運転車研究の次の段階として、二人乗りで最高でも時速二五マイルしか出ない、都市部の環境に特化した電気自動車の開発に専念することを発表した。乗客はスマートフォンのアプリでこうした車を呼び出し、目的地を設定する。グーグルのエンジニアたちが達した結論によれば、緊急事態のさなかに車のコントロールをドライバーに戻すことは不可能であるため、車両は完全に自動化され、ハンドルもブレーキペダルもなくなるだろう。セルゲイ・ブリンは、ニューヨーク・タイムズ紙のジョン・マーコフとのインタビューで、グーグルは他の大手自動車メーカーが進めている「漸進的な」デザインから劇的に脱却すると強調し、「そうした車は社会を変えるというわが社のミッションに沿ったものとはいえない」と語った。(16)

市場はまた、自動運転車の相乗りに向けた他の解決策を生み出す可能性もある。マザー・ジョーンズ誌のケヴィン・ダムは、「本物の自動運転車は一〇年以内に入手可能となり、それまでの流れを大きく一変させるだろう」と考えているが、(17) さらにこんな提案をしている――利用できる度合いを保証されたカーサービスの分担所有権を買えば、実際に自家用車を買う場合の数分の一の費用で済むのではないか。いいかえれば、見も知らない一般の人たちすべてと車を共有するのではなく、サービスの共同購入をした仲間たちとだけ共有するのだ。[c]

この相乗りのモデルが普及すれば、それぞれの車の利用時間が増えるため、当然だが人口に比して車の台数は減ることになる。環境論者や都市計画者は大喜びだろう。だが、自動車メーカーはそうはいかない。一人あたりの車の数が少なくなるどころか、高級車のブランドにも深刻な脅威が及びかねないのだ。自分の車を所有せず、ただ一回の旅行でしか使わないとなれば、その車の型やら車種やらを気にする理由はあまりなくなる。車はステータスを表す品ではなくなり、自動車市場はさらにコモディティー化する。そうした理由から、自動車メーカーは人間を運転席に置くことにこだわりつづけるだろう――たとえ、そのドライバーがほとんど制御装置に触らないとしても。自動車製造業界は、破壊的なテクノロジーが現れたときに有力な企業がしばしば陥るようなジレンマに直面することになるだろう。いまか近い将来に収入をもたらすビジネスを守るか――それともずっと受け継いできたビジネスの価値をいずれ減らすか壊しかねない新たなテクノロジーを推進しようとするのか。過去の歴史を見るかぎり、企業はほぼ必ず、すでに確立された収入が得られる仕組みを守ろうとする。[d]もしブリンの思い描くような革命が実際に展開するとしたら、それは自動車業界の外で起こらざるをえないだろう。そしてもちろん、ブリンはそれを起こす上でまさに格好の位置にいるのかもしれない。

車の個人所有のモデルがいずれ廃れれば、幅広い分野の経済と労働市場に尋常ではない影響が及ぶことになるだろう。あなたの家から数マイル以内にある自動車ディーラー、独立系の修理業者、ガソリンスタンドなどを考えてみるといい。そうした施設すべての存在が、自動車の個人所有という形態が広く普及していることに直接結びついているのだ。グーグルの思い描く世界では、ロボット運転車がひとところで隊列に編成され、メンテナンスや修理、保険、燃料補給なども同じように集中管理される。名もない何千何万もの小企業や、そこに関連する仕事が消えることになるだろう。たとえばロサンゼルスだけでも、洗車場で働く一万人ほどの人たちのことを考えれば、どれだけの数の職が危険に瀕しているかが把握できる(18)。

雇用への直接的な影響はもちろん、運転を生業としている人たちにも及んでくる。タクシー運転手という職業はなくなるだろう。バスの運転も自動化されるか、あるいはバスそのものが消えて、より優れた、よりパーソナルな形の公共交通機関が取って代わる。配送の職もなくなるかもしれない。たとえば、アマゾンはすでに、決められた場所にあるロッカーへの即日配送を実験的に実施している。そのロッカーに車輪を付けたとすればどうだろう？　そして自動運転の配送車が、届け先の場所に着く数分前に顧客にメールを送り、じっと待つ。やってきた顧客はコード番号を入力し、荷物を取り出すだけでいい。

むしろ、商業用の輸送トラックこそ、自動運転車が真っ先に広く採用される領域のひとつではないか。こうしたトラックを所有・運用している会社は、最初からすでに多くの負担を負っている。たった一人の運転手が一度ミスを犯しただけで大変な苦境に立たされかねないのだ。もし自動運転テクノロジーが確固たる実績を残し、データも明らかに安全で信頼性が高いことを示せば、トラックを自動化しようという動機はきわめて強くなるだろう。別の角度から見れば、自動運転車が最初に大きく食い込んでくるのは、まさしく大半の職に直接の影響を及ぼす分野だということだ。

あの大きくて重たい長距離トラックも、比較的近い将来に全面的に自動化されるのではないかという意見も多く見かける。あらためて言うが、そうした進歩は予想よりずっと控えめなものになるだろうと私は思う。たしかにトラックは近いうちに基本的に自動運転になるかもしれないが、こうした車両がもたらすきわめて破壊的な影響の可能性を懸念して、やはり今後も人間が運転席にいつづけるだろうとは予想できる。トラックが前方の車両の後についていくようプログラムされた自動運転のコンボイは、すでにある程度成功しているし、軍や人口密度の少ない地域では重要な役割を果たすかもしれない。二〇一三年のタイム誌のインタビューで、あるトラック会社の重役デヴィッド・ヴォン・ドレールは、アメリカの崩壊しかけたインフラは、完全自動化を可能にする上で大きな障害になるという重要な指摘をした。(19) トラック運転手たちはみな、この国の道路や橋は基本的に崩れかけで、絶えず補修されているという現実に常に対処せざるをえない。第1章で触れたように、トラック運転手を完全になくすのは、食品などのなくてはならない物資の配送がハッキングやサイバー攻撃の影響を受けるということなのだ。

おそらく電気を別にして、アメリカ中流階級の発展——およびほぼあらゆる途上国の社会構造の確立——に最も寄与するイノベーションといえば、自動車をおいて他にないだろう。本当の意味での「ドライバーレス」の車両は、私たちの考える車同士の相互作用を根本から覆す可能性がある。その結果、堅固だった中流階級の雇用が何百万と消え、企業が何千と潰れることになってもおかしくない。自動運転車の台頭とともに確実に起こる争いや社会的激変が、小さな前触れのような形をとったのが、ウーバーをめぐる騒動だった。このスタートアップ企業は、人々がスマートフォンを使ってタクシーを呼ぶことを可能にしたのだが、参入したほぼすべての市場で論争と訴訟に巻き込まれることになった。二〇一四年二月には、シカゴの複数のタクシー会社が市を相手どって訴訟を起こし、ウーバーはシカゴ市の発行する七〇〇〇近い営業ライセンス——市場価格にして総額二三億ドル以上を稼ぎ出す——の価値を損なったと主張した。(20) このウーバーの車が運転手なしで走りはじめたときにどんな騒ぎが起こるか、想像してみてほしい。

雇用が消え、所得水準が停滞するか、下がりつつあるいま、もはや経済が作り出す製品やサービスを存分に享受できるだけの可処分所得を得られない人口がどんどん増えていくリスクが高まっている。次の章ではこの危険性について検証しながら、それがいかに経済成長に脅威を及ぼすか、またさらに新たな危機すら引き起こしかねないかを見ていく。

第8章 消費者、成長の限界……そして危機？

よく引き合いに出されるこんな話がある。ヘンリー・フォード二世と、全米自動車労働組合の伝説的な委員長ウォルター・ルーサーが、オートメーション化されたばかりの自動車製造工場を見て回っている最中のことだ。フォード・モーター社のCEOは、こう言ってルーサーをからかった。「ウォルター、ここのロボットからどうやって組合費を取り立てるのかな？」すると、ルーサーはこう言って反撃した。「ヘンリー、ここのロボットにどうやってあなたの車を買わせるんです？」。

実際にはおそらくこんな会話はなかったのだろうが、それでもこの逸話は、普及する自動化の影響がどうなるかという不安の要点を捉えている。つまり、労働者は消費者でもあり、賃金を得られなければ経済が作り出す製品やサービスを買うことはできない。おそらく他のどの経済部門よりも、自動車産業はこの二元的役割の重要性をはっきりと示している。初代ヘンリー・フォードが一九一四年にT型フォードの増産に乗り出したとき、賃金を日給五ドルから二倍に引き上げ、そうすることで労働者たちが自分の作っている自動車を買えるようにしたのは有名な話だ。自動車産業の勃興はこの閃きから始まり、アメリカの分厚い中流階級の創出と密接に絡み合っていくことになる。だが第2章で見たように、所得の増加と広範囲にわたる活発な消費需要との強力な共生関係がいま、崩れかけていることを示す証拠がある。

ある思考実験

ルーサーの警告から考えられる最も極端な含意を視覚化するために、ある思考実験を考えてみよう。地球がある日突然、奇妙な地球外生命体に侵略されたとする。巨大な宇宙船から何千もの生物が地上に降り立つが、やがて人類は彼らが地球を征服しに来たのでも、地球の資源を奪いに来たのでも、私たちの指導者に会いに来たわけでもないことを知る。異星人たちはただ、働くためにやってきたのだ。

この生物は、地球人とはまったく違った進化の道筋をたどっていた。彼らの社会は大ざっぱにいえば社会性昆虫のそれに似ていて、宇宙船に乗っていたのはすべて労働者のカーストから集められた個体ばかりだ。どの個体も高い知能を持ち、言語を学習したり問題を解決したり、創造性を発揮したりできる。しかしこの異星人たちは、あるひとつの圧倒的な生物学的な義務に突き動かされていた。有用な労働を行うことでしか充足感を得られないのだ。

異星人たちはレジャーや娯楽、あるいは知的な気晴らし一般に対する関心を持たない。家庭や私的空間、お金、富といった概念も知らない。睡眠の必要があれば、職場で立ったまま眠る。口に入れる食べ物にすら無関心で、そもそも味覚がない。無性生殖を行い、生後数ヵ月で完全に成熟する。交配相手を引き寄せる必要はなく、個人的に目立ちたいという欲求もない。ただコロニーのために尽くす。ひたすら働こうとする。

異星人たちは次第に、私たちの社会や経済に組み込まれていく。彼らは熱心に労働し、賃金は要求しない。異星人にとって仕事は、それ自体が報酬なのだ。それどころか、考えうる唯一の報酬でもある。彼らの雇用に関連する出費は、あるタイプの食料と水の支給だけ——それさえ与えれば、急速に生殖を始める。大小問わずあらゆる企業が、異星人たちをさまざまな役割につかせるようになる。最初はルーティンな低レベルの仕事だったのが、さらに複雑な仕事でもこなせる能力を急速に示しはじめる。異星人たちは次第に、地球人の労働者に取って代わるようになる。初めは異星人を地球人に置き換えることに難色を示していた企業経営者たちも、競合他社がそうした動きに倣うにつれて、自分たちもあとに従わざるをえなくなってくる。

地球人労働者の失業率は急激に上がりはじめる。仕事の奪い合いが増え、まだ職を持っている人たちも所得は停滞し、あるいは下がりはじめる。数ヵ月、そして数年が過ぎ、失業給付金も底をつく。政府の介入を求める声が上がるが、事態は結局行き詰まる。アメリカでは、民主党が異星人の雇用の制限を求める。だが共和党は、大企業からの強い働きかけを受けてこうした動きを阻み、異星人はすでに地球全体に広がっていると指摘する。もしアメリカの企業が異星人の雇用を制限されれば、この国は他国との競争上きわめて不利な地位に立たされることになるだろう、と。

大衆は次第に未来を恐れるようになる。消費者の市場は大きく分極化する。成功した事業や莫大な投資先、安全な重役レベルの職を持っているごく少数の人たちはこの世の春を謳歌し、贅沢な商品およびサービスの売り上げが伸びる。残りの人たちにあるのは、一ドルショップの経済だ。失業する人や、もうすぐ職を失うのではと恐れる人たちが増えるにつれ、倹約が生き延びることと同義になる。

だがまもなく、企業収益の大幅な増加は、維持不可能であることがわかってくる。利益はほぼすべて人件費の削減から生じたものだった。収入は横ばいで、それもすぐに低下しはじめる。異星人はもちろん、何も買わない。人間の消費者は、絶対必要でないものを買うことから次第に目をそむけるようになる。贅沢な商品およびサービスを提供する多くの企業も、やがて業績が低下しはじめる。貯蓄額やクレジットの限度額は下がる一方だ。住宅を買った人はローンを返済できず、借家人は賃貸料を払えなくなる。住宅ローン、ビジネスローン、消費者ローン、学生ローンのデフォルト率が跳ね上がる。社会事業への要請が大幅に増えるあいだにも、税収は激減し、政府の弁済能力が脅かされる。さらに新たな金融危機が迫ってくれば、エリートたちも消費を控えはじめるだろう。じきに高価なハンドバッグや贅沢な車よりも、金《きん》を買うことに熱心になるだろう。こうして異星人の侵略の結果は、穏当というにはほど遠いものになりそうだった。

機械は消費しない

この異星人の侵略のたとえ話は、たしかに極端なものだ。ごくごく低予算のSF映画にちょうどいいシナリオかもしれない。とはいえ、容赦ない自動化への進歩が——少なくともこうした状況に適応するための政策がないかぎり——たどり着くことになる理論上の終着点をうまく捉えてはいる（第10章でさらに詳しく触れよう）。

これまで本書が主に伝えようとしてきたのは、テクノロジーの進歩はあらゆる産業にわたって、高低を問わず多くのスキルレベルにある職を脅かすだろうということだ。こうした傾向が進めば、経済全体に重要な影響が及ぶ。仕事も所得も容赦なく自動化され、やがて多くの消費者は所得と購買力を失うことになり、経済成長を支えるのに不可欠な需要が先細っていく。

経済が生み出すあらゆる製品およびサービスは、いずれ誰かに買われる（消費される）。経済用語でいう「需要」とは、何かがほしいこと、または必要であること。そしてその代価を払えることと、払おうとする意思に裏づけられている。製品およびサービスの最終需要を作り出す実体は二つしかない。個々の人間と政府だ。個人消費支出はアメリカでは通常、GDPの少なくとも三分の二を占め、他のほとんどの先進国よりもおよそ六〇パーセントかそれ以上多くなっている。個々の消費者の大多数はもちろん、所得のほぼすべてを雇用に頼っている。雇用とは購買力が配分されるための主要なメカニズムなのだ。

企業もたしかに物は購入するが、それは最終需要ではない。企業が買うのは、何か他の物を生産するのに使う資源や原材料などだ。将来の生産につなげるための投資として物を買ったりもするかもしれない。だが、その企業が作っている物への需要がなければ、企業は製造を止め、資源や原材料も買わなくなる。そして別の企業に身売りをするかもしれない。だが、この連鎖はある程度行くと、ほしいから、必要だから、という理由で物を買う個人（もしくは政府）のところで終わる。

重要な点は、労働者が消費者でもある（他の消費者を養ってもいるかもしれない）ということだ。こうした人たちが最終需要を牽引する。労働者が機械に置き換わったとしたら、その機械は消費をしに出かけたりはしない。機械が作っている物を買う人が誰もいなくなれば、その機械もいずれは止められる。自動車製造工場の産業用ロボットは、そこで組み立てられている車を誰も買わなければ、操業を続けられなくなるだろう。[a]

そうして消費者の頼みの綱である職のかなりの部分が無人化のために消えてしまったり、賃金が低く抑えられてまともな可処分所得を持てる人がほとんどいなくなったりすれば、現代のマスマーケット経済が今後も栄えつづけられるかどうかは怪しくなる。私たちの経済の背骨をなす主要な産業（自動車、金融サービス、家電、通信サービス、医療など）のほぼすべてが、何百万人もの潜在的顧客からなる市場を対象としたものだ。市場はドルの総額だけでなく、数量ベースの需要も重要な原動力となる。とても裕福な人物はすばらしく高い自動車を買うかもしれないし、そうした車を一〇台以上買ったりすることもありうる。しかし、何千台もの車を買うことはないだろう。同じことは携帯電話やノートパソコン、レストランでの食事、ケーブルテレビの視聴、住宅ローン、練り歯磨き、歯科検診など、想像できるすべての消費財やサービスにも当てはまる。マスマーケット経済では、消費者たちに購買力が配分されることがきわめて大事なのだ。顧客となる人々のごくわずかな層に所得が極端に集中すれば、いずれはそうした産業を支える市場の存続そのものが脅かされるだろう。

格差と消費支出——これまで明らかにされた証拠

一九九二年のアメリカでは、所得の上位五パーセントの家庭が消費支出全体に占める割合は二七パーセントだった。二〇一二年には、その数字は三八パーセントにまで上昇した。同じ二〇年間に、アメリカの消費者の下位八〇パーセントが総支出に占める割合は、四七パーセントから三九パーセントへ低下した。(1) 二〇〇五年にはすでに、所得と支出がともに一部に集中する傾向が明らかになっていた。シティグループの株式市場アナリストのチームが、特に富裕な顧客だけを対象にしぼった一連のメモを書いたのは有名な話だ。それによれば、アメリカは「プルトノミー」に進化しつつある——これは上部に比重のかかった経済システムで、成長は主に豊かな少数のエリート層によって担われ、彼らが経済の生み出す製品やサービスの消費に占める割合は増える一方なのだという。何よりも注目すべきなのは、このメモが富裕な投資家たちに、急速に消えゆくアメリカの中流階級を顧客に持つ企業の株からは手を引き、特に豊かな消費者をターゲットにした贅沢な品物やサービスを供給する企業に投資を集中するように助言していることだった。(2)

アメリカ経済がこの数十年間、前例のないほど所得の集中に向かって進んできたことはデータからも明らかだが、そこには根本的なパラドクスも含まれている。エコノミストたちにはずっと以前から、富裕層の所得に占める支出額の割合が、中流階級や貧困層に比べて低いことはわかっていた。最低所得レベルの家庭は、なんとか稼いだお金をほぼすべて否応なしに使わざるをえないが、本当の金持ちには、たとえやろうとしても同じことはできない。明らかにいえるのは、所得が次第に少数の富裕層に集中するにつれ、国全体で健全な消費が行われるという期待はかけられなくなることだ。人口のごくわずかな層に国全体の所得がどんどん流れ込んでいれば、彼らがそのすべてを使いきることは決してできない。それは経済データからも明らかにわかる。

ところが歴史的な現実に目をやれば、話はまったく違っている。一九七二～二〇〇七年の三五年間に、平均支出が可処分所得に占める割合は、約八五パーセントから九三パーセント以上にまで増えた。(3) そのほとんどの時期、消費支出はアメリカのＧＤＰにおける断然最大の要素であるばかりか、最も急速に伸びてもいた。要するに、所得がどんどん一部に集中して格差が拡大しても、消費者はどうにかして全体的な支出を増やしていたし、そうした浪費はアメリカ経済の成長を後押しする最も重要な要因だった。

二〇一四年一月、セントルイス連邦準備銀行のバリー・シナモンと、セントルイスにあるワシントン大学のスティーヴン・ファザーリは、所得格差の拡大に消費支出の増大が伴うというパラドクスについて調査した結果をそれぞれ発表した。その主要な結論は、数十年にわたる消費支出の上昇傾向は概ね、アメリカの消費者の下位九五パーセントが抱える負債の増加分によるものだった。アメリカ国民の大多数のあいだでは、一九八八年から二〇〇七年にかけて、所得に対する負債の比率が八〇パーセント強から一六〇パーセントまで増加した。一方で五パーセントの富裕層では、同じ比率は比較的安定して、六〇パーセント前後のままとどまった。[4] 負債水準の最も急激な上昇は、住宅バブル、そしてホームエクイティー・ローンが容易に借りられた金融危機に至るまでの数年間とほぼ軌を一にしている。

アメリカ国民の大多数が熱に浮かされたように借金をするような状況は、当然いつまでも続くはずがない。シナモンとファザーリによれば、「未曾有の借り入れ熱によって生じた金融システムの脆弱性は、もうこれ以上借金ができないというところまで来て消費が落ち込んだとき、大不況の引き金となった」[5]。危機が広がるにつれて、全体の消費支出はおよそ三・四パーセント減り、第二次世界大戦以降のどの景気後退の時期にもないほどの急激な支出低下となった。しかも、この低下は長引いた。全体の消費が危機以前の水準に戻るまでには、三年近い月日を要したのだ。[6]

シナモンとファザーリは、大不況の時期とその後の時期を通じて、この二つの所得層のあいだに明確な違いがあることを明らかにした。上位五パーセントの層は、不況の時期には他のリソースに頼ることで支出を控えめにしていた。下位の九五パーセントは、基本的にはお金が底をつき、支出を大幅に減らす以外ほぼどうしようもなかった。またその後の消費支出の回復はすべて、所得分布の上位の層が後押ししていたこともわかった。二〇一二年までに上位五パーセントが、インフレを調整した数値で、支出を一七パーセント増やしていた。だが、下位九五パーセントでは消費の回復はまったく見られず、二〇〇八年の水準のままとどまっていたのだ。シナモンとファザーリが見たところでは、そうした大多数の消費者では実質的な回復の見込みはほとんどなく、「需要の縮小は下位九五パーセントの借金によって数十年間先送りされてきたが、いまやそれが消費の伸びを鈍化させ、今後もずっと続く恐れがある」(7)。

アメリカの企業社会では、国内の顧客に限れば、積極的な活動はすべて最上位の層で行われていることが次第に明らかになってきた。アメリカの消費者を直接相手にするほぼすべての産業部門——家電からレストランやホテル、小売店に至るまで——では、中間層が売り上げの停滞や減少に苦しんでいる一方、トップ層の消費者をターゲットにした企業は変わらず繁栄している。そして一部の財界人たちは、マスマーケットの製品やサービスに明白な脅威が及んでいることに気づきはじめている。二〇一三年八月、ESPN社長のジョン・スキッパーは、所得の停滞は同社の将来に対する最大の脅威だと発言した。ケーブルおよび衛星テレビのスポーツ専門ネットワークであるESPNは、世界で最も価値あるメディアブランドに位置づけられている。アメリカでケーブルテレビ・サービスを経営するコストは、過去一五年間で三〇〇パーセントも上昇したが、国民の所得はずっと横ばいのままだ。スキッパーによれば、「ESPNは大量生産品」だが、このサービスは多くの視聴者の手の届かないものになるかもしれないという[8]。

アメリカ最大の小売チェーンのウォルマートは、安い商品を求めて店に押し寄せる中流および労働者階級の消費者たちの救世主的存在となっている。だが、二〇一四年二月に同社が発表した年間売上高の予測は投資家を失望させ、株価の急落を招いた。既存の店舗（開店から最低一年たっている店舗）の第4四半期の売上高は連続して低下していた。同社は、国のフードスタンプ（公式には補助的栄養支援プログラムという名前だ）の削減に加え、支払給与税の引き上げは低所得の買い物客の財布を直撃するだろうと警告した。ウォルマートの顧客の五人に一人はフードスタンプに頼っていて、そうした人たちの多くは、自由に使える可処分所得が実質的にゼロになるというところまで逼迫しているのだ。

大不況の影響を受けて、ウォルマートの各店舗では、各月の一日目の午前零時を過ぎた頃に異変が起きるようになった。この日には電子食料切符（ＥＢＴ）カードが政府によってリロードされる。月末になると、ウォルマートの最低所得レベルの顧客たちは、文字どおり食料や生活必需品が底をついた状態になる。そして月が切り替わる午前零時過ぎに、フードスタンプ計画からクレジットが送られてくるのを見越してショッピングカートに品物を積み上げ、レジの前に並ぶのだ[9]。ウォルマートが一ドルショップと競合するケースも増えている。顧客がそうした店に足を向けるのは多くの場合、必ずしも価格が安いというだけでなく、品物が少量で売りに出されているからだ。月末までの数日をなんとかしのごうと苦労している

図8・1　大不況からの回復期におけるアメリカの企業利益

出所：セントルイス連邦準備銀行（FRED）(10)

利用客にとって、少しずつ品物を買えることは、残った乏しいドルを長くもたせるのに役立つ。

ところで、民間部門全体を通じての大不況からの回復は、企業利益の増加としばしば期待外れの収入によって特徴づけられていた。各企業の収益性は目もくらむほどの水準に達したが、それは商品やサービスの売り上げが増えたからではなく、主に人件費の削減によって達成された結果だった。これは意外な事実と捉えるべきではない。第2章の図2・3と2・4をもう一度見てほしい。GDPに企業収益が占める割合は前例のない高さに達しているというのに、労働分配率は記録的な低さにまで下がっている。これは私の目には、きわめて多くのアメリカの消費者が、企業の作り出す製品やサービスを買うのに苦労している証拠に映る。図8・1は、アメリカ全体の企業業績が急速に回復しながら、その間の時期の小売売上高とは大きな開きができていることを示している。これを見ればさらに話は明らかだ。[b] 前にも見たとおり、徐々に支出が回復しているのは、すべて所得分布の上位五パーセントの消費者が後押しをした結果だということを覚えておいてほしい。

エコノミストの英知

アメリカの消費者の多くが、自国経済で作られる製品やサービスへの需要を十分に生み出せるだけの所得を得ていないという証拠があるにもかかわらず、エコノミストたちのあいだでは、所得格差が経済成長の大きな妨げになっているという一般的合意はまだできていない。アメリカの第一級の進歩的なエコノミストたちでさえ、現在の経済が直面する主要な問題が需要の不足であることには同意しながら、格差がもたらす直接的影響については意見の一致を見ていないのだ。

ノーベル経済学賞受賞者のジョセフ・スティグリッツは、格差が経済成長を損なうという考えを最も声高に唱えてきた人物だ。二〇一三年のニューヨーク・タイムズ紙の論説記事には、「格差はこの国の回復を抑えつけている」、なぜなら「この国の中流階級は弱すぎ、歴史的に経済成長を後押ししてきた消費支出を支えることができない」からだと記した。[11] ロバート・ソローは、長期的な経済成長における技術革新の重要性に関する著作によって、一九八七年にノーベル賞を受賞したが、二〇一四年のあるインタビューでこう語った。「格差の拡大は所得分布を空洞化させる傾向があり、わが国は盤石の中流の職と中流の所得を失うことで、常に産業の進歩・革新をもたらす安定した消費需要の流れを絶やそうとしているのだ」[12]。やはりノーベル賞受賞者のポール・クルーグマンは、ニューヨーク・タイムズ紙のコラムニストやブロガーとして自らの旗色を鮮明にする人物だが、この件については同意せず、自分も「この主張に署名できるものならしたい」ところだが、それを裏づける証拠はないと自身のブログに書いている[13]。[c]

さらに保守的なエコノミストたちのあいだでは、格差は成長を妨げるという考え自体がすっかり無視されてしまいそうだ。実際に右寄りのエコノミストの多くは、需要の不足が経済の向き合わねばならない主要な問題であることさえなかなか認めようとしない。それどころか彼らは、危機から回復するあいだ、公的債務の水準や増税の可能性、規制の厳格化、医療費負担適正化法の実施といった問題が経済に与える不確実性について常に指摘する。むしろ政府支出を削減し、税金と規制を減らすほうが投資家や企業の自信を刺激し、投資と経済成長、雇用を促進するだろうと主張する。この考え方は、私には明らかに現実から著しく乖離したものに思えるし、クルーグマンにも「信認の妖精」を信じるようなものだと何度もけなされてきた[14]。

私がここで言いたいのは、経済学の専門家たちは全員が同じ客観的データにアクセスできるはずなのに、それでも私には基本中の基本としか思われない経済の問題について意見を一致させられないということだ。需要の不足は経済成長を阻害するのか、もしそうだとしたら、所得格差はこの問題の重要な一因なのか？　私には、この問題に関する意見の不一致は、本書で説明してきたテクノロジーによる秩序の破壊が展開するときに、経済学の専門家の反応を予告するようなものに思える。二人の「科学者」が同じデータを見てまったく違う解釈をするのは、たしかに起こりうることではあるが、経済学の分野では元々の政治路線に沿って、意見が真っ二つに分かれる場合が多すぎる。検証中のデータに含まれているどんな要素よりも、エコノミストそれぞれのイデオロギー的傾向を知るほうが、誰が何を言い出すかを予測する上では役に立つことが多い。要するに、エコノミストが経済にテクノロジーの進歩が及ぼす影響について何かしら明確な意見を表明するのを待つとしたら、ずいぶん長く待たされることになるかもしれないということだ。

経済学のイデオロギー的分裂のほかに、もうひとつ問題となりそうなのは、この分野における極端なまでの数量化だ。第二次世界大戦以降の数十年間、経済学は異常なまでに数学的な、データ主導の学問となっている。数量化にはたしかに有益な側面も多いが、未来から流れ込んでくる経済データが明らかに存在しないということは念頭に置いておかなくてはならない。数量的なデータ主導の分析はすべて、過去から収集した情報に全面的に依存しているし、そのデータが数年前あるいは数十年前のものだという場合もある。エコノミストはこうした過去のデータを活用して精巧な数学モデルを構築しているが、その大半は元をたどれば二〇世紀の経済に行き着く。経済学者のモデルに限界があることは、彼らが二〇〇八年のグローバル金融危機をほぼまったく予測できなかったことからも明らかだ。ポール・クルーグマンは二〇〇九年の「エコノミストは何を間違えたのか？」という記事でこう書いている。「こうした予測の失敗は、決してこの分野に問題があるために起こったわけではない。より重要なのは、エコノミストたちが市場経済に破局が起こる可能性そのものから目をそらしていたことだ[15]」。

私の見るところ、エコノミストたちの数学モデルが同じような失敗に終わるのではないかと心配する理由は十分にある。情報テクノロジーの指数関数的進歩が次第に経済を破壊しているからだ。この問題に加え、こうしたモデルの多くは、消費者や労働者、企業の行動や相互作用についての単純な――ときには滑稽にすら思える――前提を採用している。ジョン・メイナード・ケインズはほぼ八〇年も前に、経済学を現代的な学問分野として確立したとされる著作 *The General Theory of Employment Interest and Money*（邦訳『雇用、利子および貨幣の一般理論』）を書いた。そのなかで彼が言っていることが最も正しいのではないか。「最近の〝数学的〟経済学はその大部分が単なる寄せ集めで、それ自身が拠って立つ当初の前提と同程度に不正確なものだ。そのために著者は無益で恰好よく見えるだけの記号の迷路のなかで、現実世界の複雑性や相互依存性を見失ってしまう[16]」。

複雑性、フィードバック効果、消費者行動、そして「生産性の増大はどこに?」

経済とは、恐ろしく複雑な、無数の相互依存やフィードバックループが絡み合ったシステムだ。どれかひとつの変数を変えれば、さまざまな効果がシステム内に生じるだろうし、なかには最初の変化を中和するか、打ち消す方向に働くものもあるかもしれない。

実際のところ、こうしたフィードバック効果を通じて自らを調節しようとする傾向こそが、格差の拡大にテクノロジーの進歩が果たしてきた役割がいまだに論争の的になる大きな理由なのだろう。テクノロジーと自動化がもたらす影響に懐疑的なエコノミストたちは、ロボットの台頭が生産性のデータに――特に短期的には――はっきり表れていないことをしばしば指摘する。たとえば二〇一三年の第4四半期、アメリカの生産性は年率にして一・八パーセント低下したが、これは第3四半期の三・五パーセントという印象的な数字に比べればわずかな数字だ(17)。経済の生産性は、その生産高を労働時間数で割ることで表されることを思い出してほしい。もしも機械とソフトウェアがたしかに、人間による労働の代わりを急速に果たしつつあるのなら、労働時間数は急激に減少し、ひいては生産性が急増すると予測できるだろう。

この前提が問題なのは、実際の経済では物事はそう単純でないということだ。生産性とは、ある企業が一時間あたりどれだけ生産できるかではなく、現実にどれだけ生産しているかを測った数字である。いいかえるなら、生産性は需要から直接の影響を受ける。つまり生産高とは、生産性を示す等式の分子をなすものなのだ。この点は、いまの先進国の経済がほとんどサービス業から成り立っていることを考えると、特に重要になってくる。製造業の会社が需要の不振に直面すれば、そのまま製品の量産を続けて、在庫品として倉庫か流通経路のどこかに積み上げておくという選択も考えられるだろうが、サービス業はそうはいかない。サービス部門の内部では、生産高は需要にたちまち反応する。そして生産への需要がなかなか伸びないという経験をした企業は、すぐに従業員を削減するか、働く時間を減らして帳尻を合わせつづけないかぎり、生産性が目立っては向上しない可能性が高いだろう。

あなた自身が小さな会社を経営し、大企業にある種の分析のサービスを提供していると想像してほしい。完全雇用している従業員は一〇人だが、あるとき突然、新しい強力なソフトウェアアプリケーションが出現する。このソフトを使えば、以前は一〇人でやっていた仕事をこなすのに八人で済む。そこであなたはその新しいソフトウェアを購入し、二人分の職をなくす。わが社もロボット革命だ！　だが、待ってほしい。あなたの最も大事なクライアントが急に、今後あなたの社の製品およびサービスへの需要が下がると予測する。そのせいで、今週結ばれるはずだった契約が駄目になってしまう。近い将来の先行きも危うくなってきた。もうすでにレイオフをしてしまったのに、またすぐに職を減らしたりして従業員の士気を挫くことはしたくない。そしていつのまにか、残った八人の従業員はひまな時間をもてあまし、あなたのお金を使ってユーチューブの動画を見ている。生産性はガタ落ちだ！

実のところ、これはアメリカで過去の停滞期にほぼ決まって起きていたことだった。景気後退では通常、生産性が低下するが、これは労働時間以上に生産高が落ちるためだ。しかし二〇〇七～〇九年の大不況の時期には、逆のことが起こった。生産性が現実に増大したのだ。生産高は大幅に落ちたものの、労働時間はさらに急激に減った。企業がすごく積極的に人員の削減に努めたことで、残った従業員の負担は増えた。職を確保した従業員（まちがいなく将来の削減を恐れている）はおそらく懸命に働き、仕事に直接関わりのない活動に割く時間を減らしただろう。その結果として、生産性が増大したのだ。

もちろん実際の経済でも、こういったシナリオは、大小を問わず数えきれない組織で展開している。どこかの会社が生産性を高める新テクノロジーを導入するかもしれない。また別の企業が需要の沈滞を受けて生産を削減するかもしれない。それでも全体を平均すれば、出てくるのは平凡な生産性の数字にすぎない。ポイントは、生産性のような短期的な経済指標は概して不安定で、いささか混沌としているように見えやすいということだ。それでも長い目で見れば、こうした傾向ははるかに明瞭なものになる。実際に第2章で、私たちはその証拠を見た。一九七〇年代初めから、生産性の伸びが賃金の伸びを大きく上回っていることを思い出してほしい。

消費需要の沈滞が生産性に及ぼす影響は、経済のなかで作用するフィードバック効果の一例でしかない。他にも多くの要因があり、しかもそれは両方向に作用しうる。たとえば、消費需要の衰えは新しいテクノロジーの発展や導入を遅らせる。企業は投資の決定を行う際、現時点での経済環境と今後予想される経済環境をともに考慮に入れる。見通しが暗かったり、収益が下がっていたりすれば、研究開発への投資や新たな資本支出も低下するだろう。その結果、続く数年間のテクノロジーの進歩は、通常の状態に比べて遅れると考えられる。

もうひとつの例は、省力化テクノロジーと比較的低スキルの労働者の賃金の関係が絡んでくるものだ。テクノロジーの進歩（もしくはその他の要因）が賃金の停滞や低下を引き起こすとしても、マネジメントの視点からは、機械よりも労働者のほうが——少なくとも当面のあいだは——魅力的な選択肢だろう。ファストフード産業を考えてみよう。私は第1章で、この部門はまもなく、先進的なロボットテクノロジーが導入されるにつれ、いつ断絶的破壊が起こってもおかしくないという推測を述べた。だが、そこからきわめて基本的な疑問が出てくる。この業界にはなぜオートメーション技術がすでに組み込まれていないのか、というものだ。結局のところ、ハンバーガーやタコスの調製は精密製造の最前線にあるとはいいがたい。つまり答えは、少なくとも部分的には、テクノロジーはたしかに劇的な影響をもたらしているということだ。機械はまだ、ファストフード産業の労働者に大きな規模で取って代わってはいないものの、テクノロジーは仕事を単純化し、労働者を総じて取り替えのきく存在にする。ファストフード業界の労働者はほとんど訓練の必要のない、機械的な流れ作業のプロセスに組み込まれていく。[d] だからこそこの業界は、高い離職率や最低限のスキルしか持たない労働者を受け入れられるのだ。結果的に、こうした仕事は最低レベルの賃金というカテゴリーにしっかりつなぎとめられる。そしてアメリカ国内では、インフレの影響を調整すると、最低賃金は実際に一九六〇年代末から一二パーセント以上も低下している[18]。

エリック・シュローサーは二〇〇一年の著作*Fast Food Nation*（邦題『ファストフードが世界を食いつくす』）で、マクドナルドがすでに一九九〇年代から、より進んだ省力化テクノロジーを実験的に導入していたことに触れている。コロラドスプリングスの試験場では、「ロボットのドリンクマシンが紙コップを選んで氷を入れて、その上からソーダを満たす」一方、ポテトフライの調理は完全に自動化され、「先進的なコンピュータソフトウェアが基本的に厨房を管理していた」[19]。こうしたイノベーションすべてがあらゆるマクドナルドの店舗に行き渡ったわけではなく、それは賃金がきわめて低いままであったことと関係があるかもしれない。それでも、こうした状況がいつまでも続くことは期待できない。最終的にテクノロジーは、労働者の賃金を低く抑えるメリットよりも、自動化をさらに進めて得られる恩恵のほうが大きくなるところまで進んでいくだろう。機械の導入はまた、単なる人件費の削減では得られないような、たとえば品質の改善や一貫性、自動化された調理は衛生的だという消費者の認識など、いろいろ重要な恩恵をもたらすかもしれない。さらに、ロボットによる生産と他の新しいテクノロジーとのシナジー効果も考えられる。たとえば現在なら、顧客が携帯電話のアプリを使ってまったく自分独自のメニューを考え出し、前金で支払いをして、あとは時間どおりに出来上がったものを取りにいくだけ、といったことは容易に想像できる。こんなことは一九九〇年代には夢物語だった。だが結局のところ、ファストフードのような業界では、省力化テクノロジーは予想可能な一貫した方向には進んでいかないだろう。むしろ長期間にわたって比較的安定した状態が続き、やがてある転機を迎えて労働者と機械のトレードオフが再評価されたとたん、いきなり猛スピードで進み出すかもしれない。

失業や所得減に直面したときの消費者の行動については、もうひとつの考え方がある。これは長期的に、あるいは今後ずっと続くと当人が考える所得の変化があった場合、消費者たちの支出行動に及ぶ影響は、それが短期的なものであるときより大きくなるというものだ。エコノミストたちはこの考えを「恒常所得仮説」という印象的な名前で呼んでいるが、定式化したのはノーベル賞受賞者のミルトン・フリードマンである。もっともこれは総じて、常識的な感覚とそう変わりはない。あなたが宝くじで一〇〇〇ドル当てたとしたら、一部は使って残りを貯蓄に回すにしても、あなたの消費行動に大きな継続的変化はおそらく生まれないだろう。結局それは、あなたの所得が一時的に上がるという出来事にすぎない。だが、もし月給が一〇〇〇ドル上がったとしたら、あなたが新車を買ったり外食を増やしたり、もっと高価な家に移り住んだりする可能性は高くなるだろう。

歴史的には、失業は短期的な現象とみなされてきた。職を失っても、短い期間で以前と賃金の変わらない新たな勤め口が見つかるという自信があれば、ただ貯蓄を引き出すか、クレジットカードを使ってほぼ同じレベルで消費を続けることを選ぶだろう。戦後の一時期には、会社が従業員を数週間か数ヵ月レイオフし、事業見通しが改善したらすぐに雇い直すということが一般的に見られた。だが、いまの状況は明らかにまったく違う。二〇〇八年の金融危機のあとには、長期的な失業率が前例のない水準にまで上がり、歴史的な基準から見てもきわめて高い状態が続いた。なんとか新しい職にありつけた経験豊富な労働者も、以前より給与の低い職を受け入れざるをえないことがほとんどだ。こうした現実は消費者としても否定できない。したがって、失業に対する認識が次第に変わりつつあると考えるのが妥当ではないだろうか。失業を長期にわたる、場合によってはいつまでも続く状況だとみなす人が多くなれば、職を失うことが消費行動に及ぼす影響も倍加するだろう。要するに、歴史的な記録は、必ずしも未来を予測するための良い手がかりにはならないということだ。テクノロジーの進歩がもたらす意味が消費者にも見えるようになれば、過去においてよりも積極的に支出を切り詰めようとするかもしれない。

現実世界の経済の内部に起こる複雑な作用は、多くの点で気候システムの複雑さといくらか似たところがある。気候システムもやはり、計り知れないほど入り組んだ相互依存とフィードバック効果によって特徴づけられる。気候学者が言うことには、大気中の二酸化炭素の量が増加しても、気温が一貫して安定的に上昇すると予想してはいけない。むしろ基本的な上昇傾向に、時折、変動のない時期や、何年も何十年続くことのある比較的涼しい時期が挟まったりしながら、平均気温が不規則に上がっていくのだ。ただし嵐や、その他の極端な天気事象が起こることは予想できる。経済でもそれに似た現象が起こって、所得と富の集中が次第に進み、さらに多くの消費者が購買力の不足に苦しむようになるかもしれない。生産性や失業率といった指標が順調に伸びず、金融危機の可能性も増大するかもしれない。気候学者は「転換点」（ティッピングポイント）についても憂慮している。たとえば、気温の上昇が北極圏ツンドラの融解を引き起こし、閉じ込められていた膨大な量の炭素が放出されることで温暖化を加速させる、といったリスクだ。それと同じように、将来いつの日か急速な技術革新によって、失業がいつどのくらいの見込みでどれだけの期間起きるかという予想が大きく変化し、消費者が積極的に支出を切り詰めることになるかもしれない。もしそうなれば、それによって経済の下方スパイラルが早められ、テクノロジーがもたらす断絶的破壊の影響を直接的には受けない仕事の労働者にすら、累が及ぶという事態まで容易に見通せる。

格差が拡大するとき、経済成長は持続可能か？

これまで見てきたように、アメリカ全体の消費支出は一応伸びつづけてきたが、集中の度合いは以前よりずっと高まり、いまでは上位五パーセントの家計が消費全体の四〇パーセント近くを担っている。情報テクノロジーが絶え間なく進歩しつづけている昨今、この傾向がこの先何十年も持続するものなのかということこそ大きな問題だ。

上位五パーセントの人たちは比較的所得が高い一方で、圧倒的大多数の人たちは大半の所得を雇用に依存している。また、こうした上位の層のなかですら、さらに驚くほどの所得の偏りが見られる。正真正銘豊かな家計、つまり蓄えた財産のみに全面的に頼って生活と支出を続けられる家計は、はるかに数が少ない。大不況からの回復期に入った最初の一年間、所得の伸びの九五パーセントは人口の上位わずか一パーセントに集中していた[20]。

この上位五パーセントは総じて、最低でも大学の学位を持った専門職や知識労働者で構成されている。しかし第4章で見たとおり、こうした高スキルの職業は、進歩するテクノロジーの射程に完全に入っている。ソフトウェア開発の自動化はある種の職をすっかり消し去るかもしれない。他の例でも職務が単純化され、賃金が引き下げられるかもしれない。オフショアリングとビッグデータ主導の経営手法はアナリストや中間管理職の必要性を減らすものだが、その可能性が高まるにつれ、そうした労働者の多くに脅威が迫っている。こうした傾向は、すでに最上位の層にいる家計にも直接の影響を及ぼすだけでなく、若い労働者たちがやがて所得と支出レベルの高い職まで昇っていくことを難しくするだろう。

そして最終的に、上位五パーセントの層も次第に、労働市場全体を表す小宇宙のように見えてくる。その宇宙自体が空洞化する危険にさらされているのだ。テクノロジーの進歩とともに、自由に使える可処分所得が十分にあり、将来的にもまともな支出が可能だという自信を持ったアメリカの家計はどんどん減りつづけていくかもしれない。そして最上位の家計の多くも、その所得額から想像されるほど財務基盤は強くないため、リスクはさらに高くなる。こうした消費者は物価の高い都市部に集中しているので、多くの場合、自分たちがとりたてて裕福だとは感じていないだろう。彼らの多くは選択的配偶を通じて上位五パーセントまで昇ってきた人たちだ。つまり、やはり稼ぎの良い他の大卒者と結婚したのである。だが、こうした家庭にとっても住宅費や教育費は高くつくことが多く、夫婦のどちらかが職を失えば、家計はかなりの危険にさらされる。つまり共稼ぎの家計では、突然の失業によって支出が大幅に削減されるに至る可能性が二倍になるということだ。

最上位の層が、増大するテクノロジーの圧力にさらされている以上、下層の九五パーセントの家計が大きく改善すると期待できる理由はほとんどない。ロボットとセルフサービス・テクノロジーはサービス部門に食い込みつづけ、賃金を引き下げ、比較的低スキルの労働者に残された選択肢をさらに少なくするだろう。自動運転車や建設用3Dプリンターはやがて、何百万という職を消し去るかもしれない。こうした労働者の多くは、下方への垂直移動を経験するだろう。なかには働くことを完全にやめてしまう人もいるだろう。時間とともに、最低生活水準にごく近い所得で暮らすことになる世帯も増えていくだろう。真夜中にレジの前に行列を作り、EBTカードがリロードされて家族の食料が買えるようになるのを待っている買い物客がますます増えるのが、目に見えるようだ。

所得の増加がない以上、下層の九五パーセントが支出を増やそうとすれば、さらにお金を借りるしかない。シナモンとファザーリによれば、アメリカの消費者が金融危機の二〇〇八年までの二〇年間にわたる経済成長を支えつづけられたのは、借金のおかげだった。しかし危機の余波が続くなか、家計のバランスシートは弱く、信用基準はぐっと厳しくなり、アメリカ国民の多くは消費支出に費やす資金を調達できなくなった。こうした家計に再び信用が流れ込みはじめたとしても、それは当然、一時的な解決にすぎない。負債の増加は所得が増えなければ維持できないし、ローンのデフォルトがやがて新たな危機を引き起こすという明らかな危険もある。アメリカの低所得層でもまだ信用貸しに手の届く分野のひとつ、学生ローンでは、負債の重荷がすでに異常な割合まで膨らんでいるため（学位を得られない者はいうまでもない）、今後数十年にわたって大卒者の可処分所得はローン返済のために消えつづけるだろう。

私がここで主張しているのは理論上の話だが、格差が経済成長を阻害しうることを裏づける統計学的証拠は存在する。IMF（国際通貨基金）のエコノミスト、アンドリュー・G・バーグとジョナサン・D・オストリーは、二〇一一年四月の報告書で、さまざまな先進国と途上国の経済を調査した結果、所得格差は経済成長の持続性に影響を及ぼすという結論に至ったと記した[21]。バーグとオストリーの指摘によれば、経済が何十年にもわたって安定成長を続けることはめったにない。むしろ、「急成長の時期の合間に急落が、そしてときどき停滞がはさまる。山あり谷あり高原ありの成長だ」。経済の成功を際立たせるのは、成長の時期がどれだけ続くかということだ。エコノミストたちが明らかにしたところでは、格差の拡大は、経済成長の時期の短さと強い相関関係にあるという。実際に、格差が一〇パーセントポイント縮小した例は、成長期が五〇パーセント長く続いたことと関連づけられた。IMFのブログに執筆しているエコノミストたちは、アメリカの極端な所得格差がこの国の将来の経済的見通しになんらかの影響を及ぼすのは明らかだと書いている。「格差を無視して、全体的な成長にだけ目を向け、こう主張する者たちもいる——上げ潮は船をすべて持ち上げると」。しかし「一握りのヨットが客船になり、残りはみすぼらしいカヌーのままでいるとしたら、そこには何かひどい誤りがあるということだ[22]」。

長期的リスク——圧迫される消費者、デフレ、経済危機、そして……テクノ封建主義

私は二〇〇九年に自動化をテーマにした初めての著作を出版したが、そのときに何人かの読者からのお便りで、あなたの本はある重要なポイントに焦点を合わせていないという指摘をいただいた。ロボットはたしかに賃金の下降や失業を招くかもしれないが、生産が効率的

になるおかげで、あらゆる製品の価格がぐっと安くなるだろう。だから所得が減ったとしても、買いたいものの価格が下がるのだから、消費は続けられるはずだ——とのことだった。この考え方は妥当なようにも思えるが、いくつか注意すべき点がある。

最も明らかな問題は、多くの人たちが完全失業し、所得が実質的にゼロになる可能性だ。そうした状況では、物価が下がったとしても問題の解決にはならない。さらにいえば、一般家庭の家計に占める最も重要な要素の一部は、少なくとも短中期的には、テクノロジーの影響を比較的受けにくい。たとえば土地、住宅、保険にかかる費用は、総合的な資産価値と密接に結びついているが、その資産価値は生活水準全般によって決まってくる。だからこそタイのような新興国では、外国人が土地を買うことを許可していないのだ。もし許可すれば価格が上昇し、一般国民が住宅を買えなくなる事態が起こりかねない。第6章で見たように、医療費にも近いうちにロボット化の難問が表れてくるだろう。自動化が最も大きな直接的影響を及ぼすのは、製造業や一部の選択的サービス、とりわけ情報や娯楽にかける出費である。だがこうしたものは、ほとんどの家庭の消費では比較的小さな割合を占めている。住宅、食料、エネルギー、医療、交通、保険といった値の張るものでは、近々急速なコスト削減が起こる見込みはずっと低い。所得が停滞または減少する一方で、主要な物品やサービスへの出費が増えつづけるために家計が逼迫するという、本物の危険が迫っているのだ。

最終的にテクノロジーの進歩によって全体的な物価が引き下げられたとしても、そのシナリオには重要な問題がある。歴史上の社会が繁栄を迎えたケースを見ると、賃金が物価より早く上昇していることが多い。もし一九〇〇年の世界にいる人物が未来へタイムトラベルをして、現代のスーパーマーケットにやってきたら、当然ながら物品の高さにショックを受けるだろう。だがそれでも、私たちがいま食料品に費やしている額が所得全体に占める割合は、一九〇〇年当時と比べてかなり低い。名目価格が大幅に上がったとしても、食料品は実質ベースでは安くなっている。これはつまり、所得がさらに大幅に上昇したために起こる現象なのだ。

次に、これとは逆のケースを想像してみよう。所得は下がっているが、物価はさらに速く下がっているという状況だ。理論上ではこの場合、購買力は増大することになる。もっと多くの物を買うことができる。ところが現実には、デフレは経済的にきわめて厄介なシナリオなのだ。第一の問題は、デフレ循環は打破するのがきわめて難しいということだ。将来的に価格が下がるとわかっていたら、どうしていまその品物を買うだろうか？　消費者は買い控えて、もっと価格が下がるのを待とうとし、それがまたさらに価格の低下を呼ぶだけでなく、商品やサービスの生産を減少させる。もうひとつの問題は、雇用主が実際に賃金を引き下げるのは難しい場合が多いということだ。むしろ雇用主は従業員を削減しようとするため、デフレは失業の増大と結びつくのが常なのだが、それはまた結局、所得のまったくない消費者を大勢生み出すことにつながる。

三つめの大きな問題は、デフレは負債を手に負えないものにするということだ。デフレ経済では、あなたの所得は低下し（そもそも幸運にも所得があっての話だが）、住宅の価格は下がり、株式市場も下落するだろう。しかし住宅や自動車、学生ローンの支払い額が減ることはない。負債は名目値に固定されているため、所得が減ると借り手は逼迫し、消費に使える可処分所得はさらに少なくなる。そして同様に政府も、税収入が落ち込むために苦境に立たされる。この状況が持続すれば、やがて債務不履行《デフォルト》がつぎつぎ起こり、銀行危機の恐れもちらつきはじめるかもしれない。デフレは私たちにとってまったく望ましくないものだ。歴史を見ても、所得が消費者物価よりも早く上昇し、時間の経過とともにほしいものがより買いやすくなる、穏やかなインフレが理想的といえる。

こうした二つのシナリオ――所得の停滞と物価の上昇で家計が逼迫するか、完全なデフレか――はどちらにしても、消費者が絶対必要でないものへの支出を切り詰めることで、やがて深刻な景気後退を引き起こす可能性がある。前にも述べたように、テクノロジーによる断絶的破壊が進展すれば、長期にわたって失業が続く、あるいは早期の退職を強いられるという見込みにきわめて合理的な恐れを抱く人がどんどん増え、消費者の支出行動は根本的に変化する。こうした場合、政府は景気の下降と戦うために、政府支出を増やす、減税を行うといった短期的な財政政策を採用するが、あまり効果は上がらないかもしれない。こうした政策の意図には、手っ取り早い需要を経済へ注入することで回復の好循環が生まれ、雇用が増えるという期待がある。だが新しい自動化テクノロジーのおかげで、企業が多くの労働者を雇わずにこうした需要の増加に対応できたとしたら、失業対策の効果は期待外れに終わるのではないか。中央銀行による金融調節も同じような問題に悩まされるだろう。いくらお金を刷っても雇用がないのでは、より多くの購買力を消費者の手に行き渡らせるメカニズムは生まれない。要するに、従来の経済政策は、長期的な所得の低下に対する消費者の不安を直接取り除く役にはほとんど立たないだろうということだ。

ローンの返済ができない家計が増えるにつれ、新たな銀行危機や金融危機のリスクが出てくる。不良債権のうちの比較的小さな割合であっても、銀行システムには大きなストレスになりかねない。二〇〇八年の金融危機の引き金になったのは、サブプライムローンを利用した借り手が二〇〇七年にいちどきにデフォルトに陥りはじめたことだった。サブプライムローンの件数は、二〇〇〇年から〇七年までの時期に急増したが、ピーク時でもアメリカ全体で発行された新しい住宅ローンのおよそ一三・五パーセントを占めていただけだった[23]。このデフォルトの影響はもちろん、銀行が複雑な金融派生商品《デリバティブ》を利用していたために劇的に拡大した。こうしたリスクはいまでも消えたわけではない。アメリカとその他の先進九ヵ国の銀行監督当局者からなる機関が公表した二〇一四年の報告書には、「危機から五年がたっても、大企業の」デリバティブ関連のリスクへの取り組みは「ある程度しか進んでいない」、またその「進展もむらがあり、概して満足のいくものではない」という警告が見られる[24]。要するに、局地的なローンのデフォルトが増えたために次の世界的危機が引き起こされる危険は、いまだにきわめて現実的なものだということだ。

なかでも特に恐ろしい長期的シナリオは、世界的な経済システムが最終的に、この新しい現実に適応しようとすることかもしれない。広範囲にわたって影響を及ぼす創造的破壊のプロセスでは、現在わが国の経済を動かしているマスマーケット産業が、一部の超富裕層だけを対象とした高価値の製品やサービスを作る新しい産業に取って代わられるだろう。大多数の人々は実質的に職を奪われ、経済的流動性は存在しなくなる。富裕階層《プルトクラシー》は塀で囲われたコミュニティや高級住宅都市のなかに閉じこもり、その周囲を自動化された軍のロボットやドローンが守るようになるだろう。要するに、中世の時期に支配的だった封建制度のようなものに回帰するということだ。ただし、きわめて重要な違いがある。中世の農奴は農業労働を提供するためこの制度には必要不可欠であるのに対し、自動化された封建主義に支配される未来世界では、小作農はいなくてもかまわないのだ。

二〇一三年の映画『エリジウム』は、地球軌道上にあるエデンのような人工の世界に富裕層が移住するという内容だが、こうした未来のディストピアのビジョンをじつに巧みに表現したものだ。エコノミストの一部もこうしたシナリオを心配しはじめている。人気経済ブロガーのノア・スミスは二〇一四年の投稿で、エリートたちを守るゲートの外に「ぼろをまとった宿無しの、飢死寸前の人間たち群がっている」という、起こりうる未来の光景について書いた。そして「スターリンや毛沢東の圧政とは違い、ロボットが強いる圧政は世論にもびくともしないだろう。下層民たちがいくら好き勝手なことを考えようと、ロボットの支配者たちは銃も手にするだろう。いつまでもずっと」[25]。「陰鬱な科学」の実践者が言うこととはいえ、じつにわびしい未来といえる。[f]

テクノロジーと高齢化する労働力

先進工業国は、どこも労働人口の高齢化が着実に進んでいることから、ベビーブーマー世代が引退の年齢に達して職から離れるにつれ、労働者不足が深刻化するという予測が多く聞かれる。ノースイースタン大学のバリー・ブルーストーンとマーク・メルニックが二〇一〇年に著した報告書では、アメリカでは二〇一八年には、労働者の高齢化の直接的な結果として職の空きが五〇〇万にものぼり、また「社会部門において」――これを著者たちは、医療、教育、コミュニティサービス、芸術、政府といった分野を含むものと定義している――「追加が計画されている職に高齢労働者が参入しなければ、そうした職の三〇～四〇パーセントに空きが生じる」可能性があると予測している[26]。これは明らかに、私がこれまで行ってきた議論とはきわめて大きく食い違う予測だ。どちらの未来のビジョンが正しいのか？ テクノロジーがもたらす広範な失業とさらなる格差の拡大へ向かっているのだろうか、それとも、だぶついた職を埋めるために雇用主が働ける労働力を見つけようと躍起になり、賃金はいずれ再び上昇するのだろうか?

労働者たちの引退がもたらす影響は、アメリカでは他の多くの先進国、とりわけ日本が直面する本物の人口動態上の危機と比べれば、かなり穏やかなものだ。アメリカやその他の先進国が、もし本当に広範な労働力不足へ向かっているとしたら、問題は最初に日本で顕在化すると予想できるのではないか。

だがこれまでのところ、日本の経済には広範囲にわたる労働力不足を裏づける事実はほとんどない。特定の分野、特に賃金の低い高齢者介護などではたしかに不足が見られるし、政府は二〇二〇年の東京五輪の準備に向け、熟練した建設労働者の不足について懸念を表明している。しかし労働者が全体的に不足しているのなら、結果的に賃金は総じて上昇するはずだが、実際にそうした証拠は見られない。一九九〇年に不動産と株式市場が暴落して以来、日本は二〇年に及ぶ停滞と完全なデフレまで経験した。経済は職の空きを生み出すどころか、若年層に「失われた世代」を作り出すことになった。彼らは「フリーター」などと呼ばれ、安定したキャリアの道に進むことができず、親と同居しながら三〇代、四〇代になることも多い。二〇一四年二月に日本政府は、二〇一三年の基本給は二〇〇八年の金融危機時の最近一六年間の最低水準に並び――インフレを考慮して調整した数字で――およそ一パーセント低下したと発表した。[27]

労働力全般の不足は、他の国ではさらに見るのが難しい。二〇一四年一月以降、ヨーロッパで最も急速に高齢化の進む二国、イタリアとスペインではともに、若年層の失業率が壊滅的なレベルにあり、イタリアは四二パーセント、スペインではなんと五八パーセントだ。(28)こうした異常な数字はもちろん金融危機の直接の結果なのだが、にもかかわらず、やがて来る労働力不足が若年労働者の失業に歯止めをかけはじめるまでにどのくらい待たねばならないのかは、まだ不透明なままだ。

私たちが日本から学ぶべき最も重要な教訓は、私がこの章で強調してきたポイントを忠実に写している――つまり、労働者は消費者でもあるということだ。人は歳をとり、やがて職を離れると、消費する額が減るだけでなく、支出の傾向も次第に医療方面に偏ってくる。だから働ける労働者の数が減れば、商品やサービスの需要も低下し、雇用が減ることになる。要するに、労働者の退職がもたらす影響とは、総じてプラスともマイナスともいえない話ではないかということだ。そして高齢者が所得の低下に合わせて支出を減らしていくとしたら、そのこともまた、経済成長が持続可能であるかどうかに疑問を抱く十分な理由になるかもしれない。実際に、日本やポーランド、ロシアといった人口が減少に転じている国では、長期的な経済の停滞や縮小は避けるのが難しいだろう。人口は経済の規模を決定する重要な要因であるからだ。

人口が増えつづけているアメリカでも、消費支出が人口動態上の変化によって抑えられるという懸念には十分な根拠がある。従来の年金から確定拠出型年金（401k）への移行によって、引退の年齢に近づいた人たちの家計がきわめて脆弱な状態に置かれているのだ。マサチューセッツ工科大学の経済学者ジェイムズ・ポターバは、二〇一四年二月に発表した分析のなかで、六五～六九歳のアメリカの家庭のなんと五〇パーセントが、年金口座の残高が五〇〇〇ドル以下であると述べている。[29]ポターバの論文によれば、退職時の蓄えが一〇万ドルある家庭ですら、その残高すべてを使って定額型年金を購入した場合、保証される所得は生活費調整に伴う増加を上乗せしなければ、年間わずか五四〇〇ドル（一月あたり四五〇ドル）でしかない。[30]要するに、アメリカ国民のきわめて多くがいずれ、ほぼ全面的に社会保障に頼るようになるということだ。二〇一三年には、一人あたり平均の社会保障給付は月額およそ一三〇〇ドルで、なかにはわずか八〇四ドルという退職者もいた。これはまともな消費を支えられる所得ではないし、そこからメディケアの現時点での掛け金を月々一五〇ドル（しかもおそらく増額されるだろう）も引かれていればなおのことだ。

日本のように特定の分野、とりわけ高齢化傾向と直接結びついた分野での労働者不足は、たしかに起こるだろう。第6章を思い出してほしいのだが、労働統計局は二〇二二年までに、看護助手や介護助手などの分野に一八〇〇万の新しい雇用を作り出すと計画している。しかし二〇一三年にオックスフォード大学のカール・ベネディクト・フレイとマイケル・A・オズボーンが行った調査では、アメリカの雇用全体のほぼ四七パーセント——ざっと六四〇〇万の職――は「おそらく一〇年か二〇年」以内に自動化される可能性があるという[31]。この数字と、先ほどの新しい雇用の数字を並べてみれば、この国が全般的な労働者不足に向かっていると主張するのはかなり難しそうだ。むしろテクノロジーの影響に対抗するどころか、高齢化傾向と格差の拡大によって、消費支出は著しく損なわれていくと見られる。需要の低下はやがて第二の雇用喪失の波を引き起こし、自動化に直接関係のない職業にまで影響が及びかねない。[g]

中国などの途上国経済における個人需要

欧米やその他の先進国では、格差と人口動態があいまって消費支出を湿らせている。となれば、急成長を続ける新興国の消費者がそのしわ寄せを引き受けてくれるのでは、という期待を持つのは妥当なことのように思える。特にそうした望みがかけられているのは中国だ。この国は驚異の成長を遂げた結果として、おそらくあと一〇年そこそこで世界最大の経済大国になるだろうという予測も多く聞こえてくる。

しかし中国などの途上国世界が、グローバルな消費需要をいますぐ牽引する主力になるという見方には、懐疑的になる理由が多いと私には思える。ひとつめの問題は、中国は中国なりに人口動態上の激震に直面しているということだ。この国の一人っ子政策は、人口増加を抑制するのには成功したが、社会の急速な高齢化という結果ももたらした。中国の高齢者は、二〇三〇年には二〇一〇年の時点からほぼ倍増し、二億人をゆうに超えるだろうといわれる。そして二〇五〇年には、この国の人口の四分の一以上が六五歳を超え、九〇〇〇万人以上が八〇歳を超えるだろう[32]。かつての中国には「鉄飯碗」という、国有産業が年金を支給する制度があった。だが資本主義が台頭した結果、そうしたシステムは消滅し、いまの退職者は自分を自分で養うか、子どもたちを頼るしかないのだが、出生率の急激な低下は有名な「1－2－4」問題を引き起こしている。つまり労働年齢の成人ひとりがいずれ、親二人に祖父母四人を養わなければならなくなるということだ。

高齢の国民のための社会的セーフティネットの欠如も、四〇パーセントといわれる中国の驚くほど高い貯蓄率の重要な理由だろう。不動産にかかる費用が所得と比較して高いことも、もうひとつの重要な要因だ。労働者の多くは、いずれ住宅購入のための頭金にしようと思いながら、所得の半分以上を蓄えに回す[33]。

このように所得の多くをしまいこんでいる家計では支出が多くないのは明らかだし、実際に中国の個人消費は国全体の経済のおよそ三五パーセントにしか達していない――これはアメリカの半分のレベルだ。むしろ中国の経済成長は、主として製造品の輸出とともに、驚くほど高額の投資に牽引されてきた。二〇一三年には、工場、設備、住宅、その他の物理的なインフラへの投資が中国のGDPに占める割合は、一年前の約四八パーセントから五四パーセントにまで上昇した[34]。これが根本的に持続不可能であることには、ほぼ誰もが同意するだろう。結局のところ、投資は採算がとれなくてはならないのだが、そうなるのは消費の結果としてだ。たとえば、工場は売れて利益の上がるものを作らねばならず、新しい住宅は借り手がつかなければならない。中国は経済を国内消費寄りに再編成する必要があり、そのことは政府も認識しているし、何年も前から広く議論されてもいるが、それを実感できるほどの進歩はまだ表れていない。「China rebalancing」というフレーズをグーグルで検索してみれば、三〇〇万以上のウェブページがヒットするが、そのほとんど全部がほぼ同じことを言っているように私には思える。中国の消費者はこの計画に後れをとらぬように、もっと物を買わねばならない、と。

問題なのは、その実現のためには各世帯の所得を大幅に引き上げるとともに、高い貯蓄率の原因となっている問題に取り組む必要があるということだ。年金や医療制度の改善といった構想は、各家計が直面する金銭的なリスクを減らすという意味で、多少は有効かもしれない。また中国の中央銀行は最近、貯蓄口座の利率を抑える規制を緩和するという計画を発表した。ただし、これは両刃の剣となるかもしれない。一方では家計に入る所得を増やそうとしながら、他方では貯蓄のインセンティブをさらに強めることになるからだ。中国の多くの銀行はいま、金利を人為的に低く抑えることで利益を得ているため、貯蓄口座の利率が上がれば、その健全性が損なわれる可能性がある[35]。

中国人の貯蓄性向の高さの陰には、取り組みがきわめて難しい要因もある。エコノミストの魏尚進《ウェイ・シャンジン》と張暁波《ジャン・シャオボー》は、高い貯蓄率の原因は中国の一人っ子政策による男女の不均衡にあるのではないかと指摘している。女性の数が少ないために、結婚市場はきわめて競争がきびしく、男性は未来の配偶者を引き寄せるために多くの資産や持ち家を持たなくてはならない。(36)また貯蓄への欲求は、単に中国文化の重要な側面だということも大いにありうる。

中国は金持ちになる前に老いる危険に直面している、とはよくいわれる話だ。しかし、これはあまりよく知られていないことだが、中国は人口動態との競争だけでなく、テクノロジーとの競争にも巻き込まれていると私は思う。第1章で見たとおり、中国の工場はすでに、ロボットや自動化の導入を積極的に進めている。なかには先進国にリショアリングしたり、ベトナムのような、さらに低賃金の国に移転したりする工場もある。第2章の図2・8をあらためて見てもらえれば、先進テクノロジーが六〇年間にわたって絶え間なく、アメリカの製造業の雇用に崩壊をもたらしてきたことがはっきりわかるだろう。中国もいずれ、基本的に同じ道をたどることになるのは避けられないし、工場での雇用の減少はアメリカよりずっと早く起こってもまったくおかしくない。アメリカの工場の自動化は新しいテクノロジーが案出されるのと同じ速さでしか進まなかったが、中国の製造部門は多くの場合、外国から最先端テクノロジーを輸入するだけでいいのだ。

こうした自動化への移行を、大量の失業者を出さずに乗り切るためには、中国はその労働力の多くをどんどんサービス部門で雇用していかなくてはならない。しかし、先進諸国が通常たどってきたのは、まず強い製造部門をベースにして豊かになったあとでサービス経済へ移行していく、という道筋だった。普通は所得が上がると、どの家計でもサービスに支出する金額が増えるため、工場部門の外部に勤め口を作り出すのに貢献する。アメリカは第二次世界大戦後、テクノロジーが急速に発展した「ゴルディロックス経済」の時期に、堅固な中流階層を作り上げられるだけの余裕があったが、それでも労働者が完全に移行を果たすにはまったく足りなかった。機械とソフトウェアが製造業だけでなく、サービス部門そのものの雇用も次第に脅かしていくこのロボット時代に、中国はそれと同じ離れ業を成し遂げることを求められているのだ。

また、中国が自国経済のバランスを国内消費のほうへうまく振れさせたとしても、この国の消費市場が外国企業に対して完全に扉を開くと期待するのは楽観的すぎるだろう。アメリカでは、金融エリートとビジネスエリートがグローバリゼーションから莫大な利益を得た。社会で最も政治的影響力の強い部門には、輸入を盛んなまま保とうとする強いインセンティブがある。中国では状況がまったく違う。この国のエリートはたいてい政府と直接的な結びつきを持っていて、その主要な関心は体制が権力を保ちつづけることにある。大量失業や社会不安などは彼らの最も恐れるところだろう。もし彼らがそうした見込みに直面した場合、あからさまな保護主義政策をとろうとするのはまちがいない。

中国の直面している難題は、テクノロジーとの競争ではるかに後手をとっている貧困国にとってはまたさらに恐ろしいものだ。製造業の労働集約性が特に高い地域ですら自動化が進みはじめているいま、過去に存在した繁栄への道筋は、こうした国にとってはほぼ消えたも同然だ。ある研究によると、一九九五年から二〇〇二年にかけて、世界中の工場から二二〇〇万の雇用が失われたという。その同じ七年間に、製造業の生産高は三〇パーセント増加している。[37]何百万ともいわれる低賃金の工場労働者をもはや必要としなくなる世界で、アジアやアフリカの最貧国がどうやって将来の見通しを大幅に改善していくのかはまったく定かでない。

テクノロジーの進歩は、所得と消費の両面で格差の拡大を推進しつづけ、いずれは繁栄を持続させるために不可欠な、活気のある広範な市場の需要を損なうことになる。消費市場は現在の経済活動を支えるだけでなく、イノベーションのプロセス全体を推進するのに重要な役割を果たす。個人やチームは新しいアイデアを生み出すが、最終的にイノベーションに向かうインセンティブを作り出すのは消費市場だ。さらに消費者は、どの新しいアイデアが成功し、どのアイデアが失敗するかを判定する。この「群衆の知」の機能は、最良のイノベーションが他のものを上回り、やがて経済と社会に広まっていく、というダーウィン流のプロセスには不可欠なものだ。

企業の投資は長期的な未来を見据えて行うもので、現在の消費動向とは概ね関連がないと一般には信じられている。しかし過去のデータを見れば、それが神話だということがわかる。一九四〇年代以降、アメリカでは景気後退があるとほぼ必ず、投資が急激に落ち込んだ。(38)企業が行う投資決定は、現在の経済環境と近い将来の見込みに深く影響される。いいかえるなら、いまの消費需要に活気がなければ、将来の繁栄もなくなるということだ。

消費者の苦労が絶えないような状況では、多くの企業は市場の拡大よりもコストの削減に専念する傾向がある。投資の可能性に関する数少ない明るい面のひとつは、省力化テクノロジーだろう。そしてベンチャーキャピタルや研究開発への投資が、労働者を排除し職務遂行スキルを単純化する方向に特化したイノベーションへと不釣合いな規模で流れ込んでいくだろう。その道筋のどこかで私たちは、職を求めるロボットと数多く出会うことになるかもしれない——だが、生活の質全般を改善してくれるような広範囲に及ぶイノベーションとの出会いは少ないだろう。

この章のなかで見てきた傾向はすべて、私が考えるかぎりでは、テクノロジーがどのように発展するかというごく現実的な、保守的ですらある見方に基づいたものだ。特に比較的ルーティンかつ予測可能な作業の多い職業は、今後一〇年ほどのあいだには、さらに激しく自動化の波にさらされるだろう。こうしたテクノロジーが時間とともに改良されれば、影響を受ける仕事はますます増えていく。

だが、それよりはるかに極端な可能性もある。その筋では一流とみなされている人たちも含めたテクノロジストたちの多くが、最終的にどんなことが可能になるかについて、はるかに先鋭的な見方をしているのだ。次の章では、こうした本当に先進的かつきわめて好奇心を誘うテクノロジーについて、バランスを保った見方で検討していこう。こうしたブレイクスルーは、予測できる近い将来のあいだはおそらくSFの範囲内にとどまるだろう——だが、もしも最終的に実現する時が来れば、テクノロジーによる失業や所得格差が劇的に拡大するリスクはぐんと高まる。そして私たちがこれまで注視してきた経済的リスクよりもはるかに危険なシナリオへと至るかもしれない。

第9章　超知能とシンギュラリティ

二〇一四年五月、ケンブリッジ大学の物理学者スティーヴン・ホーキングは、急速に進歩する人工知能に関して警鐘を鳴らす記事をイギリスのインディペンデント紙に書いた。共著者にはマサチューセッツ工科大学（MIT）の物理学者マックス・テグマークとノーベル賞も受賞しているフランク・ウィルチェックのほか、カリフォルニア大学バークレー校のコンピュータ科学者ステュアート・ラッセルも名を連ねている。本物の思考機械は「人類史上最大の事件となるだろう」と、その記事は警告していた。人間の知能レベルを超えるコンピュータは、「金融市場を出し抜き、人間の研究者を上回る発明をし、人間のリーダーを超える人心操作を行い、我々には理解の及ばない武器を作り出すかもしれない」。こうした懸念をすべてSFだと片づけてしまうのは、「歴史上最悪の過ちとなる可能性がある」のではないか、

と。(1)

私はこれまで、箱を動かしたりハンバーガーを作ったりするロボット、音楽を生み出したりレポートを書いたりウォールストリートで取引をしたりするアルゴリズムについて記してきた。こうしたテクノロジーは、専門化された、つまり「狭い」人工知能にカテゴリー分けされる。機械知能としておそらくいままでで最も印象的なパフォーマンスを見せたIBMの〈ワトソン〉ですら、人間にあるような総合的な知能とはまともに比較しようがないだろう。実際の話、SFの領域を一歩出れば、機能する人工知能とはすべて、狭い人工知能なのだ。

だが、私がこの本で行ってきた主な主張のひとつは、現実にある人工知能の専門的な性質は、多くの職が自動化に向かう上での障害には必ずしもならないということだ。労働人口の大多数が請け負っている仕事は、ある程度のレベルでは、概ねルーティンで予測可能なものである。これまで見てきたように、専門化したロボットの急速な進歩や、おびただしい量のデータをかき回して調べる機械学習のアルゴリズムはいずれ、低スキルから高スキルまで広範囲に及ぶ膨大な数の職業を脅かすようになるだろう。そのために、人間と同じように思考できる機械は必要ない。コンピュータはあなたの知的能力のあらゆる面をコピーしなくても、あなたから仕事を奪って後釜に座ることができる。ただ、あなたがいまお金と引き換えにやっている特定の作業をやるだけでいいのだ。実際に、人工知能の研究開発の大部分、それにベンチャーキャピタルのほぼすべてが、専門化したアプリケーションに専念しつづけていて、今後数年か数十年のうちにはこうしたテクノロジーが大幅に強力になり柔軟性を増すという予想は十分に立てられる。

こうした専門化へ向かう企てが実際に結果を生み出し、投資を引き寄せる一方で、その陰にはまたはるかに気の遠くなるような難題が潜んでいる。正真正銘の知的システム――つまり新しいアイデアを思いつき、自らの存在を認識していることを示し、首尾一貫した会話を続けられるシステムを作ろうとする探究だ。いわば人工知能の聖杯である。

真の思考機械を作ろうという気運の起源は、少なくとも一九五〇年までたどることができる。この年、アラン・チューリングが発表した論文が、人工知能という分野の先触れとなった。その後の数十年間、人工知能研究はにわか景気のサイクルを繰り返し、そのつど期待感が大きく高まったが、それは現実にある技術的基礎を置いてきぼりにしたもので、特に当時のコンピュータの速度を考えれば不可能だった。そして当然のように失望が訪れ、投資や研究活動は破綻して長い停滞期に入り、のちに「人工知能の冬」と呼ばれるようになった。今日のコンピュータの並外れた能力に、人工知能研究の特定分野における進歩が合わさり、さらに人間の脳の理解が進んだこともあいまって、かつてないほどの楽観論が生まれつつある。

人工知能の進歩に関する著作を最近刊行したジェイムズ・バラットは、単なる狭い人工知能ではなく人間レベルの人工知能について、二〇〇人ほどの研究者相手に非公式な調査を行った。ただしこの分野の内部では、それは人工汎用知能（ＡＧＩ）と呼ばれる。バラットはコンピュータ科学者たちに、いつ人工汎用知能が実現化されるかについて、四つある予測からひとつ選ぶように言った。すると結果は、四二パーセントが二〇三〇年までに思考機械が出現すると考えていて、二五パーセントが二〇五〇年、二〇パーセントが二一〇〇年までに実現すると答えた。いつまでも実現しないと考えていた研究者はわずか二パーセントだった。注目すべきなのは、多くの回答者が調査票に、もっと早い時期の選択肢を含めるべきだと書いていたことだった――たとえば、二〇二〇年と。(2)

この分野の専門家のなかには、再び期待のバブルが膨らんでいるのではないかと案じる声もある。フェイスブックが新たにニューヨークに創設した人工知能研究所の所長を務めるヤン・ルカンは、二〇一三年のブログ投稿でこう警告した。「人工知能はこの五〇年間に四度〝死んだ〟。誇大宣伝のために。誰もが大言壮語し(しばしば投資家やファンドの注目を引くために)、しかし実現はせず、その後に反動が続いた」(3)。同様に、認知科学の専門家でニューヨーカー誌のブロガーでもあるニューヨーク大学のゲイリー・マーカス教授は、最近のディープラーニング・ニューラル・ネットワークなどの分野での進展はもちろん、IBMの〈ワトソン〉が持つとされる能力でさえ、かなり誇大宣伝されていると述べている。(4)

それでも、この分野がいま、大変な勢いを得ていることはまちがいないようだ。とりわけグーグル、フェイスブック、アマゾンといった企業の台頭が少なからぬ進歩の後押しとなった。過去にこうした資金力のある企業が、人工知能が自分たちのビジネスモデルにとって絶対的に重要だとみなしたことはなかったし、人工知能研究がこうした有力な企業同士の競争の核心にここまで近づいたこともなかった。同様の競争の力学は国家同士のあいでも展開中だ。人工知能は軍事や情報機関、権威主義国家の監視組織にとって欠かせないものになっている。[a] 実際に、人工知能の全面的軍拡競争が近い将来に迫っていてもおかしくない。だが私の考えでは、本当の問題は、この分野全体が再び人工知能の冬が訪れる危険にさらされているかどうかではなく、人工知能の進歩が狭い人工知能に限られたままにとどまるのか、それとも、いずれは人工汎用知能へ広がっていくのかという点だ。

人工知能の研究がやがて飛躍的な進歩を遂げ、人工汎用知能にまで達したとすれば、その所産が人間の知能レベルに見合った機械にとどまると考える理由はほとんどない。ひとたび人工汎用知能が実現したら、ただムーアの法則に従うだけで、人間の知的能力を超えたコンピュータがじきに生まれるだろう。思考機械はもちろん、現在のコンピュータの利点をひとつ残らず、私たちには及びもつかないほどの速度で計算したり情報にアクセスしたりする能力なども含めて持ちつづけるだろう。そして必然的に私たちは遠からず、まったく前例のない存在——正真正銘の異質な、そして私たちより優れた知性——と共にこの星に暮らすことになるだろう。

それはほんの始まりにすぎないかもしれない。人工知能研究者の多くが認めていることだが、そうしたシステムはやがて否応なく、その知能を内側に向けるようになるだろう。つまり自らのデザインを改良したり、ソフトウェアを書き換えたり、あるいは進化的プログラミングの技術を用いて自らのデザインを強化するものを作り出し、テストし、最適化するといったことに精力を傾けるようになるのだ。これは「再帰的改良」という反復プロセスにつながる。改訂のたびにシステムはどんどん賢く、有能になっていく。このサイクルが加速した結果として起こるのは、「知能の爆発」だ――最終的に、どんな人間より何千倍、何百万倍も賢い機械が出来上がる可能性はきわめて高い。ホーキングやその協力者が言っているように、「人間の歴史上最大の事件となるだろう」。

こうした知能の爆発が起これば、人類にとって劇的な意味を持つことは確かだ。実際に秩序破壊の波が、私たちの経済はおろか、文明全体にまで及んでいくかもしれない。フューチャリストで発明家のレイ・カーツワイルの言葉を借りれば、それは「歴史の織物を引き裂き」、「シンギュラリティ（特異点）」と呼ばれるようになる事件――あるいはおそらく時代――の到来を告げるものだろう。

シンギュラリティ

「シンギュラリティ」という言葉を最初に、テクノロジーに主導される未来の事件として用いたのは、通常はコンピュータの先駆者ジョン・フォン・ノイマンだといわれるが、彼は一九五〇年代にこんな発言をしたとされる――「常に加速しつづける進歩を見ると……どうも人類の歴史において何か本質的なシンギュラリティ（特異点）が近づきつつあり、それを越えた先では我々が知るような人間生活はもはや持続不可能になるのではないか」[5]。このテーマは一九九三年、サンディエゴ州立大学の数学者ヴァーナー・ヴィンジが「技術的シンギュラリティの到来」という論文を書いたことで具体化した。控えめにものを言うことを知らないヴィンジは、論文の始めからこう書いている。「三〇年以内に我々は、人間を超える知能を生み出す技術的手段を手にするだろう。それからまもなく、人間の時代は終わる」[6]。

宇宙物理学でいうシンギュラリティとは、ブラックホール内部の、通常の物理法則が破綻するポイントのことを指す。ブラックホールの境界、すなわち事象の地平の内部では重力があまりに大きいため、光もそこに捕えられたまま抜け出せない。ヴィンジは技術的シンギュラリティをそれと同じような観点から見た。それは人間の進歩の不連続性を表すものだが、実際に起こるまでは基本的に不明瞭である。シンギュラリティの先の未来を予測しようとするのは、天文学者がブラックホールの内部を見ようとするようなものだ。

次にバトンが渡されたのはレイ・カーツワイルだった。カーツワイルは二〇〇五年、著作の *The Singularity Is Near: When Humans Transcend Biology*（邦題『ポスト・ヒューマン誕生――コンピュータが人類の知性を超えるとき』）を発表し、シンギュラリティの主要な伝道者となった。彼はヴィンジとは違い、事象の地平の先を見通そうとすることを不安に思ってはおらず、未来がどのようになるかをすばらしく克明に説明してくれる。本当の意味での知能機械は、二〇二〇年の末までに作られるだろう、とカーツワイルは言う。シンギュラリティ自体が起こるのは、二〇四五年頃のいつかだろうと。

カーツワイルはどこからどう見ても、きわめて優れた発明家でありエンジニアだ。光学文字認識、コンピュータ生成スピーチ、楽音合成などの分野で自分の発明を商品化するためにいくつもの企業を興して成功させた。二〇の名誉博士号のほか、アメリカ国家技術賞を授与され、アメリカ特許局の発明家殿堂入りも果たした。インク誌でトーマス・エジソンの「正当な後継者」と評されたこともある。

ところが彼のシンギュラリティについての著作は、技術の加速度的進歩についての根拠が明確で首尾一貫した記述と、恐ろしいほどの思い込みに満ちた、ほとんど馬鹿げているとすら言いたくなるようなものの奇妙な混交物なのだ。たとえば、亡き父親をよみがえらせたいと思うあまり、墓場からDNAを採取し、未来のナノテクノロジーを駆使してその体を作り直すといった話もある。それでもカーツワイルと彼の発想に惹かれ、その周囲には優秀かつ多彩な人々が大勢集まり、活気あるコミュニティが出来上がっている。さらにこうした「シンギュラリアン」たちは、自前の教育機関を立ち上げるところまできた。シリコンバレーにあるシンギュラリティ大学は、指数関数的テクノロジーの研究に特化した大学院レベルのプログラムを提供する。証明書は発行されないが、グーグルやジェネンテック、シスコ、オートデスクなどを企業スポンサーに抱えている。

カーツワイルの予言のなかでも特に重要なのは、私たち人間は必然的に未来の機械と一体化するようになる、というものだ。人間は脳にインプラントを埋め込むことで劇的に知能が高まるだろう。実際にこの知能の増強は、私たちがシンギュラリティ以降のテクノロジーを理解し制御しつづけるとしたら、不可欠なものとみなされる。

カーツワイルのシンギュラリティ以後のビジョンのなかでも、おそらく最も怪しげで物議を醸すのは、その支持者たちが不死の実現可能性を強調していることだ。大部分のシンギュラリアンたちは、死はやってこないと思っている。「寿命脱出速度」なるものを達成する、つまり次に寿命を延ばすイノベーションが起こるまで生きながらえることができれば、不死身になったも同然だというのだ。これを実現するには、先進的テクノロジーを用いて生物学的な体を維持、増強するか、あるいは人間の精神を未来のコンピュータかロボットにアップロードするということもありうるかもしれない。カーツワイルは当然ながら、シンギュラリティが起こるときには自分もその場に必ず立ち会いたいと考え、毎日二〇〇種類もの錠剤やサプリメントを飲み、定期的に点滴を受けて他の栄養分を補給している。大げさな確約をするのは、健康やダイエットの本ならごく当たり前のことだが、カーツワイルと共著者の医師テリー・グロスマンは、著作の *Fantastic Voyage: Live Long Enough to Live Forever*（『素晴らしい航海——永遠に生きるために長生きする』）と *Transcend: Nine Steps to Living*

Well Forever（『超越――永遠に生きるための九つのステップ』）のなかで、そうした確約をまったく新しいレベルまで引き上げている。

シンギュラリティ運動を批判する多くの人たちは、こうした不死性やら革命的な変容やらの話には宗教的な含みが色濃くあると感じずにはいない。実際に、シンギュラリティという発想そのものが、技術エリートの疑似宗教だ、「オタクの悪乗り」のようなものだといって嘲られている。最近は主流のメディアも、二〇一一年にタイム誌がカバーストーリーに取り上げたのをはじめ、シンギュラリティに注目しているが、ウォッチャーのなかからは、いずれ従来の宗教との接点も出てくるのではないかと心配する声も出るようになった。マンハッタン・カレッジの宗教学教授ロバート・ゲラシは、「カーツワイルのカルト」と題するエッセイのなかで、もしこの運動がより幅広く一般の人々を引きつけたとしたら、「既存の宗教団体が唱える救済の約束もかすんでしまうため、彼らにとっては深刻な脅威となるだろう」と書いている。(7) カーツワイルのほうは、宗教的な含意については声高に否定し、自分の予測は過去のデータについての根拠のしっかりした科学的分析に基づいたものだと主張する。

他に何もなければ、すべて無視してしまうのもたやすいだろうが、シリコンバレーの億万長者たちがこぞってシンギュラリティにきわめて強い関心を示しているという事実がある。グーグルのラリー・ペイジとセルゲイ・ブリン、ペイパルの共同創業者（フェイスブックの投資者でもある）のピーター・シールがこのテーマと関わっている人物たちだ。ビル・ゲイツも人工知能の未来を予測するカーツワイルの能力を賞賛したことがある。二〇一二年一二月に、グーグルはカーツワイルと契約して先進的な人工知能研究の指揮を任せ、さらに二〇一三年にはカリコというバイオテクノロジーのベンチャー企業を立ち上げている。人間の老化を食い止め、人間の寿命を延ばす研究をするのがこの新会社の目標とのことだ。

私自身の見方では、シンギュラリティのようなものはたしかにありうるだろうが、必然的にそうなると言うにはほど遠いと思う。この概念は、余計な枝葉（不死についての仮説のような）を剝ぎ取り、ただ未来にやってくるドラマティックなテクノロジーの加速度的進歩および断絶的破壊の時期として見れば、きわめて有益だろうと思える。シンギュラリティを本質的にもたらすもの、すなわち超知能の発明は、結局のところ不可能であるか、はるか遠い未来にしか実現しないということになるかもしれない[b]。脳科学の専門知識を持った第一級の研究者たちも、そうした見解を表明している。ノーム・チョムスキーはＭＩＴで六〇年以上も認知科学を研究してきた人物だが、人間レベルの機械知能を作れるのは「永劫の未来」のことであり、シンギュラリティは「ＳＦの話」だと言っている[8]。ハーバードの心理学者スティーブン・ピンカーも同意見で、「シンギュラリティがやってくると信じる理由はまったくない。想像のなかで未来を描けるからといって、それが起こりうるとか可能だとかいうことにはならない[9]」と述べる。ゴードン・ムーアの名は、いつまでもテクノロジーの指数関数的進歩とともに語られるだろうが、ムーアもやはり、シンギュラリティのようなものが起こるということには懐疑的だ。[10]

だが、人間レベルの人工知能が実現するまでの時間軸について、カーツワイルを擁護する人々は大勢いる。MITの物理学者で、ホーキングの記事の共著者のひとりであるマックス・テグマークは、アトランティック誌のジェイムズ・ハンブリンに語った。「これはきわめて近い将来の話です。自分の子どもに高校や大学で何を学ばせようかと考えている方は、このことを大いに気にとめておくべきでしょう」[11]。時間はもっと長くかかるだろうが、思考機械は基本的には可能だと考える学者は他にもいる。たとえばゲイリー・マーカスは、強力な人工知能の実現はカーツワイルの予想より少なくとも二倍の時間がかかるだろうが、「この世紀の終わりまでには、機械はおそらく我々人間より賢くなるだろう――チェスや雑学クイズだけでなく、数学や工学から科学や薬学までのほぼあらゆることに関して」と強く信じている。[12]

最近では、人間レベルの人工知能へのアプローチが、トップダウンによるプログラミングから、リバースエンジニアリングの重視、そして人間の脳をシミュレートする方向へと移ろうとしている。このアプローチの実現可能性について、また脳の機能を模したものが生み出されるのにどれだけのレベルの理解が必要になるかということについては、山ほど反論が出ている。総じていえば、コンピュータ科学者は楽観的だが、生物科学や心理学を専門とする人たちは懐疑的であることが多い。ミネソタ大学の生物学者P・Z・マイヤーズは特に批判的だ。脳は二〇二〇年にはリバースエンジニアリングによって首尾よく解明されるというカーツワイルの予測を受けて、マイヤーズはブログに恐ろしく辛辣な投稿をしている。それによれば、カーツワイルは「脳の仕組みについて何も知らない変人」であり、「でたらめをでっち上げて、現実とは何の関係もないばかげた主張をしたがる」嗜好の持ち主だという[13]。

これはやや的外れな見方かもしれない。人工知能楽観論者は、シミュレーションはあらゆる細かな点まで生物学的な脳に忠実である必要はないと言う。飛行機は鳥のように翼を羽ばたかせはしないではないか。すると懐疑論者はこう答えるだろう。たとえ羽ばたこうと羽ばたくまいと、我々は知能の翼を作れるだけの空気力学をほぼまったく理解してはいない。すると楽観論者は答える。ライト兄弟は鋳掛け仕事と実験に頼って飛行機を作ったのであって、空気力学に基づいてではない、と。こうして議論は平行線をたどったままだ。

暗い側面《ダークサイド》

シンギュラリアンたちが将来的な知能の爆発の見通しに関して、たいていきわめて楽観的な見方をしているのに対し、ずっと慎重な見方をとる人々もいる。先進的人工知能の意味合いを深く考えている多くの専門家たちには、まったく異質で超人間的な知能が当然のように、そのエネルギーを人間の向上に向けるようになるという前提は、どうしようもなくナイーブに映るのだ。科学界の一部のメンバーたちはそのことを強く案じるあまり、先進的機械知能に関連する危険を特に分析するための、あるいはどうすれば未来の人工知能システムに「友好性」を組み込めるかを研究するための小さな組織をいくつも創設した。

ジェイムズ・バラットは二〇一三年の著作 *Our Final Invention: Artificial Intelligence and the End of the Human Era*（邦題『人工知能──人類最悪にして最後の発明』）のなかで、本人が「忙しい子どものシナリオ」と呼ぶものを説明している。[14] どこかの秘密の場所で──おそらく政府の研究所かウォールストリートの投資銀行か、IT産業の大手企業だろう──コンピュータ科学者の一団が、ついに出現した人工知能が人間の能力に近づき、やがて超えていくのを見守っている。科学者たちはあらかじめこの人工知能の子どもに、これまで書かれたあらゆる本だけでなく、インターネットからかき集めたデータなども含む膨大な情報を与えている。しかしシステムが人間レベルの知能に近づいたとき、研究者は急成長する人工知能を外部の世界から切り離す。実際には、人工知能を箱に入れて閉じ込める。だが問題は、人工知能がそこにとどまっているかどうかだ。この人工知能は箱のなかから逃げ出し、自らの地平を広げたいという欲求を持っているかもしれない。その欲求を達成するために、優れた能力を用いて科学者たちを騙すか、グループ全体もしくは誰か個人に何かを約束したり脅したりするかもしれない。人工知能は賢いだけでなく、さまざまなアイデアや選択肢を理解不能な速度で作り出してはテストできるのだ。ガルリ・カスパロフを相手にチェスをするようなものだが、さらに不公平なルールという重荷が加わっている。こちらが一手指すのに一五秒しかないのに対し、向こうには一時間あるのだ。この種のシナリオを案じる科学者たちの見方では、人工知能がなんとかして箱から逃げ出し、インターネットにアクセスして、自らの一部もしくは全部を別のコンピュータにコピーするというリスクは受け入れられないほど大きい。もし人工知能が本当に脱走しようものなら、金融システムや軍事制御ネットワーク、配電網その他のエネルギーインフラなど、ほぼあらゆる重要なシステムに脅威が及ぶのは明らかだ。

もちろん問題なのは、こうした話がどれもポピュラーなSF映画やSF小説に描かれたシナリオに驚くほど近く見えるということだ。この発想全体がとにかくファンタジーと強く結びついているため、いくら真剣に議論しようとしても冷やかしの的になってしまう。だから、こうした懸念を提起した官僚なり政治家に嘲りがぶつけられるであろうことは、想像に難くない。

しかしその陰で、軍や保安機関、大企業などの内部では、あらゆるタイプの人工知能への関心が高まっていくことはほぼまちがいない。知能の爆発の可能性があるとして、そこから明らかに導かれるのは、先発者が圧倒的に有利だということだ。いいかえるなら、最初にたどり着いた者には、実質的に誰も追いつけない。これこそ、人工知能による軍拡競争が始まるという見通しが恐れられる主な理由のひとつなのだ。この先発者有利の重要性を考えると、先進的人工知能は十中八九、ただちに自己改良の方向へ向かわされるだろう——システムそのものによらなくても、それを創り出した人間によって。こうした意味で、知能の爆発とは、自己充足的予言となるかもしれない。だとすれば、いまだ実体のない先進的な人工知能に対しては、ディック・チェイニーの有名な「一パーセント・ドクトリン」のようなものを当てはめるのが賢明なように思える。知能の爆発が、少なくとも近い将来に起こる確率はきわめて低いかもしれない——しかしその影響は恐ろしくドラマティックなもので、真剣に受け止めるべきだ。

たとえ先進的人工知能に関連する実存的リスクを無視し、未来の思考機械はどれも友好的だと決めてかかったとしても、労働市場と経済にはやはり恐ろしい影響があるだろう。最も優秀な人間の能力に匹敵するか、おそらく上回るような機械に手が届くようになる世界では、誰が職にとどまれるかどうかはなかなか想像がつかなくなる。ほとんどの分野では、たとえ最高位のエリート大学でいくら教育や訓練を受けた人間でも、そうした機械に伍していくことはできないだろう。これだけは人間だけに取っておかれるだろうと予想される職業も、おそらく危険にさらされる。たとえば、俳優やミュージシャンたちは、本物の知性だけでなく人間離れした才能も吹き込まれたデジタルシミュレーションと競わねばならないだろう。あるいはその相手は、完璧な身体能力をめざして新たに作り出されたパーソナリティであっても、本物の人間——生死を問わず——をもとにしたものであってもおかしくない。

人間と同レベルの人工知能が出現して広く普及するという事態は、基本的にはひとつ前の章で紹介した「エイリアンの侵略」の思考実験が現実になったようなものだ。機械はもう以前のように、比較的ルーティンな、あるいは反復的、予測可能な作業に取って代わろうとする脅威ではない。いまではほぼあらゆることができる。これはもちろん、事実上誰ひとりとして働くことから収入を得られなくなるということでもある。資本から得る――主として機械を所有することから得られる――収入は、ごく一部のエリートの元に集中する。消費者は収入がなくなり、賢い機械が作り出したものを買うこともできなくなる。その結果、これまでのページでずっと見てきたような傾向がさらに大幅に増幅された状況となる。

だが、これで必ずしも話が終わったわけではない。シンギュラリティの希望を信じる人たちにも、先進的な人工知能がらみの危険を憂慮する人たちにも共通の展望がある――人工知能はもうひとつの断絶的破壊をもたらすテクノロジーの力と強く絡み合っている、またはおそらくその到来を可能にする。すなわち、先進的ナノテクノロジーのことだ。

先進的ナノテクノロジー

ナノテクノロジーの定義は難しい。この分野は最初の発端から、現実に基づいた科学と、多くの人には純粋なおとぎ話と見られそうなものの境界に位置してきた。異常なまでの前宣伝や激しい論争、さらには明瞭な恐怖の的にされ、数十億ドルを動かす政治闘争の焦点となっているだけでなく、この分野の一部の権威たちのあいだでは用語や考え方をめぐって交戦状態が続いている。

ナノテクノロジーの根底にある基本的な発想は、その根源をたどると、少なくとも一九五九年の一二月にまでさかのぼれる。それは、伝説的なノーベル物理学賞受賞者のリチャード・ファインマンが、カリフォルニア工科大学で講演を行ったときのことだった。講演のタイトルは「いちばん下にはたくさんの場所がある」というもので、ファインマンはそのなかで「小さな尺度のものを操作し制御するという問題」について詳細に語りはじめた。彼の言う「小さな」は、本当に小さな世界だった。ファインマンは、自分は「この究極の問いかけを考えることを恐れてはいません。人間はやがて――大いなる未来に――原子を思いのままに並べ替えられるようになるのかということを。そう、まさしく原子を、端から端まですべて！」。ファインマンは明らかに、化学に対するある種の機械化されたアプローチを想像し、ほぼあらゆる物質は「原子を化学者が言うとおりの場所に」置くだけで作り出すことができる、と論じたのだ(15)。

一九七〇年代末には、当時ＭＩＴの学部学生だったＫ・エリック・ドレクスラーがファインマンのバトンを受け継ぎ、ゴールまでとはいかなくとも、少なくとも次の一周を走り通した。ドレクスラーが想像したのは、ナノスケールの分子機械が原子をすばやく並べ直し、安くて豊富な原料をほぼ即座に、なんであろうと作りたいものへと変えてしまえる世界だった。ドレクスラーは「ナノテクノロジー」という言葉を造語し、この分野をテーマにした二冊の本を書いた。一冊目は一九八六年に出版された*Engines of Creation: The Coming Era of Nanotechnology*（邦題『創造する機械――ナノテクノロジー』）で、商業的にも成功を収め、ナノテクノロジーを一般に知らしめる原動力となった。この本はSF作家にも新しい材料を山のように提供したし、多くの人たちの証言によると、若い科学者の一世代が自分のキャリアをそっくりナノテクノロジーに懸けようとするきっかけとなった。ドレクスラーの二冊目の著書、*Nanosystems: Molecular Machinery, Manufacturing, and Computation*（『ナノシステム――分子機械、製造業、コンピュテーション』）は、彼のMITでの博士論文に基づいたはるかに専門色の濃い本で、これによって分子ナノテクノロジーの分野で初めての博士号を授与されたのだった。

分子機械というアイデア自体、そうした装置が実在し、実際に生命化学に不可欠なものとなっているという事実が飲み込めるまでは、まったくのお笑い種に思えるだろう。特に有名な例はリボソームだ。これは基本的には細胞内にある分子の工場で、DNAにエンコードされた情報を読み取り、何千ものさまざまなタンパク質分子を組み立てる。そしてその分子が、あらゆる生物有機体の構造的、機能的なビルディングブロック（基礎的要素）となるのだ。さらにドレクスラーは、こうした微小な機械はいつか、生物の領域――分子アセンブラーがソフトな、水で満たされた環境で働いている場所――を超え、いまは鉄やプラスチックなどの硬く乾いた材料で作られたマクロスケールの機械が占めている世界にまで入り込んでくるといった過激な主張も行っている。

ドレクスラーのアイデアは過激なものだったとはいえ、千年紀が終わる頃にはナノテクノロジーは明らかに主流の仲間入りを果たしていた。二〇〇〇年には、この分野への投資を調整するためのプログラム、国家ナノテクノロジー・イニシアチブ（NNI）を創始する法案が議会を通過し、クリントン大統領が署名をした。ブッシュ政権も引き続いて二〇〇四年、新たに三七億ドルの出資を認可する「21世紀ナノテクノロジー研究開発法」を通した。すべて合計すると、米連邦政府は二〇〇一年から二〇一三年にかけておよそ一八〇億ドルを、NNIを通じてナノテクノロジー研究に投入したことになる。オバマ政権も二〇一四年に一七億ドルの追加を要請した。(16)

こうした経緯だけ見ると、分子製造の研究はばら色のニュースだらけのように思えるが、現実はまったく違った。ドレクスラーの説明によれば、議会がナノテクノロジー研究に予算を与えようと動いていたときですら、舞台裏ではすでに責任逃れが始まっていた。二〇一三年の著作 *Radical Abundance: How a Revolution in Nanotechnology Will Change Civilization*（『根本的な豊かさ――ナノテクノロジーの革命は文明をどう変えるか』）で、ドレクスラーは指摘している――NNIが二〇〇〇年に創設された当初、この計画は次のように説明されていた。「ナノテクノロジーの本質とは、分子レベル、原子レベルで作業できる能力であり、根本的に新しい分子組織を備えた大きな構造を作り出す能力である」、そしてこの研究は「構造や装置を原子、分子、超分子のレベルで制御できること、こうした装置を効率よく製造し使用できるようになること」をめざすものである。[17] 要するにNNIの行動方針は、ファインマンの一九五九年の講演と、のちのドレクスラーのMITでの研究に直接由来するものだったということだ。

しかし、NNIが実際に実施されてみると、まったく違ったビジョンが現れてきた。ドレクスラーの言葉を引けば、新たに権限を得たリーダーたちがたちまち、「製造や再定義されたナノテクノロジーに関連した、原子や分子についてのNNIの言及を残らず取り除き、ぐっと小さなものを含めるようにした。原子が消え、微粒子が加わったのだ」[18]。少なくともドレクスラーの見方では、ナノテクノロジーの船が海賊に乗っ取られたかのようだった。海賊は船内にあった力強い分子の機械を、すべて小さいが静的な粒子からできた材料からなる積荷と一緒に投げ捨てた。NNIの理解の及ぶ範囲で、ナノテクノロジーの資金のほぼすべてが、どちらかといえば旧弊な化学と材料化学の技術に基づく研究に投じられた。分子集合体と製造の科学はほぼ完全に終わりを告げた。

分子製造からの突然の方向転換の陰には、数多くの要因があった。二〇〇〇年にサン・マイクロシステムズの共同創業者ビル・ジョイは、ワイヤード誌に「なぜ未来は人間を必要としないのか？」という記事を書いた。そのなかでジョイは、遺伝学、ナノテクノロジー、人工知能に関連して起こりうる人間の存在をめぐる危険に焦点を合わせている。ドレクスラー自身、暴走して自己複製を始めた分子アセンブラーが、私たち人間を――そして他のほぼあらゆるものを――材料の供給源として利用する可能性を論じていた。*Engines of Creation* のなかでドレクスラーは、それを「グレイ・グー」のシナリオと呼び、不吉にもこう記している。これは「あることを絶対的に明らかにするものだ。たしかに、複製を行うアセンブラーといった事故を起こすわけにはいかない」[19]。ジョイはその表現を控えめなものと考え、「グレイ・グーは確実に、我々人類が地球上で行ってきた冒険に陰鬱な終わりをもたらすだろう。単なる火や氷よりもはるかに悪い、研究室での単純な事故が原因で起こりかねない事態だ」と書いている。[20] 二〇〇二年、マイケル・クライトンはベストセラー小説 *Prey*（邦題『プレイ――獲物』）を出版したが、この本のなかには群をなして移動する捕食性のナノボットが描かれ、冒頭にはまたしてもドレクスラーの本の一節が引用されていた。

グレイ・グーや貪欲なナノボットをめぐる一般大衆の不安は、この問題のごく一部でしかない。他の科学者たちは、分子集合体がそもそも実現可能なのかどうかを疑いはじめていた。懐疑派のなかでも特に有名なのは、ナノスケール材料の研究でノーベル賞を受賞した、いまは亡き（じつに適切な名前でもある）リチャード・スモーリーだ。スモーリーは分子集合体と分子製造は、生物系の領域の外部では、化学の現実とは根本的に相容れないという結論を出すに至った。ドレクスラーが科学雑誌誌上で行った公開討論で、スモーリーは、原子はただ単に機械的な手段を用いて好きな位置に押し込むことはできないと主張した。むしろ原子はなだめすかして互いに結びつくようにさせなくてはならないもので、そんなことのできる分子機械を作るのは不可能だろうと。するとドレクスラーは、スモーリーは自分の研究の内容を不正確に伝えていると非難し、スモーリー自身かつては「科学者は、何かが可能であると言うとき、そのためにどれだけの時間がかかるかを過小評価しているかもしれない。だが不可能であると言うなら、おそらくそれは誤りだ」と言っていたではないかと述べた。やがて討論は激しさを増して、個人的なことにまで及んでいき、ついにはスモーリーが、ドレクスラーは「子どもたちを怖がらせている」と非難した上、「現実世界での我々の未来は困難や本当の危険に満ちているだろうが、あなたが夢見る自己複製機械のナノボットのような怪物は存在しようがない」と結論づけた。[21]

ナノテクノロジーの将来的な影響の性質は概ね、分子製造の実現可能性をめぐるドレクスラーもしくはスモーリーの評価が正しいかどうかに懸かっているだろう。スモーリーの悲観論が勝てば、ナノテクノロジーは今後、新しい材料や物質の開発に専念する分野でありつづけるだろう。この分野での劇的な進歩はすでに起こっていて、特に有名なのはカーボンナノチューブの発見および開発だ。炭素原子でできた薄いシートをくるくると巻き、長くて中空の糸を作るのだが、これは並外れたさまざまな属性を持つ。このカーボンナノチューブをべースとする材料は、鉄の一〇〇倍強く、重さは鉄の六分の一となる可能性がある。[22] また、電気と熱の伝導性も大幅に増強される。カーボンナノチューブは自動車や飛行機の新たな軽量の構造材料となる可能性があり、次世代電子テクノロジーの開発にも重要な役割を果たすかもしれない。さらに他の重要な進歩は、新しく強力な環境フィルタリングシステムの開発や医療診断テスト、がん治療などで起こっている。二〇一三年にはインド工科大学マドラス校の研究者たちが、ナノ粒子に基づいたフィルタリングテクノロジーを用いて、五人家族に年間わずか一六ドルの費用できれいな水を提供できると発表した。[23] ナノフィルターはまた、いずれ海水を効率的に脱塩する方法も実現してくれるかもしれない。こうした方向へ進んでいけば、ナノテクノロジーはどんどん重要性を増しつづけ、製造業、薬剤、太陽エネルギー、建築、環境などの幅広い応用分野に計り知れない恩恵が及ぶだろう。しかしナノマテリアルの製造は、資本集約性および技術集約性の高いプロセスだ。したがって、この産業から新しい職が多く生まれると期待できる理由はほとんどない。

その一方で、もしドレクスラーのビジョンが一部でも正しいとすれば、ナノテクノロジーがもたらす衝撃は、ほぼ理解を超えたレベルにまで増幅するかもしれない。ドレクスラーは *Radical Abundance* のなかで、大きな製品を作り出す設備の整った未来の加工施設がどうなるかを描いている。ガレージほどの大きさの部屋に、ロボット組み立て機械が可動式の台を取り巻くように置いてある。部屋の奥の壁にはずらりと小さな部屋が並び、その一つひとつが小型版の組み立て室になっている。そしてどの部屋にも、その部屋のさらに小さな小型版がある。部屋のサイズが次第に小さくなると、機械も通常のサイズからミクロサイズへ、そして個々の原子が並べられて分子を構成するナノスケールにまで進化していく。このプロセスが動き出せば、組み立てはまず分子レベルから始まり、そして次のレベルで要素が組み立てられ、またさらに次のレベルというように急速に大きくなっていく。こういった工場が自動車のような複雑な製品を一分か二分で作り出し、組み立てるところをドレクスラーは想像しているのだ。それと似た施設がこのプロセスを簡単に逆転させ、最終製品をばらばらの材料に分解してリサイクルできるようにするだろう(24)。

こうした話は明らかに、予測可能な未来のうちはまだ、SFの範疇にとどまっているだろう。だがそれでも、いよいよ分子集合体が実現する時が来れば、私たちがいま理解している製造業は終わりを告げるだろう。そして小売り、流通、廃棄物管理といった分野に専念していた経済の各部門がまるごと消滅する公算は大きい。雇用への世界的な影響も想像を絶するものになるだろう。

その一方でもちろん、作り出された製品はぐっと安価になるだろう。ある意味で分子製造は、デジタル経済が実際に形をとるという展望を与えるものだ。「情報は自由になりたがる」とよくいわれる。先進的ナノテクノロジーのおかげで、物質財にも同様の現象が起こるかもしれない。いつかドレクスラーのデスクトップ版ファブリケーター（製造器）が、テレビドラマの『スタートレック』に出てきた「レプリケーター」（複製器）と同じような能力を持つかもしれない。ピカード船長が始終言っていた「紅茶、アールグレイ、ホットで」の命令で、たちまちそのとおりの飲み物が出来上がるように、分子ファブリケーターはいつか、私たちの欲しいものをほぼ何でも作り出せるようになるかもしれない。

テクノ楽観論者たちのあいだでは、分子製造の見通しは、やがてくる「ポスト希少性」の経済——ほぼあらゆる物質財が豊富にあり無料になる経済——と強く結びついている。サービスも同じように、先進的人工知能によって提供されることになるだろう。このテクノロジーの楽園では、資源や環境の制約は、普及した分子リサイクルと豊富なクリーンエネルギーによって取り払われる。市場経済は存在しなくなり、そして（『スタートレック』のように）お金も必要なくなる。じつに魅力的なシナリオに聞こえるものの、具体化しなくてはならない細部は恐ろしく多い。たとえば、土地がまだ不足している以上、職もお金も、ほとんどの人々が自分の経済的地位を高める機会もほぼなくなった世界で、どうやって居住区間を割り当てるのかは定かでない。また同様に、市場からお金が消えたとき、どういった動機があれば未来に向けての進歩が維持されるかも、やはり定かでない。

物理学者の（そしてスタートレック・ファンの）ミチオ・カクは、あと一〇〇年ほどすれば、ナノテクノロジー主導の楽園が実現するかもしれないと語った。[c] その一方で、分子製造に関連した実際的、直接的な疑問は数多くある。「グレイ・グー」のシナリオや自己複製にまつわるその他の不安はきわめて現実的な問題だし、このテクノロジーが破壊のために悪用される可能性もまたしかりだ。実際に分子集合体は、もし専制主義体制によって武器化されようものなら、楽園とは正反対の世界秩序をもたらすかもしれない。ドレクスラーの警告によれば、アメリカは分子製造の組織的研究からはほぼ完全に遠ざかっているが、しかし他の国に関しては、必ずしも同じことはいえない。アメリカとヨーロッパ、それに中国はおおよそ同程度の投資をナノテクノロジーに行っているが、こうした研究の焦点が地域ごとにまったく違っていてもおかしくはないだろう。[25]人工知能に関しては、全面的な軍拡競争の可能性もあるわけで、あまり早い時期から分子集合体に対して敗北主義的な姿勢をとることは、一方的な軍縮の宣言に等しいものになりかねない。

この章は、私が本書の他の箇所で行ってきた実際的で差し迫った議論からは、かなり大きく外れる内容だった。真の思考機械、先進的ナノテクノロジー——そしてとりわけ「シンギュラリティ」——が実現するという見解は、控えめに言っても空論に近い。どれもすべて不可能であるかもしれないし、あるいは何世紀も未来の話かもしれない。それでもこうしたブレイクスルーが果たされれば、自動化へと向かう傾向が劇的に加速し、予測できない形で経済が大々的に破壊されるだろう。

こうした未来のテクノロジーの実現に関連しては、ある程度まで、パラドクスのようなものがある。先進的人工知能と分子製造が発展するには、研究開発への莫大な投資が必要になるだろう。だが、こうした真に先進的なテクノロジーが実用化されるよりもずっと前に、より特化した形態の人工知能とロボティクスが、低スキルから高スキルまでの膨大な数の職を脅かすようになるだろう。ひとつ前の章で見たとおり、それは市場需要を損ない──ひいてはイノベーションへの今後の投資をも損ないかねない。それはつまり、シンギュラリティ並みのテクノロジーを達成できるだけの研究資金は調達されず、進歩にはおのずと制約がかかるようになるということだ。

この章で見てきたテクノロジーはどれも、私がこれまで持ち出してきた主要な議論にどうしても必要なわけではない。むしろそうしたテクノロジーは、格差の拡大と失業の増加へ容赦なく向かっていく傾向をさらに──そして劇的に──強めうるものと考えられるかもしれない。次の章では、この傾向に対抗する助けになりそうな政策手段を検討していこう。

第10章　新たな経済パラダイムをめざして

CBSニュースのインタビューで、アメリカ大統領は、この国の差し迫った失業問題は近々改善するのかとの質問を受けた。「魔法の解決策はない」と大統領は答えた。「現状にとどまるためにさえ、我々は必死に速く走らねばならない」。この言葉の意味はつまり、人口増加に追いつくため、また失業率がこれ以上上昇するのを防ぐために、経済は何万もの新しい雇用を作り出す必要があるということだ。「テクノロジーと若い世代の参入によって仕事を失った年長の労働者たち」と教育の乏しさの問題がある、と大統領は指摘した。そして経済を刺激するための減税を提案し、それからまた教育の問題に戻り、とりわけ「職業教育」と「職業再訓練」に特化したプログラムへの支援を強く唱えた。問題はひとりでに解決しはしない、そう大統領は語った。「労働市場に参入してくる人々はあまりに多く、人間を追いやろうとする機械はあまりに多い」(1)。

大統領の言葉は、失業問題の性質に関しての、従来からある――普遍的といってもいい――前提をそのまま捉えている。教育もしくは職業訓練をさらに施すことが常に解決策となる、ということだ。適切な訓練をすれば、労働者はスキルの階段を昇りつづけ、機械に一歩先んじていられるだろう。人間はより創造的な仕事を行い、より「ブルースカイ」思考が実践される。平均的な人間でも、教育と訓練によってできるようになることに限度はない――同様に、そうした新しい訓練を受けた労働者を吸収するために、経済はいくらでも高水準の仕事を作り出すことができる。教育と再訓練は、時代を超えて変わらない解決策なのだ。

こうした見方をとる人々には、先ほど引用した大統領がじつはケネディであって、その言葉が発せられたのが一九六三年九月二日だということも、ほとんど重要ではないのかもしれない。ケネディ大統領が述べているように、当時の失業率は五・五パーセントで、機械はほぼ「単純労働に取って代わる」という範疇に限られていた。そしてこのインタビューから七ヵ月後には、「三重革命」のレポートが大統領のデスクに届けられることになる。キング牧師がワシントン・ナショナル大聖堂で、テクノロジーと自動化について自ら触れるのは、その四年後のことだ。それからさらに半世紀近い年月が過ぎても、教育が失業と貧困の普遍的な解決策になるという認識には、ほぼまったく進展が見られない。だがそのあいだに、機械は大きく変わった。

教育がもたらすリターンの減少

常に右肩上がりの教育への投資から得られる利益をグラフにすれば、まずまちがいなく、第3章で論じたS字曲線のようなものが出来上がりそうに思える。だが、高等教育が低く垂れ下がった果物をもたらす時代はとうに過ぎた。高校の卒業率はおおよそ七五～八〇パーセントと横ばいのままだ。標準テストの点数も概ね、ここ数十年はほとんど、あるいはまったく良くなっていない。私たちはS字型の平坦な部分にいて、進歩が続いていたとしてもせいぜい漸進的なものだろう。

いまアメリカの大学に通っている学生の多くは、大卒レベルの仕事ができるだけの学業的な準備ができていないか、元来向いていないという場合もままあり、そのことを示す証拠は枚挙にいとまがない。そうした学生の多くは卒業できないまま学校を離れ、学生ローンの重荷だけを抱え込む。アメリカの大卒者の半分が、現在の職がどんなものにしろ、現実に大学の学位を必要とする職には就けていない。大卒者全体のほぼ二〇パーセントが、現在の職務からすればそれに見合わない過剰な教育を受けており、新卒者の平均所得は一〇年以上にわたって減少しつづけている。ヨーロッパでは多くの国が、ほとんど無料かそれに近い条件で大学教育を受けられるため、大卒者のほぼ三〇パーセントが資格過剰の職に就いている[(2)]。カナダではその割合は二七パーセントであり、[3]中国ではなんと四三パーセントの職が資格過剰の状態だ。[4]

アメリカでは従来どおりの考え方に従って、学生と教育者が悪いといわれる傾向がある。いわく、大学生は付き合いや遊びに忙しすぎ、勉強する時間がほとんどない。骨の折れる技術分野の学位を取ろうとはせず、なるべく授業の簡単な分野に進みがちだ。それでもアメリカでは、工学や科学などの技術分野の学位を持つ大卒者の三分の一が、その教育の専門性を生かせる職に就いていないという現実がある。[5]

カリフォルニア大学リバーサイド校の社会学者スティーヴン・ブリントは、高等教育について幅広い著作をものしているが、アメリカの大学が実際に卒業させる学生たちは、現在ある就業機会に比較的よくマッチしていると言う。ブリントはこう言っている。「技術分野のプログラムを受けなければ取得できない専門スキルを求められる職も少しはあるが、大半は比較的ルーティンなものだ」「監督者の指示に従うことが重要になる」「信頼できることや安定した努力が高く評価される」。そしてこう結論づける。「大学で必死にがんばる必要がないのは、職場でもそういうことが求められないからだ。たいていの職では、ただ出勤して仕事をこなすことが、傑出した成績を上げることよりも重要になる」。[6]もしあなたが、自動化の波に弱い職の特徴を説明するようにいわれたとしたら、まさしくこうした仕事を挙げざるをえないだろう。

現実をいえば、大学の学位を授与することは、ほとんどの大卒者が就きたいと思う専門職や技術職、管理職に就ける人間の割合を増やすことにはつながらない。むしろ卒業証明書のインフレという結果になるのがほとんどだ。かつては高校の卒業証書だけあればよかった職業の多くが、いまでは四年制大学の学位を持った人たちを受け入れていて、修士は新しい学士となり、二流以下の学校の価値は下がっている。ぞろぞろ大学へ入っていく学生たちの能力の点でも、彼らがなんとか卒業すれば就けるはずの高スキルの職の数の点でも、社会は根本的な限界に達しようとしているのだ。問題はスキルの階段が、じつはまったく階段ではないことにある。それは実際にはピラミッドであり、頂点にはごく限られた余地しかない。

歴史的に見れば、労働市場は労働者のスキルと能力の観点からは、常にピラミッド型をしていた。頂点にいる比較的少数の高スキルの専門職と起業家は、創造とイノベーションに関わる仕事の大半に従事し、大多数の労働者は常に、比較的ルーティンな繰り返しの多い仕事に就いていた。そして経済のさまざまな部門が機械化もしくは自動化されるにつれ、多くの労働者がある部門のルーティンな職から別の部門のルーティンな職へ移ったりもしてきた。一九〇〇年なら農場で働いていた人や、一九五〇年なら工場で働いていた人が、いまはウォルマートでバーコードを読み取ったり商品を棚に並べたりしているのだ。こうした移動には多くの場合、追加の訓練やスキルアップが必要になるが、それでも仕事の性質が本質的にルーティンであることに変わりはない。つまり歴史的に見れば、経済が求める仕事のタイプと、実際に雇える労働者の能力はほどほどに見合っていた。

だが、ロボットや機械学習アルゴリズムをはじめとする自動化の波が次第に、職に必要なスキルのピラミッドを底辺から蝕んでいる。そして人工知能のアプリケーションが徐々に高スキルの職業まで侵そうとしているため、ピラミッドの頂にある安全な領域すら時間とともに減っていくだろう。教育と訓練へさらに投資を行うという従来の解決策は、縮小しつつある上位の領域へ全員を詰め込もうとするものだ。[a] そんなことが可能だと考えるのは、農業の機械化の影響で元の職から追われた農場労働者が、トラクターを運転する職を見つけられると考えるのに似ていると思う。数が計算に入っていないのだ。

アメリカの初等および中等教育にももちろん、大きな問題がある。スラム地区の中・高校は中退の率が異常に高く、貧困地区のほとんどの子どもたちは小学校に上がる前から大きな不利を抱えている。仮に魔法の杖を一振りして、アメリカのすべての子どもに第一級の教育を受けさせられたとしても、大学に進学する高卒生を増やし、ピラミッドの頂点にある限られた数の職を求める競争を激化させるだけだろう。もちろん、魔法の杖を振るべきでないと言っているわけではない。振れるものなら振るべきだ――しかし、それですべての問題が解決すると期待してはいけない。そしていうまでもないことだが、魔法の杖は存在しない。学校の状況を改善する必要についても幅広い合意はあるものの、それもごく表面的なレベルにとどまっている。学校やチャーター学校のための予算を増やす、質の悪い教師を解雇する、優秀な教師への給与を良くする、一日の（あるいは一年あたりの）授業時間を増やす、私立学校を補助するといった話を始めると、たちまち政治的な水掛け論に堕してしまう。

反自動化の見解

他によく持ち出される解決策は、自動化へと容赦なく向かうこの流れを単純に押しとどめようとするものだ。特に直接的な策は、工場や倉庫やスーパーマーケットへの新しい機械の設置に抵抗する組合のような形をとるかもしれない。もう少し微妙で知的な議論としては、あまり自動化が進むのは人間にとって好ましくなく、危険をもたらす可能性がきわめて高いという主張もある。

ニコラス・カーは、こうした見解の推進者として最も有名な人物だ。カーは二〇一〇年の著作 *The Shallows*（邦題『ネット・バカ』）で、インターネットは私たちの考える力に悪影響を及ぼしているのではないかと言っている。アトランティック誌の二〇一三年の記事「すべて失われてもおかしくはない──知識をすべて機械の手にゆだねることの危険」のなかでも、カーは自動化の影響について同様の主張をした。「いま台頭している〝テクノロジー中心の自動化〟が、コンピュータエンジニアやプログラマーに支配的なデザイン哲学であること」を嘆き、この「哲学は、人々の利益よりもテクノロジーにできることを優先する」ものだと言う(7)。

カーのアトランティック誌の記事には、自動化が人間のスキルをいかに損なうかを具体的に示すエピソードが数多く描かれている。そのなかには一風変わったものもある。たとえばカナダ北部のイヌイットの猟師たちは、凍てついた環境を動き回って獲物を探すという四〇〇〇年前からの能力を、いまはGPSに頼っているがために失いつつあるという。しかし最も重要な例は、飛行機の操縦にまつわるものだろう。コクピットの自動化が進むにつれ、テクノロジーがパイロットの負担を減らし、全般的な安全記録の改善に貢献しているのはほぼまちがいないが、その一方でパイロットが実際に飛行機を操縦する時間は少なくなっている。要するに実践の機会が減るために、プロのパイロットが何百時間もの訓練を経て身につけた第二の本能ともいえる反応が次第に低下していくということだ。オフィスや工場などの職場でも、自動化が進んでいくほど同様の効果が起こりはじめるだろう、とカーは案じている。

エンジニアリングの「デザイン哲学」が問題なのだというこの考え方は、エコノミストたちにもある程度受け入れられている。たとえばマサチューセッツ工科大学(MIT)のエリック・ブリニョルフソンは、「起業家、エンジニア、エコノミストのための新しい一大チャレンジ」を呼びかけ、「労働に代わるものではなく、労働を補完するものを考案する」ことや、「省力化や自動化の発想に取って代わる、もの作りやクリエーターの発想」を求めた(8)。

あるスタートアップ企業がこのブリニョルフソンの呼びかけに立ち上がり、人間を中心に置く特別デザインのシステムを作るとしよう。そしてライバル企業は、完全自動化された、あるいは人間の介入が最低限しか必要でないシステムを作る。このとき、より人間志向のシステムに経済的競争力を持たせるには、次の二つのどちらかを実現しなくてはならない。人件費を相殺するためにコストを相当抑えたシステムか。あるいは、きわめて優れた結果を生み出すことで高い顧客価値をもたらし、そうした余分なコストすら合理的な投資に見えるほどの追加収入が得られるシステムか。だがほぼすべての状況で、このどちらかが実現することは難しいと考えられる理由がある。ホワイトカラーの職が自動化する場合は、どちらのシステムも主にソフトウェアで構成されるだろうから、コストに大きな差が出るとはまず考えられない。ある事業の中核近くにあるわずかな領域では、人間志向のシステムも有意味な優位性（そして長期的により多くの収入を生み出す力）を持てるかもしれないが、よりルーティンな活動の大半は、目立つ仕事をするよりもただ顔を出すことのほうが重要なので、そういったことは起こりそうもない。

しかもこうした単純なコスト比較は、自動化へ向かうバイアスについてごくわずかしか語っていない。ある企業が新しく雇った従業員たちはすべて、周辺的なコストを段違いに増やす存在だ。従業員が多くなるほど、管理職や人事スタッフも多くなる。同様に新しいオフィスや設備、駐車スペースも必要だろう。また従業員は不確実な要素も持ち込んでくる。病気になったり仕事ぶりが劣ったり、休暇をとったり自動車事故を起こしたり、いきなり辞職したりと、総じてありとあらゆる問題を起こす恐れがある。

新しい従業員を雇えば、その責任を負わなくてはならなくなる可能性もれなくついてくる。従業員が仕事中にケガをしたり、誰かをケガさせたりするかもしれない。企業の評判が傷つくリスクもある。大手の企業ブランドが大きく損なわれた例が見てみたければ、このフレーズをグーグル検索するといい――「delivery driver throws package」〔訳注：フェデラル・エクスプレスの配達員が届け先のフェンス越しに荷物を投げ込む様子がユーチューブに投稿される事件があり、話題を呼んだ〕。

要するに、「雇用創出」がどうのといくらごたくを並べてみても、合理的な企業経営者はこれ以上従業員を雇いたがらないということだ。自動化へ向かおうとする傾向は、「デザイン哲学」やエンジニアの個人的嗜好の所産ではない。根本的には資本主義に後押しされる現象なのだ。カーが心配する「〝テクノロジー中心の自動化〟の台頭」は少なくとも二〇〇年前に起こったことで、ラッダイトがそれに不満を露わにした。現代で唯一違うのは、指数関数的な進歩がいま、私たちを行き詰まりへ向けて押しやっていることだ。合理的な企業が省力化テクノロジーを採用するのは、ほとんど選択の余地のない流れになっている。それを変えるには、エンジニアやデザイナーへのアピールどころでは済まない。市場経済に組み込まれた基本的なインセンティブそのものを変える必要があるだろう。

カーが提起する不安材料の一部は、現実に確かなものだが、ここでひとつ朗報がある。とりわけ重要な場所では、すでに安全装置が働いているのだ。自動化に関連するリスクのなかでも特にドラマティックな例は、人の生活を脅かしたり、破滅的な結末につながったりしかねないものだろう。例を挙げるなら、またしても飛行機だろうか。だがこういった分野はすでに、厳密な規則に従っている。航空機業界は長年にわたって、操縦の自動化とパイロットのスキルの水準がどのように作用し合うかを認識し、その知見を訓練の手順に組み込んできた。現代の航空システムの安全記録が驚くほど高いものであることはまちがいない。一部の科学技術者たちは、航空機の自動化が行き着くところまで行った場合を予測している。たとえば、セバスチャン・スランは最近ニューヨーク・タイムズ紙に、「航空会社のパイロット」はそう遠くない将来に「過去の職業」となるだろうと語った(9)。だが、パイロットの姿のない飛行機に三〇〇人の人間が続々乗り込んでいく光景が、そう近いうちに実現するとは思えない。法規や万が一のときの責任、社会的な抵抗感があいまって、公共の安全と直結する職業に対しては強力な逆風がきっと生まれるはずだ。自動化が雇用に最も劇的な影響を及ぼすのは、ファストフード産業の労働者やオフィス内の閑職を含めた、何千万にものぼるその他の職だろう。こうした分野では、技術的な失敗やスキルの低下があったとしても、目立った影響ははるかに少ないし、完全自動化へと向かう容赦のない流れ――もちろん市場インセンティブに後押しされている――を阻むものは比較的少ない。

私たちの経済や社会の至るところで、機械は次第に根本的な移行を果たしつつある。道具という歴史的な役割を超え、多くの場合、自律した働き手に進化しつつあるのだ。カーはこの移行を危険なものとみなし、なんとかストップをかけようとしているのだろう。だがそもそもの話、私たちが現代文明で実現してきた驚異的な富や娯楽は、進歩しつづけるテクノロジーの直接の所産である――そして人間の労働を減らす効率的な方法をひたすら求める力こそが、そうした進歩の最も重要な牽引役だったのではないだろうか。行きすぎた自動化には反対だと口で言うのはやさしいが、広い意味での反テクノロジーの立場をとるのは簡単ではない。しかし実際のところ、この二つの傾向は密接に結びついているし、そして大規模な――そしてまちがいなく軽率な――政府による民間部門への大規模な介入でも起こらないかぎり、何をどう抗おうと、市場に主導された自動化テクノロジーが職場に台頭するのを止めるのは不可能だろう。

最低限所得保証のすすめ

教育や訓練への投資を増やしても問題の解決にはならないという意見を受け入れるとして、なんとか職の自動化の進行を食い止めようという掛け声も非現実的であるとしたら、あとは従来からある政策の先へと目を向けるしかない。私としては、なんらかの最低限所得保証が最も効果的な解決策ではないかと考えている。

ベーシック・インカム、つまり最低限所得保証は、新しい考え方でもなんでもない。現在のアメリカの政治風土からすると、保証所得制は「社会主義」だ、福祉国家の大幅な拡張だと非難されるだろう。しかしこの考えの歴史的な起源をたどると、まったく違った事実が浮かび上がってくる。最低限所得保証は、政治的には左右を問わず多くのエコノミストや学識者に支持されているが、この考えを特に強く唱えてきたのは保守派やリバタリアンたちなのだ。フリードリヒ・ハイエクは、今日、保守派のあいだで偶像視される存在となったが、この考えの強力な提唱者だった。一九七三年から一九七九年にかけて発表された三巻の労作、*Law, Legislation and Liberty*（邦題『法と立法と自由』）のなかでハイエクは、保証所得制は不運な事態に備えての保険を政府が提供するための方策であると述べている。また、より開放的で移動性の高い社会へ移行した結果、多くの人々が従来の支援制度にはもはや頼れなくなることの直接的な結果として、この種のセーフティネットが必要なのだとも言う。

だが政府による介入の必要性に関しては、また別種の、最近まで一般に認められてこなかったリスクがある……ここでの問題とは主として、さまざまな理由から市場で生計を立てられない人々の運命だ……すなわち、多くの人たちを苦しめている不幸な状態は誰に降りかかってもおかしくないし、そうした状態に対して、ほとんどの個人は自分ひとりでは十分な防御手段を得られない。だが、ある一定の豊かさに達した社会なら、それを万人に与えることは可能だ。

すべての人々に最低限の所得を与えること、つまり自活のできない人間にこれ以上落ちる必要はないというぎりぎりの額を保証することは、万人に等しく存在するリスクへのまったく正当な防御手段であるばかりでなく、個々の人々がもはや自分の属する小グループの成員になんらかの要求をしなくなる偉大な社会にとっては、絶対必要な要素でもある。(10)

現在流布しているいささか漫画じみた極右的ハイエク像を信奉している保守派たちにとって、こうした文章は驚異に映るかもしれない。ハイエクが「偉大な社会」という言葉を用いたとき、彼にはたしかに、リンドン・ジョンソンが同じフレーズを口にしたときに考えていたものとはまったく違う意図があった。ハイエクが見ていたのは、どんどん拡大を続ける福祉国家ではなく、個人の自由、市場の原則、法の統治、小さな政府に基盤を置いた社会だった。それでも彼の「偉大な社会」への言及、そして「ある一定の豊かさに達した社会なら、それを万人に与えることは可能だ」といった認識は、現代の超保守的な見解とはまったく対照的に映る。いまの保守派が信奉するとしたら、マーガレット・サッチャーの発言「社会などというものは存在しない」のほうが適当だろう。

保証所得制の提案は、いまの時点ではほぼまちがいなく、「結果の平等」をもたらそうとするリベラル派のメカニズムだとして攻撃されるだろう。しかしハイエク自身、そうした反応をはっきりと否定するように、こう書いている。「自活できない人々に一律最低限の額を確保しようとする試みが、それとはまったく意味の異なる、所得の『公平な』分配などといった意図と結びつけられるのはきわめて不幸なことだ」[11]。ハイエクにとって保証所得は、平等や「公平な分配」とはなんら関係がない——それは不幸な状態に対する保険であり、社会と経済が効率的に機能するためのものだった。

ハイエクに対する現在の見方から抜け落ちている重要な点は、彼は基本的にはイデオローグでなく、リアリストだったということである。ハイエクは社会の性質が変わりつつあることを理解していた。人々は概ね自給自足できていた農場から都市部へ移って雇用に頼るようになり、距離的に引き伸ばされた家族組織は崩壊し、個々の人間がさらされるリスクも大きくなりつつあった。政府がそうしたリスクに対して保険をかける役割を担うことを、ハイエクはなんら問題視しなかった。政府の役割が時とともに進化するということの考え方はもちろん、私たちが現在直面している難題にも大いに応用できるものだ。

保守派にもベーシック・インカムに賛成する意見はある。その中心にあるのは、セーフティネットに個人の選択の自由を組み合わせた保証という考えだ。政府が個人の経済的意思決定に入り込んだり、製品やサービスを直接提供する企業に介入したりするのではなく、あらゆる人間に市場に参加する手段を与えようというのである。つまり基本的には最低限のセーフティネットを提供する市場志向のアプローチであり、これを実施すれば、あまり効率的でない他のメカニズム――たとえば最低賃金、フードスタンプ、福祉、住宅補助――は不要となる。

ハイエクのプラグマティズムを採用し、今後数年から数十年で起こりそうな状況に当てはめればどうなるだろうか。テクノロジーの進歩のために、個々人の経済の安定にはさらに大きなリスクがもたらされるようになり、いずれは政府になんらかの措置をとるよう求められる公算は非常に大きい。もしハイエクの唱える市場志向の解決策を拒むなら、必然的に昔ながらの福祉国家の拡張と、それに伴う問題を残らず招き寄せることになるだろう。やがて、経済的に困窮した人々に食事と住居を提供することを目的とした新たな官僚体制が、おそらくはディストピア的な制度のようなものとして台頭する。

実際のところ、これが最も抵抗の少ない方向性であり、何もしなければそのとおりに落ち着く可能性が最も高い。ベーシック・インカムは効率的で、運営コストも比較的低い。福祉国家が官僚体制とともに拡大するとなれば、一人あたりの費用ははるかに高くつくし、その影響もはるかに不均衡だ。助けられる人の数はほぼ確実に減る一方で、従来的な雇用が多く作り出され、その一部はずいぶん実入りの良いものになるだろう。うまい話には飛びつく民間部門の請負業者にも、たくさんの機会が生まれる。そうしたエリート層の受益者たち、たとえば高級官僚や民間会社の役員などが、事態がこちらの方向に進むように大きな政治的圧力をかけてくることはまちがいない。

この種のことはもちろん、前例がたくさんある。ペンタゴンも望まない大規模な兵器計画が議会によって守られるのは、それが少数の職（莫大な費用がかかるわりには）を作り出し、大企業の利益を増やすからだ。アメリカで留置所か刑務所に収監中の人間は、なんと二四〇〇万人もいる——国民一人あたりの受刑率は他のあらゆる国の三倍以上で、デンマークやフィンランド、日本といった先進国の一〇倍以上だ。

二〇〇八年には、こうした人たちの六〇パーセントは暴力に関わらない法律違反者で、一人あたりの住居費は年間およそ二万六〇〇〇ドルだった[12]。有力なエリートたち——たとえば刑務所の看守組合や、多くの刑務所を運営している私企業の役員たちは、アメリカがこの分野で極端な例外でありつづけるよう保つことに強いインセンティブを持っている。

進歩的な人々にとっては、現在の政治環境のほうが保証所得制を売り込みやすいかもしれない。ハイエクは逆のことを主張しているにもかかわらず、リベラル派の多くは、この案を社会的、経済的な正義を達成するための方策として受け入れるだろう。ベーシック・インカムは実質的に、貧困を軽減し所得格差を緩和するための「力任せのアルゴリズム」となるかもしれない、大統領がサラサラとペンを動かすだけで、アメリカの極度の貧困とホームレスの存在が事実上なくせるかもしれない、と考えるのだ。

インセンティブの重要性

機能する保証所得計画を考える上で最も重要な要素は、インセンティブを正しく設定することだ。目的は普遍的なセーフティネットの提供に加え、低い所得を補填することにある――ただし、できるかぎり生産的であろうとする勤労意欲の妨げになってはいけない。所得への補填は、どちらかというと最小限度のほうがいい。生活するには足りるが、快適に過ごすには足りないという程度だ。いや、最初は保証所得レベルをそれより低く設定し、この計画が労働者に及ぼす影響を調べた上で徐々に時間をかけて増やしていくべきだという強い主張もある。

保証所得制の実施には、大きく分けて二つの方法がある。無条件所得保証は、他の収入源とは関係なく、成人の市民すべてに同額を支給するものだ。最小所得保証（他にも負の所得税といったバリエーションがある）は、所得分布の底辺に位置する人たちだけに支給されるもので、他の収入源が増えれば段階的に減らされる。二つめの案のほうが明らかに出費は少ないが、インセンティブを歪めることで悲惨な結果を招く危険もある。比較的低い所得レベルでも所得調査が行われるようなら、受給者がこれ以上稼いでも全額持っていかれるだけというう、ぎりぎりの税率を見きわめるようになるだろう。要するに、がんばって働くほど手当が減ったりなくなったりする「貧困の罠」に陥りかねないのだ。こうしたなかでも最悪の例は、社会保障の障害保障制度で起こるものだろう。この制度は、他の選択肢が尽きてしまったとき、多くの人が一種の保証所得として活用しようとするものだ。だが、ある人物が障害手当の受給を認められると、もしそれ以上働こうとしたら、収入と障害手当をともに失う危険が出てくるのだ。結果的に、この制度が適用された人間はほぼみんな働かなくなってしまう。

保証所得の実施についても所得調査が行われるのなら、それは明らかに比較的高い所得レベルで行われるべきで、中流階層の領域であることが望ましい。そうした階層の人間は、ほかに働いて稼ぐ機会を棄てようと決めれば、長期的な所得低下に直面する。能動的な所得と受動的な所得を区別するのも良い考えだろう。保証所得は、年金、投資収入、社会保障といった受動的な所得に対しては積極的に調査を行うべきかもしれない。職の賃金、自営業所得、小さな事業の利益といった能動的な所得にはまったく調査を行わないか、はるかにゆるやかなレベルで行うようにする。これで、機会さえあればできるだけがんばって働こうとする一貫したインセンティブが保障される。

保証所得計画はまた、個人にも家族にとっても、より繊細なインセンティブを数多く作り出すだろう。保守派の社会科学者チャールズ・マレーの二〇〇六年の著作、*In Our Hands: A Plan to Replace the Welfare State*（『我々の手に――福祉国家に取って代わる計画』）には、保証所得は大卒でない男性をより魅力的な結婚相手にするだろうと書かれている。この人口グループは、労働市場におけるテクノロジーと工場のオフショアリングの影響を最も強く受けてきた。保証所得は低所得グループでの結婚率を上げるのに貢献する一方、片親だけの家庭で育てられる子どもが増える傾向を逆転させるのにも役立つかもしれない。そしてもちろん、両親のどちらかが幼い子どもと一緒に家で過ごすことを可能にするだろう。こうした話は政治的な傾向を問わず、あらゆる人々にアピールしそうだ。

これに加えて、またさらに一歩進んで、ベーシック・インカム計画になんらかの明確なインセンティブを組み込むことには妥当な理由があると思う。そうしたなかで特に重要なのは、教育、とりわけ高校レベルを対象にしたものだろう。最近のデータからも、大学の学位をめざすことへの強い経済的インセンティブがまだ存在することはまちがいない。だが、その裏には不幸な現実がある。大学を卒業しようとするのは、大卒者になれば機会が劇的に広がるからというよりも、高校の卒業証書しか持たない人たちの将来的見通しが立たなくなっているからだ。これは大学卒業までめざしていないかなり多くの人たちにとっては非常に危険なことで、高校の課程を終えようとするインセンティブまで下がりかねない。高校で苦労している生徒が、卒業してもしなくても関係なく保証所得を受けられると知っていれば、きわめて強い逆のインセンティブが明らかに生まれてくる。だから高校の卒業証書を受け取った(あるいはテストで同等の結果を出した)人たちには、幾分高い額を支払うべきだろう。

教育を公共の利益として高く評価するべきだというのは、世間一般の考え方だ。周囲の人たちがもっと高い教育を受けていれば、私たちみんなが利益を得る。その結果、より生産的な経済とともにより文明化された社会が生まれる。この先、従来からの仕事が少なくなる時代へ移っていかざるをえないとしたら、教育のある人たちは余暇の建設的な使い道を見つける上で良い立場にいるだろう。テクノロジーは生産的に時間を過ごすための機会を多く作り出している。ウィキペディアは無給の貢献者たちが数えきれないほどの時間をかけて作り上げたものだ。オープンソースソフトウェアのムーブメントもそうした例のひとつである。多くの人が所得を補うために小さなオンライン事業を始めるだろう。だがそうした活動に参入して成功するには、やはり最低限の教育水準に達しておく必要がある。

他のインセンティブも実施されるかもしれない。たとえば、ボランティアで地域サービスの活動をしている、環境プロジェクトに参加しているといった人たちには、高めの所得を支給するのだ。私が前作の *The Lights in the Tunnel* のなかで、このタイプのインセンティブを保証所得に組み込むように提案したところ、押しつけがましい「福祉国家《ナニー・ステイト》」に反対する多くのリバタリアニストの読者から相当数の反対意見をいただいた。だがそれでも、ほぼ誰もが同意するはずの基本的なインセンティブがある——最も重要なのは教育だ。基本的なアイデアとしては、従来の職に関連するインセンティブの一部を（人工的にではあっても）再現することにある。高い教育を受けることが常により良いキャリアの道につながるとは限らないいまの時代に、全員が少なくとも高校を卒業するための説得力ある理由を確保することが重要なのだ。結果として、明らかに社会にとっても有利な面が生まれる。たとえアイン・ランド［訳注：徹底した自由主義者として知られるロシア出身の作家］であっても、合理的に考えて、自分が高いレベルの教育を受けた人々に囲まれ、自由な時間を建設的に過ごすための選択肢が増えるほうが個人的には好ましいと感じるのではないだろうか。

再生可能資源としての市場

基本的なセーフティネットを提供する必要性のほかにも、保証所得制を推す強力な経済的論拠があると私は考える。第8章で見たように、テクノロジー主導による格差の拡大は、広範囲にわたって消費を脅かす可能性が高い。労働市場が絶えず縮みつづけ、賃金が停滞もしくは低下すれば、消費者に購買力を持たせようとするメカニズムは崩れはじめ、製品とサービスの需要も不振に陥る。

この問題を目に見えるようにするには、市場を再生可能資源として考えるのがいいのではないだろうか。消費市場を魚でいっぱいの湖だというように考えてみてほしい。ある企業が製品またはサービスを市場へ売りに出すときには、魚を捕まえる。従業員に賃金を払うときには、魚を湖に戻す。自動化が進んで雇用が消えるにつれ、湖に戻る魚が少なくなっていく。

ここであらためて念頭に置いておくべきなのは、ほぼすべての大企業は、中程度の大きさの魚を数多く捕まえることに頼っているということだ。格差の拡大は、少数の非常に大きな魚をもたらすが、大半のマスマーケット産業の視点からは、そうした魚は通常サイズの魚と比べて途方もなく価値が高いというわけではない(億万長者であっても、スマートフォンや自動車を一〇〇〇台も買ったり、レストランに一〇〇〇回食事に行ったりはしない)。

これは「共有地《コモンズ》の悲劇」と呼ばれる古典的な問題だ。エコノミストの大多数は、こういった状況にはなんらかの政府介入が必要だという点で合意するだろう。何もない状態では、個々の人々はできるかぎり魚を獲るという以外の選択をするインセンティブを持たない。現実世界の漁師たちは、自分たちの湖や海が乱獲されすぎ、じきに自分の生計が脅かされることをよく理解しているだろうが、それでもやはり毎日出かけていき、可能なかぎりの魚を獲る。競争相手たちも同じことをするとわかっているからだ。実行可能な唯一の解決策は、規制当局が介入し、漁に制限を設けることだ。

私たちの消費市場では、捕まえられる魚の数を制限したくはない。むしろ魚が常にいっぱいであるようにしたい。そのためには保証所得制がきわめて効果的な方法のひとつとなる。保証所得制は購買力をじかに、低所得および中所得の消費者に授けるのだ。

さらに将来に目を向けて、機械がいずれ人間の労働にかなりの程度取って代わるという前提に立つなら、経済が成長しつづけるには、なんらかの購買力の直接的な再分配が不可欠になるだろう。二〇一四年五月に、エコノミストのジョン・G・フェルナルドとチャールズ・I・ジョーンズは、ロボットが「次第に商品の生産関数における労働に置き換わっていく」のではないかと述べた。そしてさらに「究極的に、資本が労働に完全に取って代われれば、成長率は爆発的に増大し、所得も限りある時間のなかで天井知らずに伸びるかもしれない」とまで言っている。(13) これは私にはばかげた結論だと思える。どんな意味合いがあるかを考えもせずに、方程式に数を突っ込んで得られる結果のようなものだ。機械が労働者に完全に取って代わってしまったら、誰も職に就けず、いかなるタイプの労働からも所得を得られない。それなのに、経済がどうやって成長しつづけられるのか？　資産をたっぷり持っているごくわずかな割合の人たちは消費を堪能できるだろうが、よほど高価格の商品やサービスを買いつづけなくてはグローバル経済を回していくことはできない。そしてこれはもちろん、本書の8章で見た「テクノ封建主義」のシナリオであり、特に歓迎できる結果とはいえない。

しかし、より楽観的な見方もある。フェルナルドとジョーンズが用いている数学モデルは、勤労による所得以外の購買力を配分するメカニズムを想定しているといえるかもしれない。もし何か保証所得制のようなものが実施され、持続的な経済成長を支える所得が時とともに増えていくとしたら、やがてその成長が爆発的に増え、所得が急上昇するという見方も意味をなすのではないか。これは自動的に起きるものではない。市場は自ら決着をつけるようなことはしない。私たちの経済ルールの根本的な再編成が必要になるだろう。

視点を変えて、市場、あるいは経済全体を資源として見ることも、うまく機能するだろう。思い出してほしいのだが、私は第3章で、労働市場を変容させるようなテクノロジーは、各世代にわたる努力の蓄積の結果として生まれてくるものだと論じた。そこには無数の個人が関わっているし、資金は納税者の税金から出ていることも多い。こうした蓄積による進歩のすべて、そして活気ある市場経済を可能にする経済的・政治的制度のすべてが、あらゆる市民に帰属する資源なのだと言っても、ある程度筋は通るだろう。「保証所得制」のかわりによく使われる「市民の配当金」という言葉は、誰もが国の経済的繁栄に対して最低限の要求をするべきだという主張をうまく捉えていると思う。

ペルツマン効果と経済的危険負担

一九七五年にシカゴ大学の経済学者サム・ペルツマンは自らの研究を発表し、自動車の安全性を改善するために作られた法律が高速道路での死亡者数を減らせていないことを示した。理由は、安全性が高まったという感覚を、ドライバーたちがリスクを冒すことで帳消しにしているためだと、ペルツマンは論じた。[14]

この「ペルツマン効果」はそれ以来、広い分野で例証されてきた。たとえば、子どもの遊び場は以前よりずっと安全になっている。傾斜の急なすべり台や高いジャングルジムなどは撤去され、いろいろな場所にクッションの利いた素材が導入された。それでも調査結果を見るかぎり、病院の緊急処置室にかつぎ込まれる件数や、骨折の件数に有意な減少は見られない[15]。スカイダイビングでも同じ現象が観察できるという。装備が大幅に改善され安全になったにもかかわらず、スカイダイバーたちがよりリスクの高い行動で帳消しにしてしまうため、死亡率はほぼ変わっていないのだ。

ペルツマン効果は通常、保守派のエコノミストたちが、政府規制の増加に反対するための論拠として引き合いに出すことが多い。しかし私には、こうしたリスク補償行動は、経済の領域にまで敷衍できるのではないかと思える。人はセーフティネットを持てば、さらに進んで経済的なリスクを取ろうとするだろう。何か新しい事業の名案があり、しかも保証所得が得られるとわかっていれば、安全な勤め口をやめて起業の世界へ飛び込みたいという気持ちが強まるのは自然な成り行きだろう。同様に、安定しているが個人的にはほとんど成長の機会が得られない職から離れ、小さなスタートアップ企業で不安定だが大きな満足感の得られる仕事をしたいと思うかもしれない。保証所得は、オンラインビジネスや夫婦経営の小売店や飲食店の立ち上げから、日照りに遭った小規模農業主や牧場主に至るまで、あらゆるタイプの起業活動の経済的緩衝になってくれる。多くの場合、小企業が難しい時期を迎え、普通なら破綻していたところをなんとか乗り越えるには足りるのではないか。要するに、よく考えられた保証所得制は、怠け者の国を作り出すのでなく、経済をより動的で起業家精神に富んだものにする可能性があるのだ。

難問、否定的な面、不確実性

保証所得制にも否定的な面やリスクがないわけではない。短期的に気がかりななかでも特に重要なのは、勤労意欲の強い妨げになるかどうかという問題だ。機械の引き受ける仕事が時とともにどんどん増えていくことが明らかな一方、今後も予測可能な将来のうちは、経済が人間の労働に大きく依存しつづけることはまちがいない。

いまに至るまで、こうした政策が国家レベルで実施された例は存在しない。アラスカ州は一九七六年から毎年、石油収入を財源とする配当金を支払っている。最近の額はだいたい、一人あたり一〇〇〇〜二〇〇〇ドルだ。成人にも子どもにも受給資格があるため、家族全体ではかなりの額になる。スイスでは二〇一三年一〇月に保証所得制推進論者たちが、月々二五〇〇スイスフラン（約二八〇〇ドル）という驚くほどの高額を無条件で支給する案を国民投票にかけようと提案し、署名を集めた。いまのところ投票の期日はまだ決まっていない［訳注：二〇一六年六月に国民投票が実施され、この案はひとまず否決された］。アメリカとカナダで行われた小規模な実験からは、受給者が働こうとする時間がおよそ五パーセント減少するという結果が出た。しかしこれらは一時的なプログラムなので、永続的なプログラムと比べて行

動に影響が出る可能性は低いと思われる。(16)

保証所得制の実施を阻もうとする、最も大きな政治的、心理学的な障壁のひとつは、受給者の何分の一かはお金を受け取ったら必ず働かなくなるという事実を受け入れなくてはならないことだ。一日中ビデオゲームをやる者もいるだろうし、悪くすると、酒や麻薬にお金を費やす者もいるかもしれない。あるいは何人かが共同で収入をプールし、住宅をシェアして「怠け者のコミューン」を作ったりするかもしれない。所得がほぼ最低限に近く、インセンティブが適正に保たれているかぎりは、そうした選択をする人たちの割合はごく小さなものだろう。それでも絶対的な数でいえば、かなりの数に上ることになるし、きわめて目にもつきやすい。これはもちろん、プロテスタント的な労働倫理といった一般的な話で簡単に片づけられるような問題ではないだろう。保証所得制の案に反対する人々にとっては、この政策の大衆的な支持を損なうような不穏な逸話や事件を探し出すのはたやすいことだ。

概していえば、一部の人々がなるべく――あるいはまったく――働かないことを選んだとしても、全面的にネガティブな視点から見るべきではないと思う。覚えておくべき重要な点は、働くのをやめることを選んだ人たちの判断は、すべて自己選択によるものだということだ。要するに、最も野心と勤勉さの足りない人たちなのである。[d] 誰もが先細っていく職を求めて競い合わざるをえない世界では、最も生産性の高い人たちが常にそうした職に就くと考えるのが妥当なはずだ。働く時間を減らしたり、完全に働かなくなったりする人間が出てくれば、進んで働こうとする人たちの賃金はその分上昇するだろう。なんといっても、これまで何十年も所得が停滞していたという事実こそ、私たちが取り組もうとしている主要な問題のひとつなのだ。どちらかといえば非生産的な人たちに、職から離れるためのインセンティブとして最低限の所得を与えることで、結果的に、がんばって働きたいという人たちがそうした機会と高い所得を得て生計を改善できるとしたら、とりたててディストピア的なシナリオではないと私には思える。

私たちの価値システムは生産性を尊ぶようにできているが、ひとつ心に留めておく必要があるのは、消費もなくてはならない経済機能だということだ。保証所得を受け取って働かなくなる人間も、その近所で小さな事業を立ち上げた勤勉な起業家にとっては、お金を払ってくれる顧客となるだろう。そしてその起業家ももちろん、同じだけのベーシック・インカムを受け取っているのだ。

最後のポイントは、保証所得制の実施にあたって政策のミスがあっても、その大半はいずれひとりでに修正されるはずだということだ。仮にこの保証所得が最初から十分ありすぎ、そのために勤労意欲が著しく削がれる結果になったとしたら、次の二つのうちひとつのことが起こる。自動化テクノロジーの進歩が生産性の低下を埋め合わせるか（この場合、問題は起こらない）、労働力が不足して急激なインフレが起こるかだ。物価が全般的に上昇すると、ベーシック・インカムの価値は下がるので、働くことでそれを補塡しようというインセンティブが再び生まれる。政策立案者がよほど下手なことをしなければ――たとえば、保証所得計画に物価上昇に伴う生計費の自動的な増額を組み込んだりしないかぎり――どんなインフレもおそらく短期間で終わり、経済は新たな平衡状態に入るだろう。

勤労意欲の妨げに関連して出てくる政治的な難題やリスク以外に、ベーシック・インカムの影響が高級住宅地の住宅費用に及ぶかもしれないという問題もある。ニューヨークやサンフランシスコ、ロンドンのような都市の住民すべてに、新しく月々数千ドルが入ってくると想像してみよう。乏しい物件を求めて居住者が争う結果、最終的にその収入の増額分のかなりの部分か、ことによるとほとんど全部が家主の懐に入ることになると予想できる根拠は十分にある。この問題に簡単な解決は存在しない。家賃の統制も可能性としてなくはないが、それには否定的な面もたくさんあることがわかっている。エコノミストの多くは、建築規制をゆるめてより多くの戸数を建てられるようにすべきだと言うが、これはまちがいなく現居住者たちの反対を受けるだろう。

しかし、反対に作用する力もある。保証所得制は勤め口とはちがって移動が可能だ。自分の所得を持って高くつく地域を出て、生活費の安上がりな地域に移る人たちもきっと出てくるだろう。新しい住民がデトロイトのような衰退中の街にどっと流れ込むかもしれない。完全に都市を離れる人たちもいるだろう。ベーシック・インカム計画は、雇用が消えてしまったために人口が減っている小さな町や農村部を活性化するかもしれない。実際に、農村部に経済的な好影響が及ぶという可能性は、アメリカの保守層の目にも保証所得政策が魅力的に映る要因となるのではないかと、私は思う。

移民政策も明らかに、保証所得制が実施されたあとで調整が必要になる分野だ。移民そのもの、また保証所得が得られる市民権を移民が得られるようなルートも制限するか、あるいは新しい市民にかなり長い待機の時期を課すべきだろう。これはもちろん、すでに大きく分極化している政治的な問題に、さらに複雑で不確かな要素を付け加えることになる。

ベーシック・インカムの財源を確保する

アメリカの二一歳から六五歳までの成人すべてと、六五歳より上で社会保障や年金を受けていない人たちに、無条件で一年あたり一万ドルを支給するとしたら、総費用は二兆ドル近い額になる[17]。だがこの額は、ベーシック・インカムの受給資格に制限を加えること、勤労所得が一定額を超えたときに所得調査を行うことで、いくぶん減らすことができる（前にも言ったとおり、貧困の罠のシナリオを避けるためには、かなり高いレベルでのみ保証所得を段階的に減らしていくことが重要になるだろう）。そしてこの総費用は、連邦と州による貧困対策プログラムの多くを削減することによっても相殺されるだろう。なにしろフードスタンプ、福祉、居住支援、勤労所得税額控除（この制度についてはまたあとで詳しく論じる）といったプログラムを足し合わせると、一年あたり一兆ドルが必要なのだ。

要するに、一年あたり一万ドルのベーシック・インカムを実現するには、一兆ドルの収入が新たに必要になるということだ。別種の最低限所得保証を選んだ場合よりも、かなり安上がりで済むだろう。さらにこの数字は、このプログラムの結果として増える税収入によっても削減される。ベーシック・インカム自体に税をかけられるだろうし、そのことでミット・ロムニーの言う悪名高い「四七パーセント」（現時点で連邦所得税を支払っていない人口の割合）から多くの家計が押し出されるだろう。所得がそれ以下の家計の大部分は、ベーシック・インカムをほぼ使いきってしまうだろうが、そのことは課税対象となる経済活動に直結している。テクノロジーの進歩が格差のさらなる拡大へと私たちを押しやり、広範囲にわたって消費を損なっていくとしたら、保証所得制は長期的に見れば、かなり高い経済成長率をもたらすのではないだろうか――もちろんこれは、税収入がぐっと多くなるということだ。そしてベーシック・インカムは、購買力が消費者へと向かう流れを保ちつづけるため、強力な経済の安定剤として作用し、深刻な景気後退に伴うコストを避けられるだろう。こうした効果はもちろん数量化は難しいが、ベーシック・インカムは少なくともある程度、割に合うという強力な論拠になるだろう。その上、ベーシック・インカムの実施から得られる経済的な利益は、テクノロジーが進歩し経済がさらに資本集約的になるにつれ、時とともに増えていくだろう。

いうまでもないが、財源を確保するための増収は、現在の政治環境ではきわめて難しい。なにしろアメリカの政治家がほぼひとり残らず、「税」という言葉を――「減税」ならともかく――口にするのを恐れているのだ。最も可能性が高い方法は、種々さまざまな税をとりまぜて必要な収入を確保することではないだろうか。明らかに候補となるのは炭素税だろう。これなら年に一〇〇〇億ドルの増収が見込めるとともに、温室効果ガスの排出を減らす役にも立つ。すでに各家計への還付と相殺される形で増収にはつながらない炭素税を導入する案が持ち上がっているが、これはベーシック・インカムの出発点になるかもしれない。もうひとつの候補は付加価値税(VAT)だ。アメリカは先進国のなかで唯一、こうした税に頼っていない国である――消費税のようなものは基本的に、製造過程のあらゆる段階に組み込まれている。VATは製品およびサービスの最終価格の一部として消費者に課せられ、総じて税収入を増やすきわめて効率的な方法とされている。他にも企業税の引き上げ(もしくは税金逃れの手段を絶つ)、ある種の土地税、キャピタルゲイン税の引き上げ、金融取引税など候補はいろいろある。

個人の所得税もやはり引き上げざるをえないだろうが、そのための最良の方法は、制度をより累進的なものにすることだ。格差の拡大が意味することのひとつは、課税対象となる所得の最高額がどんどん上昇しているということである。この場合の課税の仕組みは、所得分布をそのまま反映したものに作り直すべきだろう。ただあらゆる税金や、既存の最も高い税率区分を上げるのでなく、きわめて高所得の課税者——おそらく年収が一〇〇万ドルを超えるような人たち——から多くの税収入を確保するための、いくつかの新しい税率区分を導入するというやり方が望ましい。

誰もが資本家

なんらかの形の保証所得制は、自動化テクノロジーの台頭に対する総合的な解決策としてはおそらくベストだろう。だが、他にも実行可能な案はたしかにある。特によく聞かれる提案は、所得よりも資産に着目するものだ。所得のほぼすべてが資本に捉えられてしまい、人間の労働の価値がほとんどなくなる未来の世界では、万人が経済的に安心できるだけの資本を持てるようにすればいいのではないか？

こうした提案のほとんどには、各企業内での被雇用者による株式保有を増やす、全員のミューチュアルファンドの口座にかなりの額の残高を与える、といった方法が含まれている。エコノミストのノア・スミスはアトランティック誌の記事で、政府が「エクイティーの分散ポートフォリオ」を購入することで、一八歳になった国民全員に対して「資本の元手」を提供できると提案している。「現金を引き出して、さあパーティーだ」といった向こう見ずな判断は、「たとえば一時的な〝ロックアップ〟条項のような、比較的穏やかなパターナリズムによって防ぐことができる」だろう(18)。

これに関しての問題は、「穏やかなパターナリズム」程度では十分でないかもしれないということだ。あなたが経済的に生き残れるかどうかが、ほぼあなたが所有しているものによってのみ決められる未来を想像してほしい。あなたの労働にはほとんど、あるいはまったく価値がなくなる。この世界では、すべてを失いながら、またがんばってトップに返り咲くといった話はもはや存在しない。投資に失敗したり、バーナード・マドフのような者に騙された場合、そのミスはおそらく取り返しがつかない。個人が自分の資産を自由に管理できるとなれば、不運な人たちには必然的にこうした運命が降りかかってくる。そんな状況に立たされた個人や家族に対して、私たちはどうするのか？「大きすぎて破産させられない」だろうか？　だとしたら、明らかなモラルハザードの問題が出てくる。人々は過度のリスクをとることをほとんど恐れなくなるかもしれない。だが何もしなければ、本当の窮地に立たされながら逃げ道をほぼ、あるいは完全になくした人たちを抱えることになる。

もちろん大多数の人々は、この種のリスクに直面しても責任ある行動をとるだろう。だが、それはそれでまた問題をもたらす。もしあなたが資本を失うと、あなた自身や子どもたちが極貧に陥るとしたら、新たなビジネスベンチャーに進んで投資するだろうか？　401kプランのときの経験から、多くの人は株式市場にはほとんど投資をせず、安全と思える低リターンの投資に多くのお金を投じようとすることがわかっている。資本がすべてという世界では、この選択はさらに強化されるかもしれない。安全な資産への需要はきわめて大きいだろうが、そうした資産が生むリターンは非常に低い。つまり、人々に資産を与えることをベースとした解決策は、保証所得制で見られるのではないかと私が指摘した例のペルツマン効果とはまったく違う結果をもたらすかもしれないということだ。過度のリスク回避は、起業家精神の衰退、低所得、市場需要の不振などにつながるのではないだろうか。

さらに、もうひとつ問題がある。こうしたエクイティーをどうやって支払うかだ。膨大な資本の再分配は、所得の再分配の場合と比べてはるかに多くの政治的いざこざを引き起こすだろう。資産を現在の所有者から引き剝がすためのメカニズムを、トマ・ピケティが著書の*Capital in the Twenty-First Century*（邦題『21世紀の資本』）のなかで提案している。つまり資産への国際的な租税だ。この場合には、膨大な資本が税率の低い地域へ逃げるのを防ぐために、国家間の協力が必要になってくる。近い将来での実現が難しい策であることは、ほぼ誰もが（ピケティも含めて）認めている。

二〇一四年に大変な注目を浴びたピケティの本は、今後数十年間は、所得も資産も格差が拡大する方向に向かうだろうと論じている。ピケティは格差の問題に、純粋に経済データの歴史的分析という視点からのみアプローチした。その中心となる論点は、資本に対する収益率は通常は経済成長率全体より大きいため、資本を持っていれば時とともに経済的なパイの取り分が増えるということだ。本書で特に取り上げてきた経済的傾向については、ピケティは驚くほどわずかな関心しか示していない。実際、七〇〇ページ近くある彼の本のなかで、「ロボット」という言葉はたった一回出てくるだけだ。ピケティの理論がもし正しいとすれば――現在も大変な論争の的となっているが――テクノロジーの進歩は彼の結論をさらに増幅し、そのモデルが予測するよりもさらに高いレベルの格差を作り出すのではないかと私は考える。

格差と、そして、とりわけ格差がアメリカの政治的プロセスに及ぼす影響がどんどん一般国民の目に触れるようになれば、ピケティが提唱するような富裕税の導入もいずれ可能になるかもしれない。そうだとしたら、再配分する資本を配り尽くすのではなく、集中管理された政府系ファンド（アラスカ州のファンドのようなもの）を組成し、そこから得られたリターンを使ってベーシック・インカムの財源にしたほうがいい。

近い将来のための政策

保証所得制の確立はおそらく、まだしばらくは政治的に実行不可能だろうが、他にもっと近い将来に役に立ちそうなものがいくつもある。そうしたアイデアの多くは実のところ、大不況からの確固とした回復をめざすじつに一般的な経済政策だ。要するに、ロボットや仕事の自動化の影響についての懸念とは別に、どんな場合でも行うべきことばかりなのだ。

そうした政策のなかでもまず喫緊にすべきなのは、アメリカ国内の公共インフラへの投資である。道路や橋、学校、空港といったものの整備・改修の必要がすでに溜まりに溜まっている。いずれこうしたメンテナンスは行わなくてはならない。先延ばしにすればするほど、結局は費用がかさむ。連邦政府は現在、ほとんどゼロに近い金利で借り入れを行うことができるが、建設労働者の失業率は依然として二桁のままだ。まだコストが低いうちにこのチャンスを利用して必要な投資をせずにいたら、あれはきわめて愚かな経済的過誤だったと、のちに判断されることになるだろう。

教育と職業訓練の推進をめざす政策がテクノロジーによる失業問題の長期的・構造的な解決策をもたらすという考えに、私は懐疑的だが、学生と労働者の今後の見通しを即座に改善するためにやるべきこと、できることはたしかに数多くある。スキルのピラミッドの最上部にあたる職のなかで手の届くものは限られているし、その現実はおそらく変えられないだろう。しかし、いまある就業機会に必要なスキルを持っていない労働者の問題には取り組めるはずだ。特にコミュニティカレッジには、明らかにもっと投資をする必要がある。失業率の低い職業、とりわけ看護のような医療関係の分野では、教育上の重大なボトルネック現象が起こっている。訓練を受けたいという需要は圧倒的にあるのに、どのクラスも許容人数を超えていて生徒が入れないのだ。概していえば、コミュニティカレッジは、次第に変動の激しくなる労働市場を労働者たちがうまく渡っていくための最も重要なリソースとなる。いろいろな職や、あるいは職業全体がどんどん消えていくかもしれないのなら、あらゆる機会をとらえて新しい職に就くための再訓練をするべきだろう。比較的学費の安いコミュニティカレッジに入学できるチャンスを広げる一方、主に政府からの財政援助が目当てで創立された貪欲な利益優先の学校を規制するようにすれば、結果的に多くの人たちの将来が改善されるだろう。第5章で見たように、ムークなどオンライン教育のイノベーションも、いずれは職業教育の機会という意味で重要になるかもしれない。

もうひとつの重要な提案は、勤労所得控除（EITC）の範囲を広げることだ。EITCはアメリカの低所得労働者に支給されるものだが、いまのところ二つの欠点がある。ひとつめは、失業者には支払われていないこと。労働のためのインセンティブを確保するには、働いて収入を得ている人たちにだけ支払われるべきだという理由からだ。二つめは、このプログラムが主に子どものための助成という形をとっていること。二〇一三年には、三〜四人の子どもがいる夫婦一組は最高で六〇〇〇ドルほどの額が支給されていたが、子どものいない労働者は四八七ドル――もしくは月に四〇ドルしか受け取っていなかった。オバマ政権はすでに、受給資格を子どものいない労働者にも広げることを提案しているが、それでも額は最高で年間一〇〇〇ドルほどだろう。EITCに変更を加えて実行可能な長期的解決策にするには、職を見つけられずにいる人たちにまで受給資格を広げることが必要だ――それは当然、このプログラムを保証所得制に転換させるという意味になる。ただし共和党がすでに、このプログラムを削減したいという意向を伝えているため、近い将来にＥＩＴＣをなんらかの形で拡張できるという見通しは暗そうだ。

私たちのこの経済は時とともにどんどん労働集約性が低くなるという議論を受け入れるなら、論理的に見て、課税計画の重点を労働報酬から資本のほうへ移すべきだということになる。たとえば、現在ある高齢者支援の主要なプログラムの財源は主に支払給与税で、これは労働者にも雇用主にもともに負担がかかる。こうした形で労働報酬に税をかけるのは、資本集約性、あるいはテクノロジー集約性の高い企業にただ乗りを許すようなものだ――私たちの市場と制度の利益を刈り取りながら、社会全体に不可欠なプログラムの支援に貢献するという義務からは逃れるからだ。労働集約性の高い産業や企業に不釣合いな課税の負担がかかると、可能ならば人間による労働から自動化へ切り替えたいというインセンティブがさらに高まり、やがてシステム全体が持ちこたえられなくなる。それよりはテクノロジーへの依存度が高く、従業員が比較的少ない企業から多く徴収するような課税制度へ移行するべきなのだ。そして最終的には、労働者が退職者をサポートし、社会プログラムのコストを負担するという発想から離れ、私たちの経済全体がそうしたものを支えるという前提に立つべきだろう。いまはとにかく、新しい雇用の創出と賃金上昇のペースを、経済の成長がはるかに上回っている。

こうした提案は大胆すぎる、もしそんな印象があるとしたら、絶対に守ったほうがいい政策的処方が少なくともひとつ残っている。本書でずっと見てきた経済的傾向を踏まえれば、いまある社会的セーフティネットを壊すようなまねをするべきでないことは明らかだろう。もしもいずれ、この社会の最も弱い層が頼っているプログラムを――その代わりになる実際的な解決策を導入することもせずに――消し去るような時が実際に来るとしても、いまはまちがいなくその時ではない。

いまのアメリカの政治環境はとにかく不和と軋轢だらけで、従来からある経済政策さえほとんど実行できなくなっている。そうした状況では、保証所得制といったさらにラジカルな介入の話を切り捨ててしまうのはたやすい。もっと小規模で、できればより実行可能な、いまの問題を少しずつでも減らしていく政策に集中したいという気持ちになるのは無理もないが、その一方で、漠然と将来に待ちかまえる、より大きな難題への議論はなおざりにされている。

この状態が危険なのは、私たちがこれまで、情報テクノロジーの進歩の曲線に沿って進んできたからだ。いまは指数関数的に急上昇する部分に乗っている。事態はどんどん速く動きつづけ、ほとんど備えもできていないうちに未来がやってきかねない。

国民皆保険制度を取り入れようとするアメリカの数十年に及ぶ苦闘を見れば、今後何かしら大規模な経済改革を行おうとするのがどれほどの難事業になるかがよくわかるだろう。フランクリン・ルーズヴェルトが初めて国民医療制度を提案してから、医療費負担適正化法が成立するまでには、八〇年近い年月がかかった。医療の場合、アメリカにはもちろん、確立して久しい世界中の先進国の制度という生きたお手本がある。しかし保証所得制では、機能している実例はない――と同様に、テクノロジーが将来もたらす影響に適応するためのなんらかの政策も例を見ない。私たちは手探りでやっていくしかないだろう。そう考えれば、意味のある議論を始めるのに早すぎるということはまったくないのだ。

その議論は、労働が私たちの経済に果たす役割を、そして人々がインセンティブにどのように反応するかを深く掘り下げるものでなくてはならない。インセンティブが重要であるのは誰もが同意するところだ。だが、経済的なインセンティブがいくらか抑えられても別に危険はないし、そう信じるだけの根拠は十分にある。そのことは所得水準の上下両端に当てはまる。高額所得者にほどほどの高い限界税率を課すだけでも起業や投資の勢いが殺がれてしまうといった前提には、まったく同意できない。アップルもマイクロソフトも創業が一九七〇年代半ば――最高税率が七〇パーセントに達した時期――だったという事実は、起業家は高い税率など大して気にかけないことを示す格好の証拠だ。

同じように底辺の層でも、インセンティブの問題はたしかに大きいが、アメリカのように豊かな国では、ホームレスや極貧といった恐ろしい話を引き合いに出す必要はない。経済という車に乗っているだけの受け身の人々がどんどん多くなり、経済を牽引する人間がほとんどいなくなる一方で、機械が次第にその牽引役を果たせるようになるとしたら、私たちはそうした不安をあらためて真剣に捉え直す必要がある。

二〇一四年五月、アメリカの雇用がようやく大不況前のピーク時に戻り、六年以上にも及んだ雇用なき回復の時期が終わりを告げた。しかし完全雇用が戻ってきたとしても、こうした職の質が大幅に落ちたという広い見解の一致がある。危機は何百万という中流階層の雇用を消し去り、その回復の過程で多くの雇用が生み出されたが、それは低賃金のサービス業界に偏っている。その大多数はファストフードと小売業界だったが、これまで見てきたように、この分野もいずれはロボティクスとセルフサービスオートメーションの進歩の影響を受ける可能性がきわめて高い。長期的な失業と、フルタイムの仕事に就けない人たちの数は、高いレベルのままだ。

公表された失業の数の陰には、未来への不吉な警告を示す数字がもうひとつ隠れている。金融危機が始まってからの数年間で、アメリカの労働年齢に達した成人は一五〇〇万人ほど増えていた。[19]これだけの人間が労働力として加わったにもかかわらず、経済は新しい就業機会を作り出していない。ジョン・ケネディが言ったように、「現状にとどまるためにさえ、我々は必死に速く走らねばならない」。それは一九六三年には可能だった。私たちのこの時代には、それすら不可能かもしれないのだ。

終章

アメリカの雇用総数がようやく危機以前のレベルに戻った同じ月、アメリカ政府は二種類のレポートを発表し、私たちが今後数十年間に直面しそうな問題の大きさや複雑さについての見解を示した。ひとつめは、ほぼまったく注目されなかった、労働統計研究所が公表した短い分析だ。このレポートは、アメリカの民間部門で行われた労働の量がこの一五年間でどのように変化したかに注目し、ただ雇用の数を数えるのではなく、実際に働いた時間の数まで綿密に調べていた。

一九九八年にアメリカの民間企業部門の労働者たちが働いた時間は、合計して一九四〇億時間だった。それから一五年後の二〇一三年までに、アメリカの企業が生み出す商品およびサービスの価値は、インフレを調整した数字でおよそ三兆五〇〇〇億ドル増えていた――生産高では四二パーセントの伸びである。ところが、そのために要した人間の労働時間の合計は……一九四〇億時間だった。このレポートを作成した労働統計局のエコノミスト、ショーン・スプラーグはこう記している。「つまり、この一五年のあいだにアメリカの人口は四〇〇〇万人増え、新しく創業された企業は数千にのぼったにもかかわらず、人々が働く時間はまったく増えていなかったことになる」(1)。

二つめのレポートは、二〇一四年五月六日に公表され、その内容はニューヨーク・タイムズ紙の一面で派手に取り上げられた。全米気候評価報告は、産油国の代表も含む六〇人の委員団が監督する複数の政府省庁間のプロジェクトだ。レポートにはこうあった。「かつては遠い未来のことと考えられていた気候変動が、着実に未来から現在へと近づきつつある」(2)。また、「夏は長く暑くなり、異常な高温の時期がいつ果てるともなく、いまのアメリカ人が誰も経験したことのないほど長く続いている」。アメリカではすでに、豪雨の発生頻度が大幅に増え、しばしば洪水や広範な被害が引き起こされている。報告書には、二一〇〇年までに海水面は一～四フィート上昇すると予測され、すでに「沿岸部の一部の都市の住民から、嵐や高潮の間に街路が水没することが多くなったという声が聞かれる」とある。市場経済は早くも気候変動の現実に適応しはじめた。その影響を受けやすい地域では、洪水保険の掛金が上がっているか、まったく加入できないケースも出てきている。

テクノ楽観論者たちは、気候変動や環境問題への懸念を割り引いて考える傾向がある。そしてテクノロジーをただひとつの次元から見ようとする。つまり、それはいついかなるときもポジティブな力であり、その指数関数的な進歩はきっと私たちを将来の危険から救ってくれるだろうと。豊富なクリーンエネルギーは私たちの予想よりずっと早く経済を活性化するだろう、海水の脱塩といった分野のイノベーションや、より効果的なリサイクル方法が間に合って、悪い結果になるのを食い止めてくれるだろう――こうした楽観論も、ある程度まではたしかに説得力がある。とりわけソーラーパワーは、最近になってムーアの法則のような傾向が見られ、急速にコストが下がっている。世界中に取り付けられた光電池の容量がおよそ二年半ごとに二倍になっているのだ[3]。とりわけ楽観的な見方では、二〇三〇年代初めには、太陽光ですべての電力がまかなえるようになるという[4]。それでも重大な問題はいくつか残っている。そのひとつは、ソーラーパネルのコスト自体は急速に下がっていても、他の重要なコスト、たとえば周辺機器や取り付け費用などはそのペースに追いついていないことだ。

より現実的な見方に従えば、もし私たちがうまく気候変動を緩和し、適応しようとするなら、イノベーションと規制の組み合わせに頼らなくてはならなくなるということだ。未来のストーリーは、テクノロジーと環境への影響との競争といった単純な話にはならないだろう。これまで見てきたように、情報テクノロジーの進歩には特有の暗い側面があり、もしそれが広範囲にわたって失業をもたらしたり、この国の多くの労働者たちの経済的安定を脅かしたりすれば、気候変動が引き起こす危険に取り組むことは政治的にぐっと難しくなる。

イェール大学とジョージメイソン大学が行った二〇一三年の調査では、アメリカ人の約六三パーセントが気候変動は実際に起こっていると考えていて、その半分以上が将来的にどうなるかを多少なりとも憂えている。[5] しかしギャラップ社が最近行った調査の結果からは、さらに状況がよく見えてくるだろう。[6] 主要な心配事は何かという一五のリストのなかで、気候変動は一四位だった。リストのいちばん上にくるのは経済で、一般市民の大多数にとっての「経済」とはもちろん、自分たちの仕事と賃金のことだ。

歴史が明らかに証明していることだが、職が足りなくなると、失業がさらに増えるという不安が高まり、それが政治家や環境への取り組みに反対する勢力にとって格好の道具となる。たとえば、石炭の採掘は歴史的に見て重要な雇用創出源だったが、炭鉱業の雇用を減らしたのは環境への規制ではなく機械化だった。そして求人を減らした企業は、絶えず州や市を相手に減税や政府からの助成、規制の撤廃を求めようとする。

アメリカなどの先進国以外では、状況ははるかに危険かもしれない。これまで見てきたように、工場の仕事は世界的に猛烈な勢いで消えつつある。労働集約性の高い製造業は、かつては繁栄に至る道だったが、多くの途上国ではそれも消えるかもしれない。一方では、農業技術がどんどん効率的になり、住民たちは農業中心のライフタイルから追いやられている。こうした国々は、気候変動からさらに深刻な影響を受けるだろうし、すでに重大な環境の劣化にさらされてもいる。最悪のシナリオは、広範囲に及ぶ経済的不安定、旱魃《かんばつ》、食料品価格の高騰が組み合わさって、社会と政治に動揺をもたらすことだ。

最大のリスクは、私たちが「パーフェクトストーム」に直面する可能性だ。つまり、テクノロジーがもたらす失業と、環境への悪影響がほぼ同時に、互いに強化・増幅し合いながら進行していくという事態である。だが、テクノロジーの進歩を解決策として――それが雇用と所得の分配にどんな意味合いを持つかを認識し適応しながら――十分に活用できれば、結果ははるかに楽観的なものになるだろう。こうしたさまざまな力が絡み合う状況をうまく乗り切り、広範囲に安定と繁栄がもたらされる未来を作り出せるかどうかが、この私たちの時代にとって最大の挑戦となるかもしれない。

謝辞

誰よりもまず、私に協力して本書をいまの形にしてくれたベーシック・ブックスのチーム全員――特に、卓越したわが編集者、T・J・ケラハーに感謝を申し上げたい。私のエージェントであるトライデント・メディアのドン・フェールは、このプロジェクトがベーシック・ブックスというすばらしい落ち着き先を得るために手を貸してくれた。

私の前作 *The Lights in the Tunnel* を読んで、さまざまな意見や批判を寄せ、また自動化へと向かう絶えざる傾向が実世界でどのように展開しているかの例を示してくださった方々にも、心から感謝している。そうしたアイデアや議論の多くは、本書に臨もうとする私の思考に磨きをかける上で大いに役立った。モール・ダヴィドウ・ベンチャーズのアッバス・グプタにも感謝したい。彼は本書に引用したさまざまな具体例について私に指摘し、草稿を読んだあとでたくさんの価値あるアドバイスを寄せてくれた。

本書に掲載された図表の多くには、セントルイス連邦準備銀行の提供による、すばらしい連邦準備制度理事会経済データ（ＦＲＥＤ）システムの情報を使わせていただいた。特に私が用いた一連のデータについては原注に示してある。関心をお持ちの読者には、ＦＲＥＤのウェブサイトを閲覧されることをお勧めする。経済政策研究所のローレンス・ミシェルにもお礼を申し上げたい。彼はアメリカの生産性と報酬の伸びが劇的に収斂することを示す自身の分析を、私が引用することを許してくれた。人工知能アプリケーション〈ペインティング・フール〉の手になるイラストレーションを提供してくれたサイモン・コルトンにも、心からの感謝を申し上げたい。

最後になったが、私の家族のみんな——とりわけ最愛の妻シャオシャオ・ジャオに、本書が出来上がるまでの長い過程（そして多くの長い夜）にわたって、私を支え、忍耐を示してくれたことに感謝したい。

原著脚注

第1章

a　インダストリアル・パーセプション社が作っている箱を動かすロボットの動画が、同社のウェブサイト（http://www.industrial-perception.com/technology.html）で見られる。

b　同社もこのテクノロジーが雇用に及ぼしうる影響を認識していないわけではなく、同社ウェブサイトによれば、失職した従業員への技術訓練を割引価格で提供するプログラムの支援計画がある。

c　エコノミストたちはファストフードをサービス部門に区分するが、専門的な見方に立てば、むしろジャストインタイム生産方式の一形態というのに近い。

d　グーグルがロボティクスに強い関心を抱いていることは、同社が二〇一三年の六ヵ月間にロボティクスのスタートアップ企業八社を買収したことからもよくわかる。取得された企業のなかにはインダストリアル・パーセプション社の名前もあった。

e　精密農業、つまり個々の草木や果実を追跡し管理する能力は、いわゆる「ビッグデータ」現象のひとつだ。このテーマについては第4章でさらに深く検証する。

第2章

a　「三重革命に関する特別委員会」は、保証所得制をただちに実施するよう提唱していたわけではない。代わりに過渡的な政策九つのリストを提案している。その多くは旧来のものとまったく変わらず、教育への投資の大幅な増額、公共事業計画による雇用創出、低コスト住宅の建設といったものだった。レポートはまた、組合の役割を大幅に拡張し、労働組合は職に就いている人間だけでなく失業者の擁護者にもなるべきだと主張している。

b　ENIAC（電子式数値積分器・計算器）は、一九四六年にペンシルベニア大学で製作された。プログラミング可能な本物のコンピュータで、米海軍の資金提供を受け、主として砲撃射表の計算のために設計された。

c　ウィーナーのこの記事は手違いのために、一九四九年には発表されなかった。そのゲラ刷りが発見されたのは二〇一二年のことで、MITの図書館の記録保管所で文書整理に当たっていたある研究者が見つけ出したのだった。そして二〇一三年五月、その長い抜粋が、ニューヨーク・タイムズ紙の科学担当記者ジョン・マーコフの手で発表された。

d　労働生産性とは、労働者が生み出す一時間あたりの生産価値（商品もしくはサービス）を計ったものだ。ある経済の全般的な効率性を示すきわめて重要な尺度であり、その国の豊かさをかなりの程度まで判定できる。先進工業国が高い生産性を持つのは、労働者がより多くの質の良いテクノロジーを利用でき、より良い栄養と安全かつ健康的な環境を享受していて、教育と訓練の水準も総じて高いためだ。貧しい国ではこうしたものが不足しており、したがって生産性も低い。そうした国の人々は、同程度の生産を実現するために、より長時間の重労働をしなくてはならない。

e　賃金の伸びと生産性の伸びの落差を論じる際に関わってくる専門的な問題がひとつある。賃金（より広く言うなら、報酬）の数値も生産性の数値も、インフレに合わせて調整しなくてはならない。そのための標準的な方法で、米国労働統計局が用いているのは、別々の二つのインフレの尺度を利用することだ。賃金は消費者物価指数（CPI）を使って調整される——CPIは労働者が実際にお金を費やす製品およびサービスの価格を反映する。生産性の数値はGDPデフレーター（インプリシット・デフレーター）を使って調整される――これは経済全般におけるインフレの、より幅広い尺度である。要するにGDPデフレーターは、消費者が実際には買わないたくさんの財の価格を組み入れているのだ。特に重要な違いは、コンピュータおよび情報テクノロジー――ムーアの法則によって大幅な物価下落を経験してきた――がGDPデフレーターでは、CPIと比べてはるかに重要になるという点である（コンピュータは一般家庭の家計では大きな割合を占めないが、企業では大量にまとめて購入される）。一部のエコノミストたち、特に保守的傾向の強い学者は、GDPデフレーターを賃金と生産性の双方に使うべきだと主張する。この方式を採れば、賃金の伸びと生産性の伸びの開きはぐっと小さくなる。しかしこのやり方は、賃金労働者に影響を与えるインフレの水準を過小評価するものであることはまずまちがいない。

f　これは支持政党にかかわらず当てはまる。デューク大学のダン・アリエリーが行った研究では、共和党支持者の九〇パーセント以上、民主党支持者の九三パーセント以上がアメリカではなくスウェーデン型の所得分配を選んだ。

g　SBTCと大卒者の賃金プレミアムは、所得格差の増大を部分的には説明してくれる。しかし、アメリカの成人の三分の一近くが大学の学位を持つようになっているのだから、もしそれだけが理由だとしたら、格差は現実にあるよりずっとゆるやかなものになるはずだろう。実際に事が起きているのは最上位の層なのだ――そして高く上るほど事態はますます極端になる。上位一パーセントの資産の膨大さは、高度な教育や訓練のせいにするには無理があるのだ。

第3章

a　たとえば、超音速旅客機コンコルドは、絶対的性能の点から見れば新しいS字曲線となったが、経済的に採算のとれるテクノロジーではないことがわかり、国際航空旅客市場のごくわずかな一部しか獲得できなかった。コンコルドが就航していたのは一九七六年から二〇〇三年までのことだ。

b　3Dチップを支えるアイデアは、回路を垂直にいくつもの層に積み重ねるというものだ。サムスン電子は二〇一三年八月に3Dフラッシュメモリチップの製造を始めた。もしこの技術が、インテルやAMD（アドバンスト・マイクロ・デバイセズ）といった企業が作るプロセッサのチップよりもはるかに安上がりなものになるとわかれば、そちらがムーアの法則の未来を担うことになるかもしれない。もうひとつ可能性があるのは、シリコンに代わる新しい炭素系素材だ。グラフェンとカーボンナノチューブはともに、近年のナノテクノロジー研究の成果だが、いずれはきわめて高性能なコンピューティングを実現する新たな手段となるかもしれない。スタンフォード大学の研究者たちはすでに、原始的なカーボンナノチューブ・コンピュータを製作している。ただし、その性能はまだ、量産されているシリコンベースのプロセッサに遠く及ばない。

c　DARPAはSiri（いまはアップルのバーチャルアシスタント・テクノロジーとなっている）の開発にも当初、金融面での支援を行っていたし、IBMの新しいコグニティブ・コンピューティングチップ〈シナプス〉の開発費用も負担していた。

第4章

a　スティーヴン・ベイカーの二〇一一年の著作*Final Jeopardy: Man vs. Machine and the Quest to Know Everything*（邦題『IBM 奇跡の〝ワトソン〟プロジェクト』）には、IBMの〈ワト

ソン〉が世に出るまでの経緯が魅力的な筆致で詳しく描かれている。

b　『ジェパディ！』で出される手がかりは、未知のある問題の正解ということになっていて、解答者はその手がかりが正解になるような問題を言葉にして答えることを求められる。

c　スティーヴン・ベイカーの『IBM 奇跡の〝ワトソン〟プロジェクト』によれば、〈ワトソン〉のプロジェクトリーダーのデヴィッド・フェルッチは、何ヵ月も酷い歯痛に悩まされていた。何度も歯科医にかかったあげく、根管治療をやってもまったく無駄だとわかり、とうとう——ほとんど偶然だったが——歯科とは関連のない専門分野の医師に診てもらったところ、問題が解決した。その特殊な症状は、比較的無名の医学雑誌の記事に紹介されていた。そのとき〈ワトソン〉のような機械ならほぼ即座に正しい診断を下せるという考えが、フェルッチに浮かんだのだった。

d　これは一般に用いられる「回帰分析」という統計的手法よりもかなり進んだものだ。回帰分析では（線形回帰でも非線形回帰でも）、方程式の形はあらかじめ定められ、パラメータはデータに適合するように最適化される。対照的に〈ユリイカ〉のプログラムは、どんな形の方程式でも、算術演算子、三角関数、対数関数、定数といったさまざまな数学的要素を用いて独自に解決できる。

e　遺伝的プログラミングにおける功績に加えて、コザはスクラッチくじの発明者であり、「コンスティテューショナル・ワークアラウンド」の発案者でもある。これは各州で、アメリカ全体の一般投票の結果に基づいて選挙人団に投票させることによって、実質的な一般投票でアメリカ大統領を選出するというアイデアだ。

f　もしあなたが、この種の仕事は魅力的だけれど、必要な法律の訓練を受けていないというのなら、アマゾンのサービス「メカニカルターク」をチェックしてみるといい。似たような就業機会がたくさん見つかるだろう。たとえば「ビンカム」は、自宅のゴミ箱にカメラを取り付けると、そこに捨てるものがすべて撮影され、自動的にソーシャルメディアに投稿されるというものだ。これは明らかに、あなたに恥ずかしい思いをさせることで、食べ物を無駄にしないように、あるいはリサイクルのことを忘れさせないようにするのが目的である。これまで見てきたように、視覚認識(この場合はゴミの種類を見分ける)はコンピュータにはまだ大変苦手な分野なので、この作業をするために人間が雇われるのだ。こういったサービスが経済的に成り立ちうるという事実から、この種の仕事の賃金水準はある程度察せられるだろう。

g　タイラー・コーエンが*Average is Over*(邦題『大格差』)で行った概算では、アメリカの労働人口の一〇〜一五パーセントが、機械と協力する職に就くことになる公算が大きいという。しかし長期的に見れば、この数字ですら、特にオフショアリングの影響を考慮した場合、楽観的にすぎるのではないだろうか。機械と協力する職のうちどれだけが、いつまでもそのまま残っているだろう?(機械と協力する職というものについて、私が例外的に疑いを抱かないもののひとつは、医療の分野だ。第6章でも論じているが、既存の医師たちが人工知能をベースとした診断および治療のシステムとともに働くのではなく、はるかに少ない訓練で済む新しいタイプの医療の専門職が生まれるかもしれない。とはいえ、医療は特殊なケースだ。医師には並々ならぬ量の訓練が必要なので、将来的にも医師の数は大きく不足すると見られる)

第6章

a　ただしここからは、責任を人工知能システムの製造者に押しつけるだけではないのかという疑問が出てくる。こうしたシステムは何万どころか何十万もの患者の診断を下すのに用いられるかもしれないので、過誤の際の責任も恐るべきものになる可能性がある。しかし連邦最高裁判所は、二〇〇八年のリーゲル対メドトロニック社の裁判で、医療機器メーカーはその製品がＦＤＡ（連邦食品医薬品局）に認可されていれば一部の訴訟から守られるという裁定を下した。おそらくこれと同様の理屈が診断システムにも拡張されるだろう。もうひとつの問題は、以前、医師にとっての「避難場所」となる法律を作ろうとする試みがあったとき、大きな政治的影響力を持つ法廷弁護士たちから激しい反発を浴びたことだ。

b 上級学位を持った臨床看護師は、すでにアメリカの一七の州でこうした政治的な反対を乗り越えていて、将来の初期治療の重要な担い手となる可能性が高い。

c 山海による名前の選択は、高齢者介護に主眼を置いている会社にしてはいささか奇異にも思える。ＨＡＬの元になったのはもちろん、『２００１年宇宙の旅』でポッドベイの扉を開けようとしない敵対的なコンピュータだ。サイバーダインは、映画『ターミネーター』シリーズで〈スカイネット〉を作り出した架空の企業である。同社はおそらく他の市場も視野に入れているのだろう。

d たとえば、ソ連を考えてみてほしい。あの国が世界でも最高クラスの科学者やエンジニアたちを抱えていたことには異論の余地がないし、実際に軍事テクノロジーや宇宙テクノロジーでは堅実な結果を生み出したが、民間経済全般にイノベーションの恩恵を行き渡らせることはできなかった。その理由はまちがいなく、機能する市場が存在しなかったことが大きく関係している。

e アメリカで単一支払者医療制度を――政府の運営にしろ民間企業の運営にしろ――作り出す上での権威の拠りどころは、政府がこの制度の費用をまかなうためにすべての人に課税することができる力にある。したがって、保険料の一部または全額を払い込むのは政府でなくてはならない。医療費負担適正化法に関連した保険補助金では、すでにそうなっている。つまり連邦政府は、税金を通じてあらゆる国民に単一支払者医療制度への支払いを強制できるが、同様の民間保険制度の利用を禁じることはできない。だから追加のサービスを受けようとして自ら進んで費用を負担しようとする人たちのために、そうした制度は残っていくだろう。私立学校とまったく同じ理屈だ。カナダではまた制度が異なり、民間医療サービスがほとんど禁じられているため、カナダ国民の一部がアメリカの医療サービスを求めるという事態になっている。

f　メリーランド州では、三〇年以上前から特別な免除措置をとっており、そのために高いメディケアの費用を負担するようになっている。二〇一四年現在、メリーランド州は医療費負担適正化法のもとで新しい実験的制度に移行している。この新プログラムは、オールペイヤーの価格を決めるのに加え、一人あたりの病院費に明確な上限を定めようとするものだ。同州はメディケアの費用を五年間で三億三〇〇〇万ドル削減できることを期待している。

g　同報告書には、メディケイド（貧困者のためのプログラム）が実際の病院コストの八九パーセントを払っているとも書かれている。

h　それと関連する問題は、製薬会社に与えられる特許に関係している。こうした特許は安価なジェネリック薬品の導入を長らく阻んできた。エコノミストの多くが、薬剤の特許制度はきわめて非効率的だと考えている。ところが他の国では、医薬品特許は価格交渉のメカニズムだとして――これはアメリカ国民にいまだに大きな負担を負わせている――無効にされる可能性がある。経済政策研究センターは二〇〇四年にブリーフィングを発表し、こうした問題の概略を示すとともに、より効率的な医薬品研究の資金調達の代替手段を提示している。詳しくは巻末の原注をご覧いただきたい。

i　処方箋が必要だとする発想の背景には、患者は、自分自身で適切な判断を下すことができない（つまり信用するに足らない）という考え方がある。ではなぜ私たちは、製薬会社や医療機器メーカーが、患者たちに直接、宣伝や広告を見聞きさせるままにしているのだろうか？

j　テクノロジーは間接的に、以前よりも多くの人々をこの職業に引き寄せることで、薬科大学院の新卒者の将来を暗くするのに寄与しているともいえるかもしれない。二一世紀に入って最初の一〇年間に、五〇近い薬科大学院が開設され（六〇パーセントの増加となる）、既存のプログラムも入学者を大幅に増やした。二〇一六年には、薬科大学院の新卒者は年間一万五〇〇〇人に達するだろう。この数字は二〇〇〇年に付与された学位の二倍以上だ。これときわめて似た（そしておそらくさらに極端な）ことが法科大学院でも起こった。法科大学院の入学バブルが弾けつつあることは、いまやよく知られている。法科大学院は以前から、文系の学位をお金に換えやすいという意味で人気のある進路だった。薬科大学院も生物学の学位に同様の可能性を与えるものだ。こうした職業に直結する学位への需要が高まっているのは、少なくとも部分的には、大卒者の有利な就業機会が消えつつあるせいかもしれない。他に魅力的な選択肢が比較的少ないために、大卒者は法科大学院や薬科大学院へと押し寄せ、大学業界はそれに応えて入学者を増やし、最終的に市場が吸収できないほど多くの卒業生を生み出す。だが、薬局や法律は直接的な自動化の影響を受ける業界でもあるため、事態はさらに難しくなる。私が次の職業教育バブルが起きそうな分野を予言するとしたら、おそらくＭＢＡの学位だろう。

第7章

a　３Ｄプリンターはすでに基本的な電子回路をプリントできるが、スマートフォンに用いられる最先端のプロセッサやメモリチップをプリントできるようになる見込みはきわめて低い。今後の傾向としてひとつ確かなのは、私たちが日常的に使っている品物のますます多くに先進的なプロセッサやスマートなソフトウェアが組み込まれていくということだ。これはつまり、パーソナル3Dプリンティングが消費者の本当に買いたい製品に追いつく見込みは低いということのように思える。もちろんある種の趣味人たちは、自分のほしい製品の大半をプリントしてから、必要な部品を組み立てたりもするだろうが、それが一般の人々にアピールするかどうかは疑わしい。

b　自動運転車、それも特にプライバシー用の仕切りがある車で問題になるのは、車両をきれいに保つことだろう。これはバスや地下鉄にも共通する問題だが、ドライバーや他の乗客がいないときには、いささか行儀が悪くなる人たちがいてもおかしくない。

c　もし相乗りのモデルが定着しなければ、自動運転車はむしろ密集地域では悪影響を及ぼしかねない。あなたが自動運転車を所有しているとして、駐車場不足で料金も高い地域を訪れなくてはならなくなった場合、車にそのあたりをぐるぐる回るよう指示しておき、用事が終わったときに迎えに来させるようにするのではないか。あるいはお金を払って駐車する代わりに、近くの住宅地で待たせるかもしれない。あるいは違法なアプリをダウンロードしておいて、車をあえて違法駐車し、警察や役所の車両が近づいてくるのをそのアプリに探知させて、間一髪で逃げ出すということもありうる。

d　マイクロソフトが膨大なウィンドウズベースの収入を生む仕組みにしがみつき、スマートフォンやタブレットの市場への足がかりをつかめずにいるのは、その好例だ。

e　私にはこちらのほうが、アマゾンが二〇一三年にCBSの『60ミニッツ』で披露したドローンベースの配送という案よりもはるかに実現可能性が高いと思える。一〇〇パーセント信頼できるテクノロジーは存在しない。アマゾンのビジネスはあまりに広範囲にわたっているため、ドローンベースの配送が何かしらの意味を持ちうるには、よほど多くの数をこなさなくてはならないだろう。過失の起こる割合はごくわずかでも、途方もない数のドローンを飛ばすことでミスが重なれば、不運な出来事が絶え間なく続く結果になりかねない。上空数百フィートを運ばれる五ポンドの荷物が絡んだ事故の責任など、誰も引き受けたいとは思わないだろう。

第8章

a　もちろん、すべてのロボットが生産に用いられるわけではない。消費するロボットも存在する。あなたがいつか、家周りのいろいろなことをやってくれるパーソナルなロボットを持ったとしよう。ロボットは電気を「消費する」だろうし、修理やメンテナンスも必要になるかもしれない。しかし経済的観点からは、消費者はあなたであって、ロボットではない。あなたには職と収入が必要で、それらがなければロボットの運用費を払うことができなくなる。ロボットは最終消費を牽引しない――それをするのは人間だ（これはもちろん、ロボットが本当の知性や意識を持たず、消費者として振る舞うのに必要な経済的自由を与えられていないとしてのことだ。そうした仮定的な話については第9章で考える）。

b　重要なことなので記しておくが、小売売上高が消費全体に占める割合は小さなものでしかない。消費は専門的には個人消費支出（PCE）と呼ばれる。PCEは通常、アメリカのGDPの七〇パーセント程度を占めていて、消費者が購入する製品およびサービスすべてに加え、住宅関連支出――家賃ないし帰属家賃（持ち家居住に用いられる基準）――も含まれる。

c　クルーグマンの主な反論は、所得分布のさまざまな場所にいる消費者たちが、必ずしもその同じレベルにずっといつづけるとは限らないという事実に関連している。一部の人たちには、その年が特に良い年（もしくは悪い年）だったのかもしれないし、支出は現在の状況よりも長期的な期待の結果であることのほうが多い（これは本章のすぐ後のほうで見るように、「恒常所得仮説」というものに関連している）。結果としてクルーグマンは、いつのどの時点のデータに注目しても、「今後どうなるかはまったく何もわからない」と言う。そして「経済は道徳を教える寓意劇ではない」と指摘し、「ヨットや贅沢な自動車、パーソナルトレーナーや有名シェフによるサービスの購入をベースにした完全雇用」もありうるとさえ言う。私はその点については懐疑的だ（ただし、本章の後のほうにある「テクノ封建主義」の項を参照のこと）。前にも指摘したように、現代経済を構成する主要な産業はほぼすべて、マスマーケットの製品やサービスを作り出している。ヨットやフェラーリは、九九パーセントの消費者が買う商品に対する広範な需要の減退を補う上で重要なものではない。それにどのみち、ヨットやフェラーリの生産も次第に自動化されていくだろう。国民の〇・一パーセントしか必要としないものを手がけられるパーソナルトレーナーや有名シェフが、いったい何人いるものだろうか？

d　この「ファストフード効果」は、多くの分野の高スキル労働者の前にも大きく立ちはだかる可能性がある。ロボットがこうした労働者に完全に取って代わるようになるずっと以前に、テクノロジーが職務を単純化し、賃金を押し下げるのではないか。この単純化の好例は、ロンドンのタクシー運転手だ。この職業に就くにはロンドンの街路に関する異常なまでの量の情報を記憶しなくてはならない。これは「ザ・ナレッジ（知識）」と呼ばれ、一八六五年以降ずっとタクシー運転手に求められてきたものだ。ユニバーシティ・カレッジ・ロンドンの神経科学者エリナー・マグワイアは、こうした記憶の作業が実際に運転手の脳に変化をもたらすことを明らかにした。平均的なロンドンのタクシー運転手は、他の職業の人たちと比べて、記憶中枢（海馬）が大きくなっているという。だがもちろん、GPSベースの衛星ナビゲーションの出現は、この「ナレッジ」

の価値を大きく減じることになった。「ナレッジ」を持った運転手は、あの有名な黒塗りタクシー（いまはもう黒ではなく、カラフルな広告に被われている）を運転しながら、いまだにロンドンの街に君臨しているが、これは主に規制のおかげだ。「ナレッジ」を持たない運転手は、予約でしか客を乗せられない。つまり街なかを流して客を拾うことはできないのだ。もちろんウーバーのように、スマートフォンでタクシーを予約できる新しいサービスができてくれれば、遠からずタクシーをつかまえるといった行為そのものが廃れるかもしれない。タクシー運転手は最終的に、自動操縦の車に完全に取って代わられるかもしれないが、しかしそれよりずっと前に、テクノロジーが仕事を単純化し、賃金を押し下げる公算は大きい。ロンドンのタクシー運転手はおそらく、規制のおかげでこうした運命から救われるだろうが、他の多くの分野にいる労働者はそれほど幸運ではないだろう。

e　連邦準備制度理事会のような中央銀行が「お金を刷る」ときには、通常は政府債券を買い入れる。その取引がまとまると、中央銀行は債券を買った相手の銀行口座にお金を振り込む。これが新しく作り出された貨幣だ。たしかに何もないところから貨幣は出現する。そして、この新しいお金が銀行システムのなかに入れば、銀行はさあそれを貸し出そうということになる。これが部分準備銀行制度と呼ばれるものだ。銀行はこの新しいお金のごく一部は手元に置いておかねばならないが、大半は外に貸し出すことができる。それで銀行が新しいお金を企業に貸し付け、企業はそれを元手に規模を拡張してさらに人員を雇い入れる。あるいは銀行が個人に融資をし、その個人がお金を使うことで、新たに需要が作り出される、というのが中央銀行の目論見だ。いずれにしても、雇用は生み出され、貨幣（購買力）は消費者へと渡っていく。やがてお金は再び銀行に預けられ、その大部分がまた貸し出される――それが繰り返される。こうして新しく発行されたお金は経済全体に巡り、増殖して概ね良い結果を生む。だが、いずれ自動化テクノロジーのおかげで、企業が従業員を大きく増やさなくても事業を拡張したり新たな需要に応えたりできるようになれば、あるいは需要があまりに低水準で企業が借り入れに興味を持たなければ、新しく生み出された貨幣もほとんど消費者のところへたどり着かず、使われもしないし意図した形で増えもしないだろう。ただ銀行システムのなかでだぶつきつづけるだけだ。それが概ね、二〇〇八年の金融危機で起こったことだった――理由は職の自動化ではなく、銀行が信用力のある借り手を見つけられなかった、あるいは誰もお金を借りたがらなかったことにある。誰もが現金を手放したがらなかったのだ。エコノミストたちはこうした状況を「流動性の罠」と呼ぶ。

f 『エリジウム』では、その下層民が軌道上にあるエリート層の砦のシステムにハッキングすることで、やがて内部への侵入を果たす。それはこのシナリオに関して、少なくとも希望の持てる暗示の一つだ。エリートは自分たちのテクノロジーの設計・管理を信頼できる人間に任せるとき、よほど注意してその相手を選ばなくてはならない。ハッキングとサイバー攻撃は、彼らが統治を続ける上で最大の危険となるだろう。

g たとえば、フルサービスのレストランで給仕をするにはきわめて先進的なロボットが必要になるので、そう近々には実現しそうもない。しかし消費者が困窮すれば、レストランでの出費などは真っ先に削られるので、ウェイターの職はやはり危機にさらされる。

第9章

a 読者のなかには最近の進歩を踏まえて、国家安全保障局（NSA）をめぐるいささか嫌味な論評を取り上げたいと思われる方もいるのではないか。ホーキングの記事が示すとおり、人工知能に関連しては正真正銘の（そしておそらく人間の存在にまつわる）危険が存在する。本当に進化した人工知能がどこかで生まれてくるとしたら、NSAはきわめて魅力的な候補となるだろう。

b　このことは書いておくべきだろうが、機械ベースの知能がいずれ超知能にたどり着くといわれることが非常に多い一方で、生物ベースの知能がそうなるということも考えられる。人間の知能がテクノロジーで増強されたり、未来の人間が遺伝子操作によって優れた知能を持つようになるかもしれない。大半の欧米諸国は、優生学の匂いのするものにはきわめて強い嫌悪感をいだくだろうが、中国にはそうしたアイデアに関するためらいはほとんどない。北京ゲノミクス研究所はIQが非常に高いことで知られる人たちから大量のDNAサンプルを採取し、知能に関連する遺伝子を同定しようと取り組んでいる。こうした情報を使って高い知能を持った胎児をふるい分ければ、いずれは頭の良い国民ばかりの国にできるかもしれない。

c　ミチオ・カク（Michio Kaku）が、ユーチューブ配信の動画Can Nanotechnology Create Utopia?（「ナノテクノロジーはユートピアを創り出せるか？」）で、ポスト稀少性の経済について論じているのが視聴できる。

第10章

a　こうした高スキル職の多くは、オフショアリングにも脅かされかねないことに留意が必要だ。

b　政府と社会が時とともに進化するという考え方は、もうひとりの保守派が信奉する人物にもうかがうことができる。ジェファーソン記念館の四番パネルに刻まれているトーマス・ジェファーソンの言葉を引用してみよう。「私は法律や憲法を頻繁に変えることを唱道しはしないが、法律と憲法は人間の精神の進歩と相携えていかねばならない。人間の精神がより発達し、開かれたものになるのであれば、新たな発見とともに新たな真実が見出され、慣習や意見が変化し、状況も変化するのであれば、憲法も時代に後れることなく進んでいくべきである。文明化された社会を粗野な祖先たちの体制のもとにとどまらせるのは、ある人物に少年の頃の背丈に合っていたコートをずっと着つづけるよう求めるようなものではないか」。

c　私たちが「経済」と呼ぶものの実体は、新たに作り出され、そして誰かに売られるすべての商品およびサービスの総価値のことだ。経済は膨大な数の低価格および中価格の商品およびサービス、もしくははるかに数少ない高価格の商品およびサービスを作り出すことができる。前者の筋では、購買力の幅広い分布が必要だが、これはいまのところ雇用によって可能になっている。後者の筋では、裕福なエリート層に高く評価される商品およびサービスがどういったものなのかが定かでない。何であれそうした高価格の商品は、幸運な少数の人々によって貪欲に消費される必要がある——そうでなければ、経済はまったく成長しない。ただ縮小するだけだ。

d　ここではもちろん、より正当な理由から、たとえば子どもや家族の世話をするために仕事をやめる（少なくとも一時的に）といった選択をする人たちのことは考慮に入れていない。たとえば、一部の家族にとってベーシック・インカムは、間近に迫った高齢者介護問題の部分的な解決策になるかもしれない。

e　一部のエコノミストたち、特に有名なのは元米国財務長官のラリー・サマーズだが、彼らによれば経済は現在、「長期停滞」にはまり込んでいる。これは金利がゼロに近づき、経済がその潜在成長力以下のところで回っていて、生産性を高める機会に対しても投資がほとんど行われない状態をいう。誰もが経済的に生き延びるために、ほぼ全面的にミューチュアルファンドに頼らなくてはならないような未来も、同じような結末に至るかもしれない。

Communication, http://environment.yale.edu/climate-communication/files/Climate-Beliefs-April-2013.pdf.

6. Rebecca Riffkin, "Climate Change Not a Top Worry in U.S.," *Gallup Politics*, March 12, 2014, http://www.gallup.com/poll/167843/climate-change-not-top-worry.aspx.

15. Hanna Rosin, "The Overprotected Kid," *The Atlantic*, March 19, 2014, http://www.theatlantic.com/features/archive/2014/03/hey-parents-leave-those-kids-alone/358631/.
16. "Improving Social Security in Canada, Guaranteed Annual Income: A Supplementary Paper," Government of Canada, 1994, http://www.canadiansocialresearch.net/ssrgai.htm.
17. 総費用および削減が可能な政策プログラムから得られる相殺分に関する分析の一つとして以下のものがある。Danny Vinik, "Giving All Americans a Basic Income Would End Poverty," *Slate*, November 17, 2013, http://www.slate.com/blogs/business_insider/2013/11/17/american_basic_income_an_end_to_poverty.html.
18. Noah Smith, "The End of Labor: How to Protect Workers from the Rise of Robots," *The Atlantic*, January 14, 2013, http://www.theatlantic.com/business/archive/2013/01/the-end-of-labor-how-to-protect-workers-from-the-rise-of-robots/267135/.
19. Nelson D. Schwartz, "217,000 Jobs Added, Nudging Payrolls to Levels Before the Crisis," *New York Times*, June 6, 2014, http://www.nytimes.com/2014/06/07/business/labor-department-releases-jobs-data-for-may.html.

終 章

1. Shawn Sprague, "What Can Labor Productivity Tell Us About the U.S. Economy?," US Bureau of Labor Statistics, *Beyond the Numbers* 3, no. 12 (May 2014), http://www.bls.gov/opub/btn/volume-3/pdf/what-can-labor-productivity-tell-us-about-the-us-economy.pdf.
2. National Climate Assessment, "Welcome to the National Climate Assessment," *Global Change.gov*, n.d., http://nca2014.globalchange.gov/.
3. Stephen Lacey, "Chart: 2/3rds of Global Solar PV Has Been Installed in the Last 2.5 Years," *GreenTechMedia.com*, August 13, 2013, http://www.greentechmedia.com/articles/read/chart-2?3rds-of-global-solar-pv-has-been-connected-in-the-last-2.5-years.
4. Lauren Feeney, "Climate Change No Problem, Says Futurist Ray Kurzweil," *The Guardian*, February 21, 2011, http://www.theguardian.com/environment/2011/feb/21/ray-kurzweill-climate-change.
5. "Climate Change in the American Mind: Americans' Global Warming Beliefs and Attitudes in April 2013," Yale Project on Climate Change Communication/George Mason University Center for Climate Change

EN/Files/9023_en.pdf?_ga=1.174939682.1636948377.1400554111.
3. Jock Finlayson, "The Plight of the Overeducated Worker," *Troy Media*, January 13, 2014, http://www.troymedia.com/2014/01/13/the-plight-of-the-overeducated-worker/.
4. Jin Zhu, "More Workers Say They Are Over-Educated," *China Daily*, February 8, 2013, http://europe.chinadaily.com.cn/china/2013?02/08/content_16213715.htm.
5. Hal Salzman, Daniel Kuehn, and B. Lindsay Lowell, "Guestworkers in the High-Skill U.S. Labor Market," Economic Policy Institute, April 24, 2013, http://www.epi.org/publication/bp359-guestworkers-high-skill-labor-market-analysis/.
6. Steven Brint, "The Educational Lottery," *Los Angeles Review of Books*, November 15, 2011, http://lareviewofbooks.org/essay/the-educational-lottery.
7. Nicholas Carr, "Transparency Through Opacity" (blog), *Rough Type*, May 5, 2014, http://www.roughtype.com/?p=4496.
8. Erik Brynjolfsson, "Race Against the Machine," presentation to the President's Council of Advisors on Science and Technology (PCAST), May 3, 2013, http://www.whitehouse.gov/sites/default/files/microsites/ostp/PCAST/PCAST_May3_Erik%20Brynjolfsson.pdf, p. 28.
9. Claire Cain Miller and Chi Birmingham, "A Vision of the Future from Those Likely to Invent It," *New York Times* (The Upshot), May 2, 2014, http://www.nytimes.com/interactive/2014/05/02/upshot/FUTURE.html.
10. F. A. Hayek, Law, *Legislation and Liberty, Volume 3: The Political Order of a Free People* (Chicago: University of Chicago Press, 1979), pp. 54-55.（邦題『法と立法と自由』）
11. Ibid., p. 55.
12. John Schmitt, Kris Warner, and Sarika Gupta, "The High Budgetary Cost of Incarceration," Center for Economic and Policy Research, June 2010, http://www.cepr.net/documents/publications/incarceration-2010—06.pdf.
13. John G. Fernald and Charles I. Jones, "The Future of US Economic Growth," *American Economic Review: Papers & Proceedings* 104, no. 5 (2014): 44-49, http://www.aeaweb.org/articles.php?doi=10.1257/aer.104.5.44.
14. Sam Peltzman, "The Effects of Automobile Safety Regulation," *Journal of Political Economy* 83, no. 4 (August 1975), http://www.jstor.org/discover/10.2307/1830396?uid=3739560&uid=2&uid=4&uid=3739256&sid=21103816422091.

14. Barrat, *Our Final Invention: Artificial Intelligence and the End of the Human Era*, pp. 7-21.
15. Richard Feynman, "There's Plenty of Room at the Bottom," lecture at CalTech, December 29, 1959. 全文は以下で見ることができる。http://www.zyvex.com/nanotech/feynman.html.
16. 連邦政府によるナノテクノロジー研究への出資については、以下を参照。John F. Sargent Jr., "The National Nanotechnology Initiative: Overview, Reauthorization, and Appropriations Issues," Congressional Research Service, December 17, 2013, https://www.fas.org/sgp/crs/misc/RL34401.pdf.
17. K. Eric Drexler, *Radical Abundance: How a Revolution in Nanotechnology Will Change Civilization* (New York: PublicAffairs, 2013), p. 205.
18. Ibid.
19. K. Eric Drexler, *Engines of Creation: The Coming Era of Nanotechnology* (New York: Anchor Books, 1986, 1990), p. 173. (邦題『創造する機械——ナノテクノロジー』)
20. Bill Joy, "Why the Future Doesn't Need Us," *Wired*, April 2000, http://www.wired.com/wired/archive/8.04/joy.html.
21. "Nanotechnology: Drexler and Smalley Make the Case For and Against 'Molecular Assemblers,'" *Chemical and Engineering News*, December 1, 2003, http://pubs.acs.org/cen/coverstory/8148/8148counterpoint.html.
22. Institute of Nanotechnology website, http://www.nano.org.uk/nano/nanotubes.php.
23. Luciana Gravotta, "Cheap Nanotech Filter Clears Hazardous Microbes and Chemicals from Drinking Water," *Scientific American*, May 7, 2013, http://www.scientificamerican.com/article/cheap-nanotech-filter-water/.
24. Drexler, *Radical Abundance*, pp. 147-148.
25. Ibid., p. 210.

第10章

1. Interview between JFK and Walter Cronkite, September 2, 1963, https://www.youtube.com/watch?v=RsplVYbB7b8 8:00. ケネディ大統領の失業についての発言は、このユーチューブの動画の8分目あたりから始まる。
2. "Skill Mismatch in Europe," European Centre for the Development of Vocational Training, June 2010, http://www.cedefop.europa.eu/

Artificial Intelligence—But Are We Taking AI Seriously Enough?,'" *The Independent*, May 1, 2014, http://www.independent.co.uk/news/science/stephen-hawking-transcendence-looks-at-the-implications-of-artificial-intelligence-but-are-we-taking-ai-seriously-enough-9313474.html.

2. James Barrat, *Our Final Invention: Artificial Intelligence and the End of the Human Era* (New York: Thomas Dunne, 2013), pp. 196-197.(邦題『人工知能──人類最悪にして最後の発明』)
3. Yann LeCun, Google+ Post, October 28, 2013, https://plus.google.com/+YannLeCunPhD/posts/Qwj9EEkUJXY.
4. Gary Marcus, "Hyping Artificial Intelligence, Yet Again," *New Yorker* (Elements blog), January 1, 2014, http://www.newyorker.com/online/blogs/elements/2014/01/the-new-york-times-artificial-intelligence-hype-machine.html.
5. Vernor Vinge, "The Coming Technological Singularity: How to Survive in the Post-Human Era," NASA VISION-21 Symposium, March 30-31, 1993.
6. Ibid.
7. Robert M. Geraci, "The Cult of Kurzweil: Will Robots Save Our Souls?," *USC Religion Dispatches*, http://www.religiondispatches.org/archive/culture/4456/the_cult_of_kurzweil%3A_will_robots_save_our_souls/.
8. "Noam Chomsky: The Singularity Is Science Fiction!" (interview), YouTube, October 4, 2013, https://www.youtube.com/watch?v=0kICLG4Zg8s#t=1393.
9. *IEEE Spectrum*, "Tech Luminaries Address Singularity," http://spectrum.ieee.org/computing/hardware/tech-luminaries-address-singularity からの引用。
10. Ibid.
11. James Hamblin, "But What Would the End of Humanity Mean for Me?," *The Atlantic*, May 9, 2014, http://www.theatlantic.com/health/archive/2014/05/but-what-does-the-end-of-humanity-mean-for-me/361931/.
12. Gary Marcus, "Why We Should Think About the Threat of Artificial Intelligence," *New Yorker* (Elements blog), October 24, 2013, http://www.newyorker.com/online/blogs/elements/2013/10/why-we-should-think-about-the-threat-of-artificial-intelligence.html.
13. P. Z. Myers, "Ray Kurzweil Does Not Understand the Brain," *Pharyngula Science Blog*, August 17, 2010, http://scienceblogs.com/pharyngula/2010/08/17/ray-kurzweil-does-not-understa/.

Working_Paper_1.pdf.
32. 中国の人口動態の数字については、以下を参照。Deirdre Wang Morris, "China's Aging Population Threatens Its Manufacturing Might," CNBC, October 24, 2012, http://www.cnbc.com/id/49498720 and "World Population Ageing 2013," United Nations, Department of Economic and Social Affairs, Population Division, p. 32, http://www.un.org/en/development/desa/population/publications/pdf/ageing/WorldPopulationAgeing2013.pdf.
33. 中国の貯蓄率（前述のとおり、40パーセントという高い数字だ）については、以下を参照。Keith B. Richburg, "Getting Chinese to Stop Saving and Start Spending Is a Hard Sell," *Washington Post*, July 5, 2012, http://www.washingtonpost.com/world/asia_pacific/getting-chinese-to-stop-saving-and-start-spending-is-a-hard-sell/2012/07/04/gJQAc7P6OW_story_1.html, and "China's Savings Rate World's Highest," *China People's Daily*, November 30, 2012, http://english.people.com.cn/90778/8040481.html.
34. Mike Riddell, "China's Investment/GDP Ratio Soars to a Totally Unsustainable 54.4%. Be Afraid," *Bond Vigilantes*, January 14, 2014, http://www.bondvigilantes.com/blog/2014/01/24/chinas-investmentgdp-ratio-soars-to-a-totally-unsustainable-54-4-be-afraid/.
35. Dexter Robert, "Expect China Deposit Rate Liberalization Within Two Years, Says Central Bank Head," *Bloomberg Businessweek*, March 11, 2014, http://www.businessweek.com/articles/2014-03-11/china-deposit-rate-liberalization-within-two-years-says-head-of-chinas-central-bank.
36. Shang-Jin Wei and Xiaobo Zhang, "Sex Ratios and Savings Rates: Evidence from 'Excess Men' in China," February 16, 2009, http://igov.berkeley.edu/sites/default/files/Shang-Jin.pdf.
37. Caroline Baum, "So Who's Stealing China's Manufacturing Jobs?," *Bloomberg News*, October 14, 2003, http://www.bloomberg.com/apps/news?pid=newsarchive&sid=aRI4bAft7Xw4.
38. 投資と景気循環については、以下を参照。Paul Krugman, "Shocking Barro," *New York Times* (The Conscience of a Liberal blog), September 12, 2011, http://krugman.blogs.nytimes.com/2011/09/12/shocking-barro/.

第9章

1. Stephen Hawking, Stuart Russell, Max Tegmark, and Frank Wilczek, "Stephen Hawking: 'Transcendence Looks at the Implications of

2007, http://money.cnn.com/2007/02/28/magazines/fortune/subprime.fortune/index.htm?postversion=2007030117.

24. Senior Supervisors Group, "Progress Report on Counterparty Data," January 15, 2014, http://www.newyorkfed.org/newsevents/news/banking/2014/SSG_Progress_Report_on_Counterparty_January2014.pdf.
25. Noah Smith, "Drones Will Cause an Upheaval of Society Like We Haven't Seen in 700 Years," *Quartz*, March 11, 2014, http://qz.com/185945/drones-are-about-to-upheave-society-in-a-way-we-havent-seen-in-700-years.
26. Barry Bluestone and Mark Melnik, "After the Recovery: Help Needed," *Civic Ventures*, 2010, http://www.encore.org/files/research/JobsBluestonePaper3-5-10.pdf.
27. Andy Sharp and Masaaki Iwamoto, "Japan Real Wages Fall to Global Recession Low in Abe [Japanese Prime Minister] Risk," *Bloomberg Businessweek*, February 5, 2014, http://www.businessweek.com/news/2014-02-05/japan-real-wages-fall-to-global-recession-low-in-spending-risk.
28. 若年層の失業については、以下を参照。Ian Sivera, "Italy's Youth Unemployment at 42% as Jobless Rate Hits 37-Year High," *International Business Times*, January 8, 2014, http://www.ibtimes.co.uk/italys-jobless-rate-hits-37-year-record-high-youth-unemployment-reaches-41-6-1431445, and Ian Sivera, "Spain's Youth Unemployment Rate Hits 57.7% as Europe Faces a 'Lost Generation,'" International Business Times, January 8, 2014, http://www.ibtimes.co.uk/spains-youth-unemployment-rate-hits-57-7-europe-faces-lost-generation-1431480.
29. James M. Poterba, "Retirement Security in an Aging Society," National Bureau of Economic Research, NBER Working Paper No. 19930, issued in February 2014, http://www.nber.org/papers/w19930. また、http://www.nber.org/papers/w19930.pdf. の Table 9, p. 21 も参照。
30. Ibid., based on Table 15, p. 39; "Joint & Survivor, Male 65 and Female 60, 100% Survivor Income-Life Annuity." と題された項目を参照。年収が3パーセントずつ増加する代替のプランは、わずか3700ドル（1月あたり300ドルほど）から始まっている。
31. Carl Benedikt Frey and Michael A. Osborne, "The Future of Employment: How Susceptible Are Jobs to Computerisation?," Oxford Martin School, Programme on the Impacts of Future Technology, September 17, 2013, p. 38, http://www.futuretech.ox.ac.uk/sites/futuretech.ox.ac.uk/files/The_Future_of_Employment_OMS_

com/2013/01/19/inequality-is-holding-back-the-recovery.

12. Washington Center for Equitable Growth, interview with Robert Solow, January 14, 2014, video available at http://equitablegrowth.org/2014/01/14/1472/our-bob-solow-equitable-growth-interview-tuesday-focus-january-14-2014.
13. Paul Krugman, "Inequality and Recovery," *New York Times* (The Conscience of a Liberal blog), January 20, 2013, http://krugman.blogs.nytimes.com/2013/01/20/inequality-and-recovery/.
14. たとえば、以下を参照。Paul Krugman,"Cogan, Taylor, and the Confidence Fairy," *New York Times* (The Conscience of a Liberal blog), March 19, 2013, http://krugman.blogs.nytimes.com/2013/03/19/cogan-taylor-and-the-confidence-fairy/.
15. Paul Krugman, "How Did Economists Get It So Wrong?" *New York Times Magazine*, September 2, 2009, http://www.nytimes.com/2009/09/06/magazine/06Economic-t.html.
16. John Maynard Keynes, *The General Theory of Employment, Interest and Money* (London: Macmillan, 1936), ch. 21（邦題『雇用、利子および貨幣の一般理論』）、以下のサイトでも閲覧できる。http://gutenberg.net.au/ebooks03/0300071h/chap21.html.
17. アメリカの生産性の数値については、以下を参照。US Bureau of Labor Statistics, Economic News Release, March 6, 2014, http://www.bls.gov/news.release/prod2.nr0.htm.
18. Lawrence Mishel, "Declining Value of the Federal Minimum Wage Is a Major Factor Driving Inequality," Economic Policy Institute, February 21, 2013, http://www.epi.org/publication/declining-federal-minimum-wage-inequality/.
19. Eric Schlosser, *Fast Food Nation: The Dark Side of the All-American Meal* (New York: Harper, 2004), p. 66.（邦題『ファストフードが世界を食いつくす』）
20. Emmanuel Saez, "Striking It Richer: The Evolution of Top Incomes in the United States," University of California, Berkeley, September 3, 2013, http://elsa.berkeley.edu/~saez/saez-UStopincomes-2012.pdf.
21. Andrew G. Berg and Jonathan D. Ostry, "Inequality and Unsustainable Growth: Two Sides of the Same Coin?," International Monetary Fund, April 8, 2011, http://www.imf.org/external/pubs/ft/sdn/2011/sdn1108.pdf.
22. Andrew G. Berg and Jonathan D. Ostry, "Warning! Inequality May Be Hazardous to Your Growth," *iMFdirec*t, April 8, 2011, http://blog-imfdirect.imf.org/2011/04/08/inequality-and-growth/.
23. Ellen Florian Kratz, "The Risk in Subprime," *CNN Money*, March 1,

第8章

1. 消費支出の統計については、以下を参照。Nelson D. Schwartz, "The Middle Class Is Steadily Eroding. Just Ask the Business World," *New York Times*, February 2, 2014, http://www.nytimes.com/2014/02/03/business/the-middle-class-is-steadily-eroding-just-ask-the-business-world.html.
2. Rob Cox and Eliza Rosenbaum, "The Beneficiaries of the Downturn," *New York Times*, December 28, 2008, http://www.nytimes.com/2008/12/29/business/29views.html. 有名な「プルトノミー・メモ」のことは、マイケル・ムーアの2009年のドキュメンタリー映画 *Capitalism: A Love Story*（邦題『キャピタリズム――マネーは踊る』）でも取り上げられている。
3. Barry Z. Cynamon and Steven M. Fazzari, "Inequality, the Great Recession, and Slow Recovery," January 23, 2014, http://pages.wustl.edu/files/pages/imce/fazz/cyn-fazz_consinequ_130113.pdf.
4. Ibid.
5. Ibid., p. 18.
6. Mariacristina De Nardi, Eric French, and David Benson, "Consumption and the Great Recession," National Bureau of Economic Research, NBER Working Paper No. 17688, issued in December 2011, http://www.nber.org/papers/w17688.pdf.
7. Cynamon and Fazzari, "Inequality, the Great Recession, and Slow Recovery,"p. 29.
8. Derek Thompson, "ESPN President: Wage Stagnation, Not Technology, Is the Biggest Threat to the TV Business," *The Atlantic*, August 22, 2013, http://www.theatlantic.com/business/archive/2013/08/espn-president-wage-stagnation-not-technology-is-the-biggest-threat-to-the-tv-business/278935/.
9. Jessica Hopper, "Waiting for Midnight, Hungry Families on Food Stamps Give Walmart 'Enormous Spike,'" *NBC News*, November 28, 2011, http://rockcenter.nbcnews.com/_news/2011/11/28/9069519-waiting-for-midnight-hungry-families-on-food-stamps-give-walmart-enormous-spike.
10. データ出所：FRED, Federal Reserve Economic Data, Federal Reserve Bank of St. Louis: Corporate Profits After Tax (without IVA and CCAdj) [CP] and Retail Sales: Total (Excluding Food Services) [RSXFS]; http://research.stlouisfed.org/fred2/series/CP/; http://research.stlouisfed.org/fred2/series/RSXFS/; accessed April 29, 2014.
11. Joseph E. Stiglitz, "Inequality Is Holding Back the Recovery," *New York Times*, January 19, 2013, http://opinionator.blogs.nytimes.

9. Tom Simonite, "Data Shows Google's Robot Cars Are Smoother, Safer Drivers Than You or I," *Technology Review*, October 25, 2013, http://www.technologyreview.com/news/520746/data-shows-googles-robot-cars-are-smoother-safer-drivers-than-you-or-i/.
10. クリス・アームソンの論評については同文献を参照。
11. "The Self-Driving Car Logs More Miles on New Wheels" (Google corporate blog), August 7, 2012, http://googleblog.blogspot.co.uk/2012/08/the-self-driving-car-logs-more-miles-on.html.
12. Heather Kelly, "Driverless Car Tech Gets Serious at CES," *CNN*, January 9, 2014, http://www.cnn.com/2014/01/09/tech/innovation/self-driving-cars-ces/ からの引用。
13. アメリカの事故の統計については、以下を参照。http://www.census.gov/compendia/statab/2012/tables/12s1103.pdf ; 世界的な事故の統計については、以下を参照。http://www.who.int/gho/road_safety/mortality/en/.
14. 衝突回避システムの情報は、以下で見られる。http://www.iihs.org/iihs/topics/t/crash-avoidance-technologies/qanda.
15. Burkhard Bilger, "Auto Correct: Has the Self-Driving Car at Last Arrived?," *New Yorker*, November 25, 2013, http://www.newyorker.com/reporting/2013/11/25/131125fa_fact_bilger?currentPage=all からの引用。
16. John Markoff, "Google's Next Phase in Driverless Cars: No Steering Wheel or Brake Pedals," *New York Times*, May 27, 2014, http://www.nytimes.com/2014/05/28/technology/googles-next-phase-in-driverless-cars-no-brakes-or-steering-wheel.html.
17. Kevin Drum, "Driverless Cars Will Change Our Lives. Soon.," *Mother Jones* (blog), January 24, 2013, http://www.motherjones.com/kevin-drum/2013/01/driverless-cars-will-change-our-lives-soon.
18. Lila Shapiro, "Car Wash Workers Unionize in Los Angeles," *Huffington Post*, February 23, 2012, http://www.huffingtonpost.com/2012/02/23/car-wash-workers-unionize_n_1296060.html.
19. David Von Drehle, "The Robot Economy," *Time*, September 9, 2013, pp. 44-45.
20. Andrew Harris, "Chicago Cabbies Sue Over Unregulated Uber, Lyft Services," *Bloomberg News*, February 6, 2014, http://www.bloomberg.com/news/2014?02?06/chicago-cabbies-sue-over-unregulated-uber-lyft-services.html.

www.cepr.net/index.php/Publications/Reports/financing-drug-research-what-are-the-issues.

36. Matthew Perrone, "Scooter Ads Face Scrutiny from Gov't, Doctors," Associated Press, March 28, 2013, http://news.yahoo.com/scooter-ads-face-scrutiny-govt-doctors-141816931-finance.html.
37. Farhad Manjoo, "My Father the Pharmacist vs. a Gigantic Pill-Packing Machine," *Slate*, http://www.slate.com/articles/technology/robot_invasion/2011/09/will_robots_steal_your_job_2.html.
38. Daniel L. Brown, "A Looming Joblessness Crisis for New Pharmacy Graduates and the Implications It Holds for the Academy," *American Journal of Pharmacy Education* 77, no. 5 (June 13, 2012): 90, http://www.ncbi.nlm.nih.gov/pmc/articles/PMC3687123/.

第7章

1. GE's corporate website, https://www.ge.com/stories/additive-manufacturing.
2. American Airlines News Release: "American Becomes the First Major Commercial Carrier to Deploy Electronic Flight Bags Throughout Fleet and Discontinue Paper Revisions," June 24, 2013, http://hub.aa.com/en/nr/pressrelease/american-airlines-completes-electronic-flight-bag-implementation.
3. Tim Catts, "GE Turns to 3D Printers for Plane Parts," *Bloomberg Businessweek*, November 27, 2013, http://www.businessweek.com/articles/2013-11-27/general-electric-turns-to-3d-printers-for-plane-parts.
4. Lucas Mearian, "The First 3D Printed Organ—a Liver—Is Expected in 2014," *ComputerWorld*, December 26, 2013, http://www.computerworld.com/s/article/9244884/The_first_3D_printed_organ_a_liver_is_expected_in_2014?taxonomyId=128&pageNumber=2.
5. Hod Lipson and Melba Kurman, *Fabricated: The New World of 3D Printing* (New York, John Wiley & Sons, 2013).
6. Mark Hattersley, "The 3D Printer That Can Build a House in 24 Hours," *MSN Innovation*, November 11, 2013, http://innovation.uk.msn.com/design/the-3d-printer-that-can-build-a-house-in-24-hours.
7. アメリカの建設業の雇用に関する情報は、以下で見られる。The US Bureau of Labor Statistics website: http://www.bls.gov/iag/tgs/iag23.htm.
8. 詳細は以下で見られる。The DARPA Grand Challenge website: http://archive.darpa.mil/grandchallenge/.

http://www.bls.gov/ooh/most-new-jobs.htm.

23. Heidi Shierholz, "Six Years from Its Beginning, the Great Recession's Shadow Looms over the Labor Market," Economic Policy Institute, January 9, 2014, http://www.epi.org/publication/years-beginning-great-recessions-shadow/.
24. Steven Brill, "Bitter Pill: How Outrageous and Egregious Profits Are Destroying Our Health Care," *Time*, March 4, 2013.
25. Elisabeth Rosenthal, "As Hospital Prices Soar, a Stitch Tops $500," *New York Times*, December 2, 2013, http://www.nytimes.com/2013/12/03/health/as-hospital-costs-soar-single-stitch-tops-500.html.
26. Kenneth J. Arrow, "Uncertainty and the Welfare Economics of Medical Care," *American Economic Review*, December 1963, http://www.who.int/bulletin/volumes/82/2/PHCBP.pdf.
27. "The Concentration of Health Care Spending: NIHCM Foundation Data Brief July 2012," National Institute for Health Care Management, July 2012, http://nihcm.org/images/stories/DataBrief3_Final.pdf.
28. Brill, "Bitter Pill."
29. Jenny Gold, "Proton Beam Therapy Heats Up Hospital Arms Race," *Kaiser Health News*, May 2013, http://www.kaiserhealthnews.org/stories/2013/may/31/proton-beam-therapy-washington-dc-health-costs.aspx.
30. James B. Yu, Pamela R. Soulos, Jeph Herrin, Laura D. Cramer, Arnold L. Potosky, Kenneth B. Roberts, and Cary P. Gross, "Proton Versus Intensity-Modulated Radiotherapy for Prostate Cancer: Patterns of Care and Early Toxicity," *Journal of the National Cancer Institute* 105, no. 1 (January 2, 2013), http://jnci.oxfordjournals.org/content/105/1.toc.
31. Gold, "Proton Beam Therapy Heats Up Hospital Arms Race."
32. Sarah Kliff, "Maryland's Plan to Upend Health Care Spending," *Washington Post* (Wonkblog), January 10, 2014, http://www.washingtonpost.com/blogs/wonkblog/wp/2014/01/10/%253Fp%253D74854/.
33. "Underpayment by Medicare and Medicaid Fact Sheet," American Hospital Association, December 2010, http://www.aha.org/content/00-10/10medunderpayment.pdf.
34. Ed Silverman, "Increased Abandonment of Prescriptions Means Less Control of Chronic Conditions," *Managed Care*, June 2010, http://www.managedcaremag.com/archives/1006/1006.abandon.html.
35. Dean Baker, "Financing Drug Research: What Are the Issues?," Center for Economic and Policy Research, September 2004, http://

notes/looming-doctor-shortage.
12. Marijke Vroomen Durning, "Automated Breast Ultrasound Far Faster Than Hand-Held," *Diagnostic Imaging*, May 3, 2012, http://www.diagnostic imaging.com/articles/automated-breast-ultrasound-far-faster-hand-held.
13. 放射線科の「ダブルリーディング」戦略については、以下を参照。Farhad Manjoo, "Why the Highest-Paid Doctors Are the Most Vulnerable to Automation," *Slate*, September 27, 2011, http://www.slate.com/articles/technology/robot_invasion/2011/09/will_robots_steal_your_job_3.html; I. Anttinen, M. Pamilo, M. Soiva, and M. Roiha, "Double Reading of Mammography Screening Films — One Radiologist or Two?," *Clinical Radiology* 48, no. 6 (December 1993): 414-421, http://www.ncbi.nlm.nih.gov/pubmed/8293648?report=abstract; and Fiona J. Gilbert et al., "Single Reading with Computer-Aided Detection for Screening Mammography," *New England Journal of Medicine*, October 16, 2008, http://www.nejm.org/doi/pdf/10.1056/NEJMoa0803545.
14. Manjoo, "Why the Highest-Paid Doctors Are the Most Vulnerable to Automation."
15. Rachael King, "Soon, That Nearby Worker Might Be a Robot," *Bloomberg Businessweek*, June 2, 2010, http://www.businessweek.com/stories/2010-06-02/soon-that-nearby-worker-might-be-a-robotbusinessweek-business-news-stock-market-and-financial-advice.
16. GE Corporate Press Release: "GE to Develop Robotic-Enabled Intelligent System Which Could Save Patients Lives and Hospitals Millions," January 30, 2013, http://www.genewscenter.com/Press-Releases/GE-to-Develop-Robotic-enabled-Intelligent-System-Which-Could-Save-Patients-Lives-and-Hospitals-Millions-3dc2.aspx.
17. I-Sur website, http://www.isur.eu/isur/.
18. アメリカの高齢化の統計は以下を参照。The Department of Health and Human Services' Administration on Aging website, http://www.aoa.gov/Aging_Statistics/.
19. 日本の高齢化の統計については、以下を参照。"Difference Engine: The Caring Robot," *The Economist*, May 14, 2014, http://www.economist.com/blogs/babbage/2013/05/automation-elderly.
20. Ibid.
21. "Robotic Exoskeleton Gets Safety Green Light," *Discovery News*, February 27, 2013, http://news.discovery.com/tech/robotics/robotic-exoskeleton-gets-safety-green-light-130227.htm.
22. US Bureau of Labor Statistics, *Occupational Outlook Handbook*,

第6章

1. このコバルト中毒の二つの症例は、以下で報告された。Gina Kolata, “As Seen on TV, a Medical Mystery Involving Hip Implants Is Solved,” *New York Times*, February 6, 2014, http://www.nytimes.com/2014/02/07/health/house-plays-a-role-in-solving-a-medical-mystery.html.
2. Catherine Rampell, “U.S. Health Spending Breaks from the Pack,” *New York Times* (Economix blog), July 8, 2009, http://economix.blogs.nytimes.com/2009/07/08/us-health-spending-breaks-from-the-pack/.
3. IBM corporate website, http://www-03.ibm.com/innovation/us/watson/watson_in_healthcare.shtml.
4. Spencer E. Ante, “IBM Struggles to Turn Watson Computer into Big Business,” *Wall Street Journal*, January 7, 2014, http://online.wsj.com/news/articles/SB10001424052702304887104579306881917668654.
5. コートニー・ディナード博士、Laura Nathan-Garner, “The Future of Cancer Treatment and Research: What IBM Watson Means for Our Patients,” *MD Anderson-Cancerwise*, November 12, 2013, http://www2.mdanderson.org/cancerwise/2013/11/the-future-of-cancer-treatment-and-research-what-ibm-watson-means-for-patients.html からの引用。
6. Mayo Clinic Press Release: “Artificial Intelligence Helps Diagnose Cardiac Infections,” September 12, 2009, http://www.eurekalert.org/pub_releases/2009-09/mc-aih090909.php.
7. National Research Council, *Preventing Medication Errors: Quality Chasm Series* (Washington, DC: National Academies Press, 2007), p. 47.
8. National Research Council, *To Err Is Human: Building a Safer Health System* (Washington, DC: National Academies Press, 2000), p. 1.
9. National Academies News Release: “Medication Errors Injure 1.5 Million People and Cost Billions of Dollars Annually,” July 20, 2006, http://www8.nationalacademies.org/onpinews/newsitem.aspx?RecordID=11623.
10. Martin Ford, “Dr. Watson: How IBM’s Supercomputer Could Improve Health Care,” *Washington Post*, September 16, 2011, http://www.washingtonpost.com/opinions/dr-watson-how-ibms-supercomputer-could-improve-health-care/2011/09/14/gIQAOZQzXK_story.html.
11. Roger Stark, “The Looming Doctor Shortage,” Washington Policy Center, November 2011, http://www.washingtonpolicy.org/publications/

21, 2012, http://www.insidehighered.com/news/2012/09/21/sites-offering-take-courses-fee-pose-risk-online-ed.

11. Jeffrey R. Young, "Dozens of Plagiarism Incidents Are Reported in Coursera's Free Online Courses," *Chronicle of Higher Education*, August 16, 2012, http://chronicle.com/article/Dozens-of-Plagiarism-Incidents/133697/.
12. "MOOCs and Security" (MIT Geospacial Data Center blog), October 9, 2012, http://cybersecurity.mit.edu/2012/10/moocs-and-security/.
13. Steve Kolowich, "Doubts About MOOCs Continue to Rise, Survey Finds," *Chronicle of Higher Education*, January 15, 2014, http://chronicle.com/article/Doubts-About-MOOCs-Continue-to/144007/.
14. Jeffrey J. Selingo, *College Unbound*, p. 4.
15. Michelle Jamrisko and Ilan Kole, "College Costs Surge 500% in U.S. Since 1985: Chart of the Day," *Bloomberg Personal Finance*, August 26, 2013, http://www.bloomberg.com/news/2013-08-26/college-costs-surge-500-in-u-s-since-1985-chart-of-the-day.html.
16. 学生ローンについては、以下を参照。Rohit Chopra, "Student Debt Swells, Federal Loans Now Top a Trillion," Consumer Financial Protection Bureau, July 17, 2013, and Blake Ellis, "Average Student Loan Debt: $29,400," *CNN Money*, December 5, 2013, http://money.cnn.com/2013/12/04/pf/college/student-loan-debt/.
17. この大卒者の率に関する情報は、以下に拠る。The National Center of Education Statistics, http://nces.ed.gov/fastfacts/display.asp?id=40.
18. Selingo, *College Unbound*, p. 27.
19. "Senior Administrators Now Officially Outnumber Faculty at the UC" (Reclaim UC blog), September 19, 2011, http://reclaimuc.blogspot.com/2011/09/senior-administrators-now-officially.html.
20. Selingo, *College Unbound*, p. 28.
21. Ibid.
22. Clayton Christensen interview with Mark Suster at Startup Grind 2013, available at YouTube, http://www.youtube.com/watch?v=KYVdf5xyD8I.
23. William G. Bowen, Matthew M. Chingos, Kelly A. Lack, and Thomas I. Nygren, "Interactive Learning Online at Public Universities: Evidence from Randomized Trials," *Ithaka S+R Research Publication*, May 22, 2012, http://www.sr.ithaka.org/research-publications/interactive-learning-online-public-universities-evidence-randomized-trials.

第5章

1. この署名活動については、以下で見られる。http://humanreaders.org/petition/.
2. University of Akron News Release: "Man and Machine: Better Writers, Better Grades," April 12, 2012, http://www.uakron.edu/education/about-the-college/news-details.dot?newsId=40920394-9e62-415d-b038-15fe2e72a677&pageTitle=Recent%20Headlines&crumbTitle=Man%20and%20%20machine:%20Better%20writers,%20better%20grades.
3. Ry Rivard, "Humans Fight over Robo-Readers," *Inside Higher Ed*, March 15, 2013, http://www.insidehighered.com/news/2013/03/15/professors-odds-machine-graded-essays.
4. John Markoff, "Essay-Grading Software Offers Professors a Break," *New York Times*, April 4, 2013, http://www.nytimes.com/2013/04/05/science/new-test-for-computers-grading-essays-at-college-level.html.
5. John Markoff, "Virtual and Artificial, but 58,000 Want Course," *New York Times*, August 15, 2011, http://www.nytimes.com/2011/08/16/science/16stanford.html?_r=0.
6. スタンフォード大学のAIの講座に関する話は以下に拠る。Max Chafkin, "Udacity's Sebastian Thrun, Godfather of Free Online Education, Changes Course," *Fast Company*, December 2013/January 2014, http://www.fastcompany.com/3021473/udacity-sebastian-thrun-uphill-climb; Jeffrey J. Selingo, *College Unbound: The Future of Higher Education and What It Means for Students* (New York: New Harvest, 2013), pp.86-101; and Felix Salmon, "Udacity and the Future of Online Universities" (Reuters blog), January 23, 2012, http://blogs.reuters.com/felix-salmon/2012/01/23/udacity-and-the-future-of-online-universities/.
7. Thomas L. Friedman, "Revolution Hits the Universities," *New York Times*, January 26, 2013, http://www.nytimes.com/2013/01/27/opinion/sunday/friedman-revolution-hits-the-universities.html.
8. Penn Graduate School of Education Press Release: "Penn GSE Study Shows MOOCs Have Relatively Few Active Users, with Only a Few Persisting to Course End," December 5, 2013, http://www.gse.upenn.edu/pressroom/press-releases/2013/12/penn-gse-study-shows-moocs-have-relatively-few-active-users-only-few-persisti.
9. Tamar Lewin, "After Setbacks, Online Courses Are Rethought," *New York Times*, December 10, 2013, http://www.nytimes.com/2013/12/11/us/after-setbacks-online-courses-are-rethought.html.
10. Alexandra Tilsley, "Paying for an A," *Inside Higher Ed*, September

New York Times, January 24, 2013, http://www.nytimes.com/2013/01/25/business/as-graduates-rise-in-china-office-jobs-fail-to-keep-up.html; Keith Bradsher, "Faltering Economy in China Dims Job Prospects for Graduates," *New York Times*, June 16, 2013, http://www.nytimes.com/2013/06/17/business/global/faltering-economy-in-china-dims-job-prospects-for-graduates.html?pagewanted=all.

53. Eric Mack, "Google Has a 'Near Perfect' Universal Translator — for Portuguese, at Least," *CNET News*, July 28, 2013, http://news.cnet.com/8301-17938_105-57595825-1/google-has-a-near-perfect-universal-translator-for-portuguese-at-least/.

54. Tyler Cowen, *Average Is Over: Powering America Beyond the Age of the Great Stagnation* (New York: Dutton, 2013), p. 79.（邦題『大格差——機械の知能は仕事と所得をどう変えるか』）

55. John Markoff, "Armies of Expensive Lawyers, Replaced by Cheaper Software," *New York Times*, March 4, 2011, http://www.nytimes.com/2011/03/05/science/05legal.html.

56. Arin Greenwood, "Attorney at Blah," *Washington City Paper*, November 8, 2007, http://www.washingtoncitypaper.com/articles/34054/attorney-at-blah.

57. Erin Geiger Smith, "Shocking? Temp Attorneys Must Review 80 Documents Per Hour," *Business Insider*, October 21, 2009, http://www.businessinsider.com/temp-attorney-told-to-review-80-documents-per-hour-2009-10.

58. Ian Ayres, *Super Crunchers: Why Thinking in Numbers Is the New Way to Be Smart* (New York: Bantam Books, 2007), p. 117.

59. "Peter Thiel's Graph of the Year," *Washington Post* (Wonkblog), December 30, 2013, http://www.washingtonpost.com/blogs/wonkblog/wp/2013/12/30/peter-thiels-graph-of-the-year/.

60. Paul Beaudry, David A. Green, and Benjamin M. Sand, "The Great Reversal in the Demand for Skill and Cognitive Tasks," National Bureau of Economic Research, NBER Working Paper No. 18901, issued in March 2013, http://www.nber.org/papers/w18901.

61. Hal Salzman, Daniel Kuehn, and B. Lindsay Lowell, "Guestworkers in the High-Skill U.S. Labor Market," Economic Policy Institute, April 24, 2013, http://www.epi.org/publication/bp359-guestworkers-high-skill-labor-market-analysis/.

62. Michael Fitzpatrick, "Computers Jump to the Head of the Class," *New York Times*, December 29, 2013, http://www.nytimes.com/2013/12/30/world/asia/computers-jump-to-the-head-of-the-class.html からの引用。

Creative," *Wired Magazine-UK*, August 13, 2007, http://www.wired.co.uk/news/archive/2013-08/07/can-computers-be-creative/viewgallery/306906 からの引用。
41. Shubber, "Artificial Artists: When Computers Become Creative."
42. "Bloomberg Bolsters Machine-Readable News Offering," *The Trade*, February 19, 2010, http://www.thetradenews.com/News/Operations_Technology/Market_data/Bloomberg_bolsters_machine-readable_news_offering.aspx.
43. Neil Johnson, Guannan Zhao, Eric Hunsader, Hong Qi, Nicholas Johnson, Jing Meng, and Brian Tivnan, "Abrupt Rise of New Machine Ecology Beyond Human Response Time," *Nature*, September 11, 2013, http://www.nature.com/srep/2013/130911/srep02627/full/srep02627.html.
44. Christopher Steiner, *Automate This: How Algorithms Came to Rule Our World* (New York: Portfolio/Penguin, 2012), pp. 116-120.
45. Max Raskin and Ilan Kolet, "Wall Street Jobs Plunge as Profits Soar: Chart of the Day," *Bloomberg News*, April 23, 2013, http://www.bloomberg.com/news/2013-04-24/wall-street-jobs-plunge-as-profits-soar-chart-of-the-day.html.
46. Steve Lohr, "David Ferrucci: Life After Watson," *New York Times* (Bits blog), May 6, 2013, http://bits.blogs.nytimes.com/2013/05/06/david-ferrucci-life-after-watson/?_r=1.
47. Alan S. Blinder, "Offshoring: The Next Industrial Revolution?," *Foreign Affairs*, March/April 2006, http://www.foreignaffairs.com/articles/61514/alan-s-blinder/offshoring-the-next-industrial-revolution からの引用。
48. Alan S. Blinder, "Free Trade's Great, but Offshoring Rattles Me," *Washington Post*, May 6, 2007, http://www.washingtonpost.com/wp-dyn/content/article/2007/05/04/AR2007050402555.html.
49. Blinder, "Offshoring: The Next Industrial Revolution?"
50. Carl Benedikt Frey and Michael A. Osborne, "The Future of Employment: How Susceptible Are Jobs to Computerisation?," Oxford Martin School, Programme on the Impacts of Future Technology, September 17, 2013, p.38, http://www.futuretech.ox.ac.uk/sites/futuretech.ox.ac.uk/files/The_Future_of_Employment_OMS_Working_Paper_1.pdf.
51. Alan S. Blinder, "On the Measurability of Offshorability," VOX, October 9, 2009, http://www.voxeu.org/article/twenty-five-percent-us-jobs-are-offshorable.
52. Keith Bradsher, "Chinese Graduates Say No Thanks to Factory Jobs,"

Facebook Techie Can Run 20,000 Servers," *ZDNet*, November 25, 2013, http://www.zdnet.com/lets-try-and-not-have-a-human-do-it-how-one-facebook-techie-can-run-20000-servers-7000023524.
29. Michael S. Rosenwald, "Cloud Centers Bring High-Tech Flash But Not Many Jobs to Beaten-Down Towns," *Washington Post*, November 24, 2011, http://www.washingtonpost.com/business/economy/cloud-centers-bring-high-tech-flash-but-not-many-jobs-to-beaten-down-towns/2011/11/08/gIQAccTQtN_print.html.
30. Quentin Hardy, "Active in Cloud, Amazon Reshapes Computing," *New York Times*, August 27, 2012, http://www.nytimes.com/2012/08/28/technology/active-in-cloud-amazon-reshapes-computing.html.
31. Mark Stevenson, *An Optimist's Tour of the Future: One Curious Man Sets Out to Answer "What's Next?"* (New York: Penguin Group, 2011), p. 101.
32. Michael Schmidt and Hod Lipson, "Distilling Free-Form Natural Laws from Experimental Data," *Science* 324 (April 3, 2009), http://creativemachines.cornell.edu/sites/default/files/Science09_Schmidt.pdf.
33. Stevenson, *An Optimist's Tour of the Future*, p. 104.
34. National Science Foundation Press Release: "Maybe Robots Dream of Electric Sheep, But Can They Do Science?," April 2, 2009, http://www.nsf.gov/mobile/news/news_summ.jsp?cntn_id=114495.
35. Asaf Shtull-Trauring, "An Israeli Professor's 'Eureqa' Moment," *Haaretz*, February 3, 2012, http://www.haaretz.com/weekend/magazine/an-israeli-professor-s-eureqa-moment-1.410881.
36. John R. Koza, "Human-Competitive Results Produced by Genetic Programming," *Genetic Programming and Evolvable Machines* 11, nos. 3-4 (September 2010), http://dl.acm.org/citation.cfm?id=1831232.
37. John Koza's website, http://www.genetic-programming.com/#_What_is_Genetic, also: http://eventful.com/events/john-r-koza-routine-human-competitive-machine-intelligence-/E0-001-000292572-0.
38. Lev Grossman, "2045: The Year Man Becomes Immortal," *Time*, February 10, 2011, http://content.time.com/time/magazine/article/0,9171,2048299,00.html.
39. Sylvia Smith, "Iamus: Is This the 21st Century's Answer to Mozart?," *BBC News*, January 2, 2013, http://www.bbc.co.uk/news/technology-20889644 からの引用。
40. Kadim Shubber, "Artificial Artists: When Computers Become

ェクト――人工知能はクイズ王の夢をみる』）ステーキハウスでの夕食の話は、以下でも触れられている。John E. Kelly III, *Smart Machines: IBM's Watson and the Era of Cognitive Computing* (New York: Columbia University Press, 2013), p. 27. しかしベイカーの本によると、IBMの何人かの従業員の記憶では、『ジェパディ！』をプレイするコンピュータを製作するという話は、この夕食以前からあったという。

15. Rob High, "The Era of Cognitive Systems: An Inside Look at IBM Watson and How it Works," *IBM Redbooks*, 2012, p. 2, http://www.redbooks.ibm.com/redpapers/pdfs/redp4955.pdf.
16. Baker, *Final Jeopardy: Man vs. Machine and the Quest to Know Everything*, p. 30.
17. Ibid., pp. 9 and 26.
18. Ibid., p. 68.
19. Ibid.
20. Ibid., p. 78.
21. David Ferrucci, Eric Brown, Jennifer Chu-Carroll, James Fan, David Gondek, Aditya A. Kalyanpur, Adam Lally, J. William Murdock, Eric Nyberg, John Prager, Nico Schlaefer, and Chris Welty, "Building Watson: An Overview of the DeepQA Project," *AI Magazine*, Fall 2010, http://www.aaai.org/Magazine/Watson/watson.php.
22. IBM Press Release: "IBM Research Unveils Two New Watson Related Projects from Cleveland Clinic Collaboration," October 15, 2013, http://www-03.ibm.com/press/us/en/pressrelease/42203.wss.
23. IBM Case Study: "IBM Watson/Fluid, Inc.," November 4, 2013, http://www-03.ibm.com/innovation/us/watson/pdf/Fluid_case_study_11_4_2013.pdf.
24. "IBM Watson/MD Buyline, Inc.," IBM Case Study, November 4, 2013, http://www-03.ibm.com/innovation/us/watson/pdf/MDB_case_study_11_4_2013.pdf.
25. IBM Press Release: "Citi and IBM Enter Exploratory Agreement on Use of Watson Technologies," March 5, 2012, http://www-03.ibm.com/press/us/en/pressrelease/37029.wss.
26. IBM Press Release: "IBM Watson's Next Venture: Fueling New Era of Cognitive Apps Built in the Cloud by Developers," November 14, 2013, http://www-03.ibm.com/press/us/en/pressrelease/42451.wss.
27. Quentin Hardy, "IBM to Announce More Powerful Watson via the Internet," *New York Times*, November 13, 2013, http://www.nytimes.com/2013/11/14/technology/ibm-to-announce-more-powerful-watson-via-the-internet.html?_r=0.
28. Nick Heath, "'Let's Try and Not Have a Human Do It': How One

3. Narrative Science corporate website, http://narrativescience.com.
4. George Leef, "The Skills College Graduates Need," Pope Center for Education Policy, December 14, 2006, http://www.popecenter.org/commentaries/article.html?id=1770.
5. Kenneth Neil Cukier and Viktor Mayer-Schoenberger, "The Rise of Big Data," *Foreign Affairs*, May/June 2013, http://www.foreignaffairs.com/articles/139104/kenneth-neil-cukier-and-viktor-mayer-schoenberger/the-rise-of-big-data.
6. Thomas H. Davenport, Paul Barth, and Randy Bean, "How 'Big Data' Is Different," *MIT Sloan Management Review*, July 20, 2012, http://sloanreview.mit.edu/article/how-big-data-is-different.
7. Charles Duhigg, "How Companies Learn Your Secrets," *New York Times*, February 16, 2012, http://www.nytimes.com/2012/02/19/magazine/shopping-habits.html.
8. Steven Levy, *In the Plex: How Google Thinks, Works, and Shapes Our Lives* (New York: Simon and Schuster, 2011), p. 64 からの引用。(邦題『グーグル ネット覇者の真実――追われる立場から追う立場へ』)
9. Tom Simonite, "Facebook Creates Software That Matches Faces Almost as Well as You Do," *MIT Technology Review*, March 17, 2014, http://www.technologyreview.com/news/525586/facebook-creates-software-that-matches-faces-almost-as-well-as-you-do/.
10. John Markoff, "Scientists See Promise in Deep-Learning Programs," *New York Times*, November 23, 2012, http://www.nytimes.com/2012/11/24/science/scientists-see-advances-in-deep-learning-a-part-of-artificial-intelligence.html からの引用。
11. Don Peck, "They're Watching You at Work," *The Atlantic*, December 2013, http://www.theatlantic.com/magazine/archive/2013/12/theyre-watching-you-at-work/354681/.
12. United States Patent No. 8,589,407, "Automated Generation of Suggestions for Personalized Reactions in a Social Network," November 19, 2013, http://patft.uspto.gov/netacgi/nph-Parser?Sect1=PTO2&Sect2=HITOFF&p=1&u=%2Fnetahtml%2FPTO%2Fsearch-adv.htm&r=1&f=G&l=50&d=PALL&S1=08589407&OS=PN/08589407&RS=PN/08589407.
13. このワークフュージョンの情報は、2014年5月14日に著者が、同社のプロダクトマーケティング&戦略的パートナーシップ担当副社長アダム・ディヴァインに行った電話インタビューに拠る。
14. この出来事の詳細は、以下を参照。Steven Baker, *Final Jeopardy: Man vs. Machine and the Quest to Know Everything* (New York: Houghton Mifflin Harcourt, 2011), p. 20. (邦題『IBM奇跡の"ワトソン"プロジ

7. IBM Press Release: “IBM Research Creates New Foundation to Program SyNAPSE Chips,” August 8, 2013, http://finance.yahoo.com/news/ibm-research-creates-foundation-program-040100103.html.
8. たとえば、以下を参照。“Rise of the Machines,” *The Economist* (Free Exchange blog), October 20, 2010, http://www.economist.com/blogs/freeexchange/2010/10/technology.
9. Google Investor Relations website, http://investor.google.com/financial/tables.html.
10. ゼネラル・モーターズの歴史的データは以下で見られる。http://money.cnn.com/magazines/fortune/fortune500_archive/snapshots/1979/563.html. GMは1979年に35億ドル稼いでいるが、これは2012年のドルの価値に直すとほぼ110億ドルに等しい。
11. Scott Timberg, “Jaron Lanier: The Internet Destroyed the Middle Class,” *Salon.com*, May 12, 2013, http://www.salon.com/2013/05/12/jaron_lanier_the_internet_destroyed_the_middle_class/.
12. このときのビデオは以下で見られる。https://www.youtube.com/watch?v=wb2cI_gJUok. あるいはユーチューブのページに行き、“Man vs. Machine: Will Human Workers Become Obsolete?” で検索するとよい。カーツワイルの論評は、動画の05:40頃から見られる。
13. Robert Jensen, “The Digital Provide: Information (Technology), Market Performance and Welfare in the South Indian Fisheries Sector,” *Quarterly Journal of Economics*, 122, no. 3 (2007): 879-924.
14. ケララ地方のイワシ漁師の話は、以下の文献で言及されている。*The Rational Optimist* by Matt Ridley, *A History of the World in 100 Objects* by Neil MacGregor, *The Mobile Wave* by Michael Saylor, *Race Against the Machine* by Erik Brynjolfsson and Andrew McAfee, *Content Nation* by John Blossom, *Planet India* by Mira Kamdar, and “To Do with the Price of Fish,” *The Economist*, May 10, 2007. そして今回、本書もそのリストに加わることになる。

第4章

1. David Carr, “The Robots Are Coming! Oh, They're Here,” *New York Times* (Media Decoder blog), October 19, 2009, http://mediadecoder.blogs.nytimes.com/2009/10/19/the-robots-are-coming-oh-theyre-here.
2. Steven Levy, “Can an Algorithm Write a Better News Story Than a Human Reporter?,” *Wired*, April 24, 2012, http://www.wired.com/2012/04/can-an-algorithm-write-a-better-news-story-than-a-human-reporter.

krugman-robots-and-robber-barons.html?gwh=054BD73AB17F28CD31B3999AABFD7E86; Jeffrey D. Sachs and Laurence J. Kotlikoff, "Smart Machines and Long-Term Misery," National Bureau of Economic Research, Working Paper No. 18629, issued in December 2012, http://www.nber.org/papers/w18629.pdf.

第3章

1. Robert J. Gordon, "Is U.S. Economic Growth Over? Faltering Innovation Confronts the Six Headwinds," National Bureau of Economic Research, NBER Working Paper 18315, issued in August 2012, http://www.nber.org/papers/w18315 ; 以下も参照。http://faculty-web.at.northwestern.edu/economics/gordon/is%20us%20economic%20growth%20over.pdf.
2. 半導体製造のS字曲線のより詳しい説明については、以下を参照。Murrae J. Bowden, "Moore's Law and the Technology S-Curve," *Current Issues in Technology Management*, Stevens Institute of Technology, Winter 2004, https://www.stevens.edu/howe/sites/default/files/bowden_0.pdf.
3. たとえば、以下を参照。Michael Kanellos, "With 3D Chips, Samsung Leaves Moore's Law Behind," *Forbes.com*, August 14, 2013, http://www.forbes.com/sites/michaelkanellos/2013/08/14/with-3d-chips-samsung-leaves-moores-law-behind; John Markoff, "Researchers Build a Working Carbon Nanotube Computer," *New York Times*, September 25, 2013, http://www.nytimes.com/2013/09/26/science/researchers-build-a-working-carbon-nanotube-computer.html?ref=johnmarkoff&_r=0.
4. President's Council of Advisors on Science and Technology, "Report to the President and Congress: Designing a Digital Future: Federally Funded Research and Development in Networking and Information Technology," December 2010, p. 71, http://www.whitehouse.gov/sites/default/files/microsites/ostp/pcast-nitrd-report-2010.pdf.
5. James Fallows, "Why Is Software So Slow?," *The Atlantic*, August 14, 2013, http://www.theatlantic.com/magazine/archive/2013/09/why-is-software-so-slow/309422/.
6. 科学ライターのジョイ・カサドの計算では、ニューロンがシグナルを伝えるには半ミリセカンドの時間がかかる。これはコンピュータチップよりもはるかに遅い。以下を参照。Joy Casad, "How Fast Is a Thought?," *Examiner.com*, August 20, 2009, http://www.examiner.com/article/how-fast-is-a-thought.

economic-malaise/; Brad Delong, "The Financialization of the American Economy" (blog), October 18, 2011, http://delong.typepad.com/sdj/2011/10/the-financialization-of-the-american-economy.html.

53. Simon Johnson and James Kwak, *13 Bankers: The Wall Street Takeover and the Next Financial Meltdown* (New York: Pantheon, 2010), pp. 85-86.

54. Matt Taibbi, "The Great American Bubble Machine," *Rolling Stone*, July 9, 2009, http://www.rollingstone.com/politics/news/the-great-american-bubble-machine-20100405.

55. 金融化と格差との関係を例証している経済論文は数多くある。総合的に扱っているものについては、以下を参照。James K. Galbraith, *Inequality and Instability: A Study of the World Economy Just Before the Great Crisis* (New York: Oxford University Press, 2012). 金融化と労働分配率の低下の関係については、以下を参照。*Global Wage Report 2012/13*, International Labour Organization, 2013, http://www.ilo.org/wcmsp5/groups/public/-dgreports/-dcomm/-publ/documents/publication/wcms_194843.pdf.

56. Susie Poppick, "4 Ways the Market Could *Really* Surprise You," *CNN Money*, January 28, 2013, http://money.cnn.com/gallery/investing/2013/01/28/stock-market-crash.moneymag/index.html.

57. Matthew Yglesias, "America's Private Sector Labor Unions Have Always Been in Decline," *Slate* (Moneybox blog), March 20, 2013, http://www.slate.com/blogs/moneybox/2013/03/20/private_sector_labor_unions_have_always_been_in_decline.html.

58. カナダの中央値賃金と労働組合加入については、以下を参照。Miles Corak, "The Simple Economics of the Declining Middle Class—and the Not So Simple Politics," *Economics for Public Policy Blog*, August 7, 2013, http://milescorak.com/2013/08/07/the-simple-economics-of-the-declining-middle-class-and-the-not-so-simple-politics/, and "Unions on Decline in Private Sector," *CBC News Canada*, September 2, 2012, http://www.cbc.ca/news/canada/unions-on-decline-in-private-sector-1.1150562.

59. Carl Benedikt Frey and Michael A. Osborne, "The Future of Employment: How Susceptible Are Jobs to Computerisation?," Oxford Martin School, Programme on the Impacts of Future Technology, September 17, 2013, p. 38, http://www.futuretech.ox.ac.uk/sites/futuretech.ox.ac.uk/files/The_Future_of_Employment_OMS_Working_Paper_1.pdf.

60. Paul Krugman, "Robots and Robber Barons," *New York Times*, December 9, 2012, http://www.nytimes.com/2012/12/10/opinion/

Polarization and Jobless Recoveries," National Bureau of Economic Research, Working Paper No. 18334, issued in August 2012, http://www.nber.org/papers/w18334, また http://faculty.arts.ubc.ca/hsiu/research/polar20120331.pdf でも読むことができる。

43. たとえば、以下を参照。Ben Casselman, "Low Pay Clouds Job Growth," *Wall Street Journal*, April 3, 2013, http://online.wsj.com/article/SB10001424127887324635904578643654030630378.html.
44. この情報は労働統計研究所の月例の雇用レポートに拠る。2007 年 12 月のレポート (http://www.bls.gov/news.release/archives/empsit_01042008.pdf) の Table A-5 は、1 億 2200 万のフルタイムの雇用と 2400 万のパートタイムの雇用を表している。2013 年 8 月のレポート (http://www.bls.gov/news.release/archives/empsit_09062013.pdf) の Table A-8 は、1 億 1700 万のフルタイムの雇用と 2700 万のパートタイムの雇用を表している。
45. David Autor, "The Polarization of Job Opportunities in the U.S. Labor Market: Implications for Employment and Earnings," a paper jointly released by The Center for American Progress and The Hamilton Project, April 2010, pp. 8-9, http://economics.mit.edu/files/5554.
46. Ibid., p. 4.
47. Ibid., p. 2.
48. Jaimovich and Siu, "The Trend Is the Cycle: Job Polarization and Jobless Recoveries," p. 2.
49. Chrystia Freeland, "The Rise of 'Lovely' and 'Lousy' Jobs," Reuters, April 12, 2012, http://www.reuters.com/article/2012/04/12/column-freeland-middleclass-idUSL2E8FCCZZ20120412.
50. Galina Hale and Bart Hobijn, "The U.S. Content of 'Made in China,'" Federal Reserve Bank of San Francisco (FRBSF), Economic Letter, August 8, 2011, http://www.frbsf.org/economic-research/publications/economic-letter/2011/august/us-made-in-china/.
51. Data Source: FRED, Federal Reserve Economic Data, Federal Reserve Bank of St. Louis: All Employees Manufacturing, Thousands of Persons, Seasonally Adjusted [MANEMP] divided by All Employees: Total Nonfarm, Thousands of Persons, Seasonally Adjusted [PAYEMS]; US Department of Labor: Bureau of Labor Statistics; https://research.stlouisfed.org/fred2/series/PAYEMS/; accessed June 10, 2014.
52. Bruce Bartlett, "'Financialization' as a Cause of Economic Malaise," *New York Times* (Economix blog), June 11, 2013, http://economix.blogs.nytimes.com/2013/06/11/financialization-as-a-cause-of-

http://www.clevelandfed.org/research/commentary/2010/2010-1.cfm.
32. Center on Budget and Policy Priorities, "Chart Book: The Legacy of the Great Recession," September 6, 2013, http://www.cbpp.org/cms/index.cfm?fa=view&id=3252.
33. データ出所：FRED, Federal Reserve Economic Data, Federal Reserve Bank of St. Louis: All Employees: Total Nonfarm, Thousands of Persons, Seasonally Adjusted [PAYEMS]; US Department of Labor: Bureau of Labor Statistics; https://research.stlouisfed.org/fred2/series/PAYEMS/; accessed June 10, 2014.
34. ランド・ガヤドの実験については以下に描写されている。Mathew O'Brien, "The Terrifying Reality of Long-Term Unemployment," *The Atlantic*, April 13, 2013, http://www.theatlantic.com/business/archive/2013/04/the-terrifying-reality-of-long-term-unemployment/274957/.
35. アーバン・インスティテュートの長期失業に関するレポートについては、以下を参照。Mathew O'Brien, "Who Are the Long-Term Unemployed?," *The Atlantic*, August 23, 2013, http://www.theatlantic.com/business/archive/2013/08/who-are-the-long-term-unemployed/278964, and Josh Mitchell, "Who Are the Long-Term Unemployed?," Urban Institute, July 2013, http://www.urban.org/uploadedpdf/412885-who-are-the-long-term-unemployed.pdf.
36. "The Gap Widens Again," *The Economist*, March 10, 2012, http://www.economist.com/node/21549944.
37. Emmanuel Saez, "Striking It Richer: The Evolution of Top Incomes in the United States," University of California, Berkeley, September 3, 2013, http://elsa.berkeley.edu/~saez/saez-UStopincomes-2012.pdf.
38. CIA World Factbook, "Country Comparison: Distribution of Family In come: Gini Index," https://www.cia.gov/library/publications/the-world-factbook/rankorder/2172rank.html; accessed April 29, 2014.
39. Dan Ariely, "Americans Want to Live in a Much More Equal Country (They Just Don't Realize It)," *The Atlantic*, August 2, 2012, http://www.theatlantic.com/business/archive/2012/08/americans-want-to-live-in-a-much-more-equal-country-they-just-dont-realize-it/260639/.
40. Jonathan James, "The College Wage Premium," Federal Reserve Bank of Cleveland, Economic Commentary, August 8, 2012, http://www.clevelandfed.org/research/commentary/2012/2012-10.cfm.
41. Diana G. Carew, "No Recovery for Young People" (Progressive Policy Institute blog), August 5, 2013, http://www.progressivepolicy.org/2013/08/no-recovery-for-young-people/.
42. Nir Jaimovich and Henry E. Siu, "The Trend Is the Cycle: Job

20. Ibid.
21. Corporate Profits / GDP graph: Data Source: FRED, Federal Reserve Economic Data, Federal Reserve Bank of St. Louis: Corporate Profits After Tax (without IVA and CCAdj), Billions of Dollars, Seasonally Adjusted Annual Rate [CP]; Gross Domestic Product, Billions of Dollars, Seasonally Adjusted Annual Rate [GDP]; http://research.stlouisfed.org/fred2/graph/?id=CP; accessed April 29, 2014.
22. Loukas Karabarbounis and Brent Neiman, "The Global Decline of the Labor Share," National Bureau of Economic Research, Working Paper No. 19136, issued in June 2013, http://www.nber.org/papers/w19136.pdf; 以下も参照。http://faculty.chicagobooth.edu/loukas.karabarbounis/research/labor_share.pdf.
23. Ibid., p. 1.
24. Ibid.
25. 労働力率データ出所：FRED, Federal Reserve Economic Data, Federal Reserve Bank of St. Louis: Civilian Labor Force Participation Rate, Percent, Seasonally Adjusted [CIVPART]; http://research.stlouisfed.org/fred2/graph/?id=CIVPART; accessed April 29, 2014.
26. 男女の労働力率を表すグラフは、それぞれ以下で見られる。http://research.stlouisfed.org/fred2/series/LNS11300001 and http://research.stlouisfed.org/fred2/series/LNS11300002.
27. 24〜54歳の成人の労働力率を示すグラフは、以下で見られる。http://research.stlouisfed.org/fred2/graph/?g=l6S.
28. 障害保障制度の申請数の大幅な増加については、以下を参照。Willem Van Zandweghe, "Interpreting the Recent Decline in Labor Force Participation," *Economic Review—First Quarter 2012*, Federal Reserve Bank of Kansas City, p. 29, http://www.kc.frb.org/publicat/econrev/pdf/12q1VanZandweghe.pdf.
29. データ出所：FRED, Federal Reserve Economic Data, Federal Reserve Bank of St. Louis: All Employees: Total Nonfarm, Thousands of Persons, Seasonally Adjusted [PAYEMS]; US Department of Labor: Bureau of Labor Statistics; https://research.stlouisfed.org/fred2/series/PAYEMS/; accessed June 10, 2014.
30. 人口増加についていくために必要な雇用の数については、以下を参照。Catherine Rampell, "How Many Jobs Should We Be Adding Each Month?," *New York Times* (Economix blog), May 6, 2011, http://economix.blogs.nytimes.com/2011/05/06/how-many-jobs-should-we-be-adding-each-month/.
31. Murat Tasci, "Are Jobless Recoveries the New Norm?," Federal Reserve Bank of Cleveland, Research Commentary, March 22, 2010,

を http://www.bls.gov/data/inflation_calculator.htm. にある Bureau of Labor Statistics の inflation calculator を用いて、2013 年のドル価値で調整した。

12. 平均家計所得と一人あたり GDP の関係については、以下を参照。Tyler Cowen, *The Great Stagnation: How America Ate All the Low-Hanging Fruit of Modern History, Got Sick, and Will (Eventually) Feel Better* (New York: Dutton, 2011), p. 15, and Lane Kenworthy, "Slow Income Growth for Middle America," September 3, 2008, http://lanekenworthy.net/2008/09/03/slow-income-growth-for-middle-america/. 数字は 2013 年のドル価値で調整してある。
13. Lawrence Mishel, "The Wedges Between Productivity and Median Compensation Growth," Economic Policy Institute, April 26, 2012, http://www.epi.org/publication/ib330-productivity-vs-compensation/.
14. "The Compensation-Productivity Gap," US Bureau of Labor Statistics website, February 24, 2011, http://www.bls.gov/opub/ted/2011/ted_20110224.htm.
15. John B. Taylor and Akila Weerapana, *Principles of Economics* (Mason, OH: Cengage Learning, 2012), p. 344. 特に、左欄外の棒グラフと注釈を参照。テイラーはきわめて評価の高い経済学者で、特にその「テイラー・ルール」は金融政策のガイドラインとして、各中央銀行（連邦制度準備理事会も含む）が金利を定めるときに利用されている。
16. Robert H. Frank and Ben S. Bernanke, *Principles of Economics*, 3rd ed. (New York: McGraw Hill/Irwin, 2007), pp. 596-597.
17. ジョン・メイナード・ケインズ、David Hackett Fischer, *The Great Wave: Price Revolutions and the Rhythm of History* (New York: Oxford University Press, 1996), p. 294 からの引用。
18. Labor Share Graph, Data Source: FRED, Federal Reserve Economic Data, Federal Reserve Bank of St. Louis: Nonfarm Business Sector: Labor Share, Index 2009=100, Seasonally Adjusted [PRS85006173]; US Department of Labor: Bureau of Labor Statistics; https://research.stlouisfed.org/fred2/series/PRS85006173; accessed April 29, 2014. グラフの縦軸は百分率で表示している。グラフ中に示した労働分配率の数値（65% と 58%）はわかりやすいように付け加えたもの。以下も参照。Margaret Jacobson and Filippo Occhino, "Behind the Decline in Labor's Share of Income," Federal Reserve Bank of Cleveland, February 3, 2012 (http://www.clevelandfed.org/research/trends/2012/0212/01gropro.cfm).
19. Scott Thurm, "For Big Companies, Life Is Good," *Wall Street Journal*, April 9, 2012, http://online.wsj.com/article/SB10001424052702303815404577331660464739018.html.

revolution/.

3. 三重革命のレポートと署名者のリストについては、以下を参照。http://www.educationanddemocracy.org/FSCfiles/C_CC2a_TripleRevolution.htm. オリジナルの文書と、添付されたジョンソン大統領宛ての書簡のスキャン画像は、以下で見られる。http://osulibrary.oregonstate.edu/specialcollections/coll/pauling/peace/papers/1964p.7-04.html.
4. John D. Pomfret, "Guaranteed Income Asked for All, Employed or Not," *New York Times*, March 22, 1964. 三重革命を取り上げた他のメディア報道については、以下を参照。Brian Steensland, *The Failed Welfare Revolution: America's Struggle over Guaranteed Income Policy* (Princeton: Princeton University Press, 2011), pp. 43-44.
5. 自動化をめぐるノーバート・ウィーナーの記事は、以下で幅広く引用・議論されている。John Markoff, "In 1949, He Imagined an Age of Robots," *New York Times*, May 20, 2013.
6. 1983年1月12日付のロバート・ウェイド宛ての書簡より。以下に所収。Wakefield, ed., *Kurt Vonnegut Letters* (New York: Delacorte Press, 2012), p. 293.
7. リンドン・B・ジョンソンの「テクノロジー、オートメーション、経済発展に関する連邦委員会創設の署名に際しての所見」August 19, 1964の全文については、以下を参照。Gerhard Peters and John T. Woolley, *The American Presidency Project*, http://www.presidency.ucsb.edu/ws/?pid=26449.
8. テクノロジー、オートメーション、経済発展に関する連邦委員会のレポートは以下で見られる。http://catalog.hathitrust.org/Record/009143593, http://catalog.hathitrust.org/Record/007424268, and http://www.rand.org/content/dam/rand/pubs/papers/2013/P3478.pdf.
9. 1950年代、60年代の失業率の情報については、以下を参照。"A Brief History of US Unemployment" at the *Washington Post* website, http://www.washingtonpost.com/wp-srv/special/business/us-unemployment-rate-history/.
10. 最初のデジタルコンピュータの設計・作業の過程と、それらを製作したチームについての生き生きとした描写は、以下を参照。George Dyson, *Turing's Cathedral: The Origins of the Digital Universe* (New York: Vintage, 2012).
11. 製造業の非管理職労働者の平均賃金の表については、以下を参照。Table B-47 in *The Economic Report of the President, 2013*, http://www.whitehouse.gov/sites/default/files/docs/erp2013/full_2013_economic_report_of_the_president.pdf.「序章」でも記したように、この表は1973年の341ドルを週給のピークとして2012年12月の295ドルまで続いているが、1984年のドル価値で調整されたものだ。私はそれ

30. Alorie Gilbert, "Why So Nervous About Robots, Wal-Mart?," *CNET News*, July 8, 2005, http://news.cnet.com/8301-10784_3-5779674-7.html.
31. Jessica Wohl, "Walmart Tests iPhone App Checkout Feature," Reuters, September 6, 2012, http://www.reuters.com/article/2012/09/06/us-walmart-iphones-checkout-idUSBRE8851DP20120906.
32. Brian Sumers, "New LAX Car Rental Company Offers Only AudiA4s-and No Clerks," *Daily Breeze*, October 6, 2013, http://www.dailybreeze.com/general-news/20131006/new-lax-car-rental-company-offers-only-audi-a4s-x2014-and-no-clerks.
33. Vision Robotics corporate website, http://visionrobotics.com.
34. Harvest Automation corporate website, http://www.harvestai.com/agricultural-robots-manual-labor.php.
35. Peter Murray, "Automation Reaches French Vineyards with a Vine-Pruning Robot," *SingularityHub*, November 26, 2012, http://singularityhub.com/2012/11/26/automation-reaches-french-vineyards-with-a-vine-pruning-robot.
36. "Latest Robot Can Pick Strawberry Fields Forever," *Japan Times*, September 26, 2013, http://www.japantimes.co.jp/news/2013/09/26/business/latest-robot-can-pick-strawberry-fields-forever.
37. Australian Centre for Field Robotics website, http://sydney.edu.au/engineering/research/robotics/agricultural.shtml.
38. Emily Sohn, "Robots on the Farm," *Discovery News*, April 12, 2011, http://news.discovery.com/tech/robotics/robots-farming-agriculture-110412.htm.
39. Alana Semuels, "Automation Is Increasingly Reducing U.S. Workforces," *Los Angeles Times*, December 17, 2010, http://articles.latimes.com/2010/dec/17/business/la-fi-no-help-wanted-20101217.

第2章

1. マーティン・ルーサー・キング・ジュニアのワシントン・ナショナル大聖堂での最後の説教については、以下を参照。Ben A. Franklins, "Dr. King Hints He'd Cancel March If Aid Is Offered," *New York Times*, April 1, 1968, and Nan Robertson, "Johnson Leads U.S. in Mourning: 4,000 Attend Service at Cathedral in Washington," *New York Times*, April 6, 1968.
2. キング牧師の説教「大いなる革命の時期を目覚めて生きること」の全文は、以下で読むことができる。http://mlk-kpp01.stanford.edu/index.php/kingpapers/article/remaining_awake_through_a_great_

18. Schuyler Velasco, "McDonald's Helpline to Employee: Go on Food Stamps," *Christian Science Monitor,* October 24, 2013, http://www.csmonitor.com/Business/2013/1024/McDonald-s-helpline-to-employee-Go-on-food-stamps.
19. Sylvia Allegretto, Marc Doussard, Dave Graham-Squire, Ken Jacobs, Dan Thompson, and Jeremy Thompson, "Fast Food, Poverty Wages: The Public Cost of Low-Wage Jobs in the Fast-Food Industry," UC Berkeley Labor Center, October 15, 2013, http://laborcenter.berkeley.edu/publiccosts/fast_food_poverty_wages.pdf.
20. Hiroko Tabuchi, "For Sushi Chain, Conveyor Belts Carry Profit," *New York Times*, December 30, 2010, http://www.nytimes.com/2010/12/31/business/global/31sushi.html.
21. Stuart Sumner, "McDonald's to Implement Touch-Screen Ordering," *Computing*, May 18, 2011, http://www.computing.co.uk/ctg/news/2072026/mcdonalds-implement-touch-screen.
22. US Department of Labor, Bureau of Labor Statistics, *Occupational Outlook Handbook*, March 29, 2012, http://www.bls.gov/ooh/About/Projections-Overview.htm.
23. Ned Smith, "Picky Robots Grease the Wheels of e-Commerce," *Business News Daily*, June 2, 2011, http://www.businessnewsdaily.com/1038-robots-streamline-order-fulfillment-e-commerce-pick-pack-and-ship-warehouse-operations.html.
24. Greg Bensinger, "Before Amazon's Drones Come the Robots," *Wall Street Journal*, December 8, 2013, http://online.wsj.com/news/articles/SB10001424052702303330204579246012421712386.
25. Bob Trebilcock, "Automation: Kroger Changes the Distribution Game," *Modern Materials Handling*, June 4, 2011, http://www.mmh.com/article/automation_kroger_changes_the_game.
26. Alana Semuels, "Retail Jobs Are Disappearing as Shoppers Adjust to Self-Service," *Los Angeles Times*, March 4, 2011, http://articles.latimes.com/2011/mar/04/business/la-fi-robot-retail-20110304.
27. Redbox corporate blog, "A Day in the Life of a Redbox Ninja," April 12, 2010, http://blog.redbox.com/2010/04/a-day-in-the-life-of-a-redbox-ninja.html.
28. Redbox corporate website, http://www.redbox.com/career-technology.
29. Meghan Morris, "It's Curtains for Blockbuster's Remaining U.S. Stores," *Crain's Chicago Business*, November 6, 2013, http://www.chicagobusiness.com/article/20131106/NEWS07/131109882/its-curtains-for-blockbusters-remaining-u-s-stores.

Empty of People," *New York Times*, September 12, 2013, http://www.nytimes.com/2013/09/20/business/us-textile-factories-return.html.

7. Ibid.
8. 中国の労働者賃金の上昇とボストン・コンサルティング・グループの調査については、以下を参照。"Coming Home," *The Economist,* January 19, 2013, http://www.economist.com/news/special-report/21569570-growing-number-american-companies-are-moving-their-manufacturing-back-united.
9. Caroline Baum, "So Who's Stealing China's Manufacturing Jobs?," *Bloomberg News*, October 14, 2003, http://www.bloomberg.com/apps/news?pid=newsarchive&sid=aRI4bAft7Xw4.
10. Paul Mozur and Eva Dou, "Robots May Revolutionize China's Electronics Manufacturing," *Wall Street Journal*, September 24, 2013, http://online.wsj.com/news/articles/SB10001424052702303759604579093122607195610.
11. 中国の人為的な資本コストの低さについては、以下を参照。Michael Pettis, *Avoiding the Fall: China's Economic Restructuring* (Washington, DC: Carnegie Endowment for International Peace, 2013).
12. Barney Jopson, "Nike to Tackle Rising Asian Labour Costs," *Financial Times*, June 27, 2013, http://www.ft.com/intl/cms/s/0/277197a6-df6a-11e2-881f-00144feab7de.html.
13. モメンタム・マシンズ社共同創業者アレキサンダー・ヴァルダコスタス、Wade Roush, "Hamburgers, Coffee, Guitars, and Cars: A Report from Lemnos Labs," *Xconomy.com*, June 12, 2012, http://www.xconomy.com/san-francisco/2012/06/12/hamburgers-coffee-guitars-and-cars-a-report-from-lemnos-labs/ からの引用。
14. Momentum Machines website, http://momentummachines.com; David Szondy, "Hamburger-Making Machine Churns Out Custom Burgers at Industrial Speeds," *Gizmag.com*, November 25, 2012, http://www.gizmag.com/hamburger-machine/25159/.
15. McDonald's corporate website, http://www.aboutmcdonalds.com/mcd/our_company.html.
16. US Department of Labor, Bureau of Labor Statistics, News Release, December 19, 2013, USDL-13?2393, Employment Projections—2012-2022, Table 8, http://www.bls.gov/news.release/pdf/ecopro.pdf.
17. Alana Semuels, "National Fast-Food Wage Protests Kick Off in New York," *Los Angeles Times*, August 29, 2013, http://articles.latimes.com/2013/aug/29/business/la-fi-mo-fast-food-protests-20130829.

原　注

序　章

1. 一般の製造業や非管理職の労働者の平均所得：*The Economic Report of the President, 2013*, Table B-47, http://www.whitehouse.gov/sites/default/files/docs/erp2013/full_2013_economic_report_of_the_president.pdf.
この表は、1973年の341ドルを週給のピークとして2012年12月の295ドルまで続いているが、1984年のドル価値で調整されたものだ。生産性：Data Source: FRED, Federal Reserve Economic Data, Federal Reserve Bank of St. Louis: Nonfarm Business Sector: Real Output Per Hour of All Persons, Index 2009=100, Seasonally Adjusted [OPHNFB]; US Department of Labor: Bureau of Labor Statistics; https://research.stlouisfed.org/fred2/series/OPHNFB/; accessed April 29, 2014.
2. Neil Irwin, "Aughts Were a Lost Decade for U.S. Economy, Workers," *Washington Post*, January 2, 2010, http://www.washingtonpost.com/wp-dyn/content/article/2010/01/01/AR2010010101196.html.
3. Ibid.

第1章

1. John Markoff, "Skilled Work, Without the Worker," *New York Times*, August 18, 2012, http://www.nytimes.com/2012/08/19/business/new-wave-of-adept-robots-is-changing-global-industry.html.
2. Damon Lavrinc, "Peek Inside Tesla's Robotic Factory," *Wired.com*, July 16, 2013, http://www.wired.com/autopia/2013/07/tesla-plant-video/.
3. International Federation of Robotics website, Industrial Robot Statistics 2013, http://www.ifr.org/industrial-robots/statistics/.
4. Jason Tanz, "Kinect Hackers Are Changing the Future of Robotics," *Wired Magazine,* July 2011, http://www.wired.com/magazine/2011/06/mf_kinect/.
5. Esther Shein, "Businesses Adopting Robots for New Tasks," *Computerworld*, August 1, 2013, http://www.computerworld.com/s/article/9241118/Businesses_adopting_robots_for_new_tasks.
6. Stephanie Clifford, "U.S. Textile Plants Return, with Floors Largely

〔ま〕

〔や〕

〔な〕

〔か〕

索　引

本書は、二〇一五年一〇月に発行した同名書を
文庫化したものです。

日経ビジネス人文庫

ロボットの脅威《きょうい》
人《ひと》の仕事《しごと》がなくなる日《ひ》

2018年4月27日 第1刷発行

著者
マーティン・フォード

訳者
松本剛史
まつもと・つよし

発行者
金子 豊
発行所
日本経済新聞出版社
東京都千代田区大手町1-3-7 〒100-8066
電話(03)3270-0251(代) https://www.nikkeibook.com/

ブックデザイン
鈴木成一デザイン室

印刷・製本
中央精版印刷

定価はカバーに表示してあります。落丁本・乱丁本はお取り替えいたします。

Printed in Japan ISBN978-4-532-19861-9